吉林省社会科学基金项目资助（项目编号：2016B30）

当代中国以德为先用人思想研究

刘万民 著

A STUDY ON THE EMPLOYMENT IDEA PRIORITIZING MORALITY IN CONTEMPORARY CHINA

中国社会科学出版社

图书在版编目（CIP）数据

当代中国以德为先用人思想研究／刘万民著.—北京：中国社会科学出版社，2018.7

ISBN 978－7－5203－2380－2

Ⅰ.①当… Ⅱ.①刘… Ⅲ.①道德修养—研究—中国—现代 Ⅳ.①B825

中国版本图书馆 CIP 数据核字（2018）第 075611 号

出 版 人	赵剑英
责任编辑	徐沐熙
责任校对	胡佳彤
责任印制	戴　宽
出　　版	中国社会科学出版社
社　　址	北京鼓楼西大街甲 158 号
邮　　编	100720
网　　址	http：//www.csspw.cn
发 行 部	010－84083685
门 市 部	010－84029450
经　　销	新华书店及其他书店
印刷装订	北京君升印刷有限公司
版　　次	2018 年 7 月第 1 版
印　　次	2018 年 7 月第 1 次印刷
开　　本	710×1000　1/16
印　　张	15.75
插　　页	2
字　　数	244 千字
定　　价	68.00 元

凡购买中国社会科学出版社图书，如有质量问题请与本社营销中心联系调换
电话：010－84083683
版权所有　侵权必究

目 录

前言 ··· (1)

摘要 ··· (1)

Abstract ··· (1)

第一章 绪论 ·· (1)
  第一节 研究价值与意义 ·· (2)
    一 以德为先用人思想提出的历史必然性 ················· (2)
    二 干部失德现象分析 ·· (4)
    三 研究意义 ·· (21)
  第二节 研究现状 ··· (22)
  第三节 研究内容及方法 ··· (26)
    一 研究内容 ·· (26)
    二 研究方法 ·· (26)

第二章 以德为先用人思想的内在规定 ····················· (28)
  第一节 德的内涵及其发展 ······································ (28)
    一 德的语义阐释和德的观念形成 ························· (28)
    二 中国传统德治思想 ······································· (30)
    三 德的特征 ·· (35)
    四 干部德的价值取向 ······································· (38)

第二节　以德为先用人思想的本质 …………………………… (41)
　　一　"先"的界定 ………………………………………………… (42)
　　二　"才"的界定 ………………………………………………… (43)
　　三　"以德为先"的界定 ………………………………………… (44)
第三节　以德为先用人思想的多维解析 ……………………… (45)
　　一　领导学对以德为先的研究 ………………………………… (45)
　　二　管理学对以德为先的研究 ………………………………… (46)
　　三　人才学对以德为先的研究 ………………………………… (47)

第三章　以德为先用人思想的历史演进 …………………… (49)

第一节　中国传统以德为先用人思想 ………………………… (49)
　　一　中国古代"用贤""尚德"用人思想 ……………………… (49)
　　二　中国古代以德选官制度 …………………………………… (52)
　　三　传统"用贤""尚德"用人思想的当代价值 ……………… (58)
第二节　中国共产党以德为先用人思想的实践传承 ………… (61)
　　一　各时期中国共产党"以德为先"用人思想 ……………… (62)
　　二　中国共产党领导人的"以德为先"用人思想 …………… (66)
　　三　中国共产党"以德为先"用人思想的继承与创新 ……… (72)
第三节　古今以德为先用人思想的区别 ……………………… (72)
　　一　理论基础不同 ……………………………………………… (73)
　　二　经济基础不同 ……………………………………………… (74)
　　三　服务对象不同 ……………………………………………… (75)
　　四　价值观念不同 ……………………………………………… (76)
第四节　以德为先用人思想的特色 …………………………… (77)
　　一　民族特色 …………………………………………………… (77)
　　二　时代特色 …………………………………………………… (78)
　　三　理论特色 …………………………………………………… (78)
　　四　实践特色 …………………………………………………… (79)

第四章　以德为先用人思想的基本要求 …………………… (81)

第一节　德与才的关系 ………………………………………… (81)

  一 德与才的辩证统一关系……………………………………（81）
  二 德与才的主从关系…………………………………………（84）
 第二节 干部德的标准………………………………………………（85）
  一 干部德的标准的制定原则…………………………………（85）
  二 干部德的内涵………………………………………………（88）
  三 干部德的外延………………………………………………（97）
 第三节 干部德的考核评价…………………………………………（103）
  一 干部德的考核评价中存在的问题…………………………（103）
  二 干部德的考核评价的基本原则……………………………（105）
  三 干部德的考核评价的多维视角……………………………（109）
  四 干部德的考核评价结果的运用……………………………（114）

第五章 以德为先用人思想的实践路径……………………………（116）
 第一节 选拔方式……………………………………………………（116）
  一 干部选用制度的基本理论…………………………………（117）
  二 干部选用制度的现状分析…………………………………（118）
  三 干部选用存在的问题及分析………………………………（121）
  四 完善干部选用路径分析……………………………………（124）
 第二节 教育方式……………………………………………………（132）
  一 干部道德教育的经验借鉴…………………………………（132）
  二 国外公务员道德教育………………………………………（140）
  三 新的历史条件下干部道德教育的问题分析………………（146）
  四 干部道德教育的基本原则…………………………………（147）
  五 干部道德教育的重点………………………………………（150）
 第三节 干部德的立法………………………………………………（163）
  一 干部道德立法的必要性与可行性…………………………（163）
  二 道德立法的国外经验………………………………………（167）
  三 干部道德法制化的路径选择………………………………（178）
 第四节 监督方式……………………………………………………（186）
  一 以德为先用人实现的重要保障……………………………（186）
  二 目前对干部德的监督中存在的问题………………………（190）

三　对干部的德实行有效监督的实现途径 …………………（192）
第五节　激励方式 ……………………………………………（202）
　　一　道德权利与道德义务统一 …………………………（202）
　　二　干部需要正当的利益回报 …………………………（203）
　　三　国外公务员的激励机制 ……………………………（205）
　　四　当前干部激励工作中存在的问题 …………………（212）
　　五　完善干部激励方式 …………………………………（214）

结论 ……………………………………………………………（220）

参考文献 ………………………………………………………（222）

后记 ……………………………………………………………（240）

前　　言

　　重德是中华民族的优良传统和中国文化中的瑰宝。古语云："德，国家之基也。""为政以德，譬如北辰，居其所而众星拱之。""德不称位，能不称官，赏不当功，罚不当罪，不祥莫大焉。"这些说的都是德的重要性。在今日之中国，坚持采用以德为先的标准选任干部具有非常重要的价值意义。它既是对国家、人民的要求，更是对执政党及其党员干部的要求；它事关党执政国家政权的成效，更事关党的政治形象与人心归属的问题。因此，必须将党员干部的政治品质和道德品行作为首要的、根本性的问题来研究，将"以德治党"的政党伦理切实地贯穿到党员干部选拔任用的各个环节，全面提高党员干部队伍的德性水平。

　　我们党始终强调选人用人要坚持德才兼备、以德为先，坚持把德放在首要位置。党的十七届四中全会正式确立"以德为先"为我党干部选用工作的指导思想。毛泽东、周恩来、邓小平、胡锦涛、习近平、李源潮等中央领导同志对坚持以德为先的用人标准都有多方面的思想论述，我们党始终突出强调干部的政治品质和道德品行在干部选拔任用标准中的优先地位和主导作用。

　　党的十八大报告中更加明确地指出，坚持党管干部原则，坚持五湖四海、任人唯贤，坚持德才兼备、以德为先，坚持注重实绩、群众公认，深化干部人事制度改革，使各方面优秀干部充分涌现、各尽其能、才尽其用。这是中国共产党在新时期对干部选用工作实施的新举措，是对中国共产党组织路线和干部政策的丰富与发展，是当代中国共产党干部工作的重要指导方针。

　　中共中央总书记习近平在2013年全国组织工作会议上提出新时期好

干部标准，即"好干部要做到信念坚定、为民服务、勤政务实、敢于担当、清正廉洁"。这就明确指出了健全完善干部德标准的重点所在，使坚持在"以德为先"的前提下评价考核干部的"德"有了最基本的衡量标准。20个字的好干部标准，是新时期选人用人的基本遵循，对建设高素质干部队伍具有重大指导意义。

党的十八大特别是十八届六中全会以来，中央坚持全面从严治党、从严管理干部，坚定不移惩治腐败，《党政领导干部选拔任用工作条例》《推进领导干部能上能下若干规定（试行）》《关于防止干部"带病提拔"的意见》《关于新形势下党内政治生活的若干准则》等多部选人用人党内规范陆续出台，选人用人的制度"笼子"正在越织越密。

为使广大党员干部对坚持"以德为先"选用干部原则有一个基本的了解和把握，对"以德修身、以德立威、以德服众"用人导向加深理解，本书以当代中国以德为先用人思想为研究对象，以党的十七届四中全会以来我党提出的"以德为先"选用干部系列思想观点为基础，结合理论界、学术界的最新研究成果，从历史与现实、理论与实践、宏观与微观、结构与功能等相结合的视角，分析干部德性建设的现状和已经集中暴露出来的问题，论述以德为先用人思想的基本要求问题，努力做到：在时代的宏观背景下，以深刻的问题意识，坚持用全面、联系和发展的德才观研究德与才的关系，充分考量干部德的内涵与外延确定干部德的标准，多维度多视角确立干部德的考核评价体系，并对其结果进行科学的运用，研究以德为先用人思想的实现路径，探索发现问题，回答解决问题。

"为政之要，惟在得人。用非其人，必难致治。今所任用，必须以德行、学识为本。"把理论与实践相结合，做到选贤任能、用当其时，知人善任、人尽其才，培育出良好干部道德，乃著者之所愿。

摘　　要

本书以当代中国以德为先用人思想为研究对象，以党的十七届四中全会以来我党提出的"以德为先"选用干部系列思想观点为基础，结合理论界、学术界的最新研究成果，从历史与现实、理论与实践、宏观与微观、结构与功能等相结合的视角，分析干部德性建设的现状和已经集中暴露出来的问题，论述以德为先用人思想的基本要求。

全书总共分为五章。从德的基本概念入手，对以德为先用人思想的研究价值、内在规律、历史演进、基本要求、实现路径五个重大的理论与实践问题进行了深入的探讨。全面阐述了用人要以德为先，用人者要以"以德为先"为标准的必然性；探讨不同时代、同一时代的不同发展阶段，不同的社会经济关系所产生的不同的德的规范。在社会主义道德的规范体系中，提出干部德的内涵与外延两部分共同构成了干部德的标准的观点；建议采用扩大民主、客观公正、注重实绩、区分层次、突出重点，完善考评体系，健全考评机制，创新考核方式等举措来考准考实干部的德；强调制度和法制是以德为先用人思想实现的根本保证，需发挥选拔方式、教育方式、干部德的立法、监督方式和激励方式的合力，才能做到选贤任能、用当其时，知人善任、人尽其才。

Abstract

The book takes the thought of "Virtue Priority" on Personnel in modern China as the research object, with the thoughts brought up in the 17 Fourth Plenary Session as the foundation. It also analyze the present conditions and the defects of the virtue construction for cadres in a unique view covering the history and practice, micro-way and macro-way, function and frame, with the latest theoretical and practical findings. The book involves the basic requests of the thought of "Virtue Priority" on Personnel. The book, under the circumstances of the new era, investigates the relationship between the virtue and talent and defines the connotation and denotation of the virtue of the cadres to make the standards of virtue of the cadres actively and deeply in terms of an all around, dynamic view of the relationship between virtue and talent. What is more, the book comes up with an assess and test system for cadres' virtue in a multi-demensional view, puts its results into a scientific application, analyzes the practical paths of the thought of "Virtue Priority" on Personnel, explore new problems, and consequently resolve new problems.

The book consists of five chapters. Beginning with the basic concept of virtue, the book makes a deep analysis on such five significant theoretical and practical issues as the research value, the inner regulation, the basic requests, the historical evolution and the realization paths of the thought of "Virtue Priority" on Personnel. It describes the inevitability of the thought of "Virtue Priority" on Personnel, and it studies the regulation of the virtue derived from the different social and economic relation both in different ages and in different stages of one era, proposing the standards of virtue of the cadres which are made of the connotation and denotation concepts of virtue in the morality regulation system of Socialism. The book recommends such measures to test the virtue of cadres as a broadened democracy, objectivity and equality, an emphasis on practice, an layout frame, an emphasis of importance, an perfect test system, a perfect test doctrine and the creation on means of test. The books also emphasizes the regulation and legislation as the basic guarantee of the realization of the thought of "Virtue Priority" on Personnel. Only when the correct means of selection, the means of education, the legislation of the virtue of the cadres, the appropriate supervision, and the appropriate motivation are correctly combined, is it available to adopt the capable and talent cadres, to appoint the cadres at right times, to use the cadres that is good, and to appoint the cadres according to his capabilities.

第一章

绪　　论

以德为先用人思想是2008年提出的。在党的十七届四中全会上正式将以德为先用人思想确立为干部选用工作的指导思想。坚持德才兼备、以德为先的用人标准，在德才兼备基础上，侧重于对干部德的考量，这是中国共产党在新时期对干部选用工作实施的新举措，是中国共产党组织路线和干部政策的丰富与发展，是当代中国共产党干部工作的重要指导方针。

"以德为先"，顾名思义，就是指在选用和考量干部时要把德放在首要位置。德，不仅是一个人的立身之本，而且是一个国家的立国之基。中国历代思想家既重视以德修身，也重视从政以德。"为政以德，譬如北辰，居其所而众星拱之。"[①] "德不称位，能不称官，赏不当功，罚不当罪，不祥莫大焉。"[②] 这是中国传统文化的精华，也是中国政治思想的一个显著特点。中国共产党继承人类一切优秀历史文化遗产，并立足于现实，着眼于古代德治思想的当代阐释，以此加强干部队伍建设。中国共产党选用干部标准的思想经历了从毛泽东提出的"德才兼备"到胡锦涛明确提出的"德才兼备、以德为先"的历史的、理论的发展演变过程。从宏观和战略上看，深刻理解和全面贯彻德才兼备基础上的以德为先用人标准，对于建设高素质干部队伍具有重要意义和历史价值。

[①] 《论语·为政》，辽宁民族出版社1996年版，第10页。
[②] 《荀子·正论》，辽宁民族出版社1997年版，第84页。

第一节 研究价值与意义

一 以德为先用人思想提出的历史必然性

必然性是事物联系和发展中合乎规律的、确定不移的趋势。当代中国，正处在千年未有的大变革中。在德才兼备用人标准的基础上提出以德为先用人思想，是在改革发展的关键时期，基于中国共产党面临的任务、选人用人不正之风和干部失德败德现象严重的现状提出的，具有丰富的时代内涵、很强的现实针对性和历史必然性。

（一）有利于保持中国共产党的先进性和纯洁性

先进和纯洁是中国共产党追求的优秀品质。党的十七届四中全会通过的《关于加强和改进新形势下党的建设若干重大问题的决定》（以下简称《决定》）提出，"把干部的德放在首要位置，是保持马克思主义执政党先进性和纯洁性的根本要求和重要保证"的科学论断。领导权是政权的根本。领导权掌握在什么样的人手中，是由执政党的性质决定的。中国共产党"是中国工人阶级的先锋队，同时是中国人民和中华民族的先锋队"，坚持以德为先选人用人标准，是中国共产党先进性的重要标志。"政治上靠得住，人民群众信得过。"这就决定了国家的管理者必须"忠于党、忠于国家、忠于人民"。坚持以德为先用人标准，对于确保党的先进性和纯洁性、实现党的历史使命具有决定性作用。为保证党员干部队伍的整体素质，必须以德才兼备、以德为先的选人用人标准严格控制"入口关"。德才兼备、以德为先的选人用人标准，特别强调的是党员干部德的首要位置，因此在实践中，为了保持中国共产党的先进性、纯洁性，必须强调在德才兼备基础之上的以德为先，也就是要凸显德在选人用人中的重要作用。从逻辑关系上升到理论认识，就是在选人用人工作中，将德摆在第一位，这是中国共产党作为马克思主义政党保持自身先进性、纯洁性的政治要求和理论保障。

（二）有利于建设高素质干部队伍

从当代中国干部主体来看，改革开放以后成长起来的干部成为现在中国共产党干部队伍的核心组成部分。他们有知识面宽、学历层次高、思想相对活跃的优势，但他们也有明显不足——经历比较单一，从家门到校门，再到机关大门，大都属于"三门"干部，缺乏严格的党内生活锻炼，其政治防线比较脆弱，尤其是在长期掌权、对外开放、搞活经济、环境变化四个重大考验之下，他们的政治品德、党性修为、道德品行就显得十分欠缺。干部出问题，归结起来，主要还是出在"德"上。干部的失德败德行为，损害人民利益，败坏中国共产党形象，带坏社会风气，削弱中国共产党的执政能力和执政地位。由此可见，在当代中国强调干部的"德"，比以往任何时候都显得更加迫切和重要。中国共产党在党员干部队伍建设上，需要以总体的、宏观的、战略的眼光找准角度，以内在因素为原动力，处理好党员干部队伍中客观存在的不适应形势、不符合标准的现实难题，进而找准党员干部队伍建设的根本出发点，即强调党员干部政治修养和道德品质的培养，把德才兼备、以德为先的选人用人思想融入选人用人的整个过程中，同时做好对干部德的评价和考核，必要时实行德的"一票否决"，以此加强以德为先用人思想的贯彻落实。

（三）有利于选人用人公信度的提高

选人用人上的腐败是最危险、最根本的腐败。所谓选人用人不正之风，就是"用错误的权力观对待官职，以不正当的手段谋取升迁"。组织放心、群众满意、干部服气是提高选人用人公信度的根本要求。提升选人用人公信度的关键，使干部选拔任用工作和选拔出来的干部得到干部、群众的广泛认可，这就要求中国共产党必须坚持在德才兼备基础上的以德为先选人用人标准，同时将这个标准贯穿于干部人事工作的整个过程。当前，在选人用人上，凸显出重才轻德、代德以才、蔽德以绩的状况，致使一些品德低下、作风轻浮、投机钻营、有才无德的人得到提拔重用，广大干部、群众意见颇大，严重影响了选人用人公信度。一些地方和单位把干部德的考察看成"软任务、软指标"，没有对干部德的情况进行全面、认真、负责的考察，致使社会上重才轻德、以才蔽德、以绩掩德等现象时有发生，影响了选人用人公信度和组织工作满意度。想要整治选人用人上的不正之风，就必须坚持以德为先的用人标准。即把干部的德作为一个标杆、一种导向高高举起，坚持公道正派、任人唯贤，把德才兼备的人选准用好，只有这样才能进一步提高选人用人公信度。

（四）有利于选人用人思想的丰富与发展

马克思主义认识论认为，"实践决定认识，实践对认识的决定作用表现在：实践是认识的来源，实践是认识的动力，实践是检验认识真理性的唯一客观标准，实践是认识的最终目的"①。在认识和实践的相互关系中，实践推动认识的发展，认识的发展又反作用于实践。中国共产党在选人用人方面的实践活动，不断推动选人用人理论的逐步发展和完善，而理论又是实践的先导，科学理论对实践的发展具有不可替代的指导意义和价值。当前中国选人用人最为科学合理的标准，就是在德才兼备基础之上的以德为先的思想，具有很强的现实指导意义。对此，邓小平曾说："领导制度、组织制度问题更带有根本性、全局性、稳定性和长期性。这种制度问题关系到党和国家是否改变颜色。"② 中国共产党的政治路线要靠组织路线来保证，而以什么样的标准选人用人是组织路线的核心内容。德才兼备是中国共产党干部工作的历史经验。在德才兼备基础上提出以德为先，是对党的组织路线和干部路线的丰富与发展，表明了中国共产党对选人用人标准认识的进一步深化。

二 干部失德现象分析

干部道德具有重要的衍生作用，尤其是在资源因素与干部因素相互绑定的情况下，干部道德的带动力和影响力就会愈发地被放大。道德对于干部来说，不仅关系到干部自身的"身份和职业""家庭状况""作为一个社会成员的地位"等对干部自己来说非常重要的内容，而且还关系到他人、社会、国家和政党等更为重要的内容。在实践中，干部道德的内容也在不断扩充和增容，其"理性判断和更精细的道德区分"③ 把干部道德讲解得更为透彻和圆融。之于我国，干部德性或德行问题一直是政府工作的重点内容，也是公权力与民众有效连接的重要表征形式。不可否认，干部道德抑或是德行和德性问题对于维护、提升公权力的合法性具有重要价值，一旦干部失德，不仅会削弱公权力在群众中的威信，也会消解公权力的民意基础。这一切不仅关系到民众意愿或福祉的经济问

---

① 李秀林、王于、李淮春：《辩证唯物主义与历史唯物主义原理》（第四版），中国人民大学出版社1995年版，第299页。
② 《邓小平文选》第二卷，人民出版社1994年版，第333页。
③ [美]约翰·罗尔斯：《正义论》，何怀宏、何包钢、廖申白译，中国社会科学出版社1988年版，第454—455页。

题，而且关系到政权存续和发展的重要政治命题。

（一）什么是"干部失德"

道德是社会人赖以维系和发展的重要内容之一。从其生成过程看，道德是受道德规范的框定与凝练，而道德规范来自经济发展状况的限制，受个体自律意识、情感意识和认知意识的影响与制约，往往根据社会舆论、内心信仰信念、风俗习惯等因素来调整个体与集体之间、个体与社会之间、个体与他人之间、个体自我等关系的行为规范的总和。干部道德是"官德"的重要表征形式，是民众认知政府或公权力的重要内容。从概念的诠释角度看，干部道德包括"表诠"意义上的解释和"遮诠"意义上的解释两种。所谓"表诠"意义上的解释就是明确说明道德是什么或至少应当怎么样才是符合道德的，即干部道德是什么；而所谓"遮诠"意义上的解释就是从反向角度来认识干部道德，即说明道德不是什么或至少不应该是什么，即干部道德不是什么。可以说，干部道德建设问题自国家诞生之日起就被统治者重视，在中国古代，"'德'被称为做人之道、为官之本，立德、立言和立功成为古代士人理想人格的三大愿景"[①]。比较而言，干部道德不仅表征着干部的个体素质、素养和工作状态，也表征着政党和政府在人民心目中的地位和权威，干部道德问题不单纯是干部个人的品行问题，更是牵涉国家政治发展与政权建设的重要命题。干部特别是高级领导干部在党风、政风形成过程中发挥着至关重要的作用，党风严、政风举，干部队伍作风就优良，其带动能力、动员能力、号召能力就强，相反就弱。一句话，政府和党必须高度重视干部道德问题。习近平曾指出，"领导干部特别是高级干部必须加强自律、慎独慎微，经常对照党章检查自己的言行，加强党性修养，陶冶道德情操，永葆共产党人政治本色"[②]。从概念上看，干部失德是指干部在工作和生活中表现出来的四个"缺失"，即政治道德的缺失、职业道德的缺失、家庭美德的缺失和社会公德的缺失。

---

① 袁忠：《领导干部道德考评的难点探析》，《南京社会科学》2011年第7期，第77—82页。
② 习近平：《领导干部必须严格自律》，《人民日报》2017年2月17日，第1版。

1. 政治道德的缺失

干部政治道德缺失主要表现在两个方面：一是理想信念的缺失。习近平指出，"理想信念就是共产党人精神上的'钙'，没有理想信念，理想信念不坚定，精神上就会'缺钙'，就会得'软骨病'"。在实际活动中，人一旦精神"缺钙"，势必会彷徨无措，无所适从，任何事情也都办不好，任何事情也都办不成。干部一旦精神缺钙，就势必会缺少工作思路和工作状态，就会导致颓靡不为或恣意妄为或盲目乱为的状况出现。为此，必须不断为干部补"精神之钙"，这个"精神之钙"就是"理想信念"。理想信念是指引人生方向的灯塔和航标，理想信念坚定、牢靠，就能够促使人有操守、有坚持，能够使人形成崇高的道德情操，产生积极的情绪情感；相反，理想信念不坚定、不牢靠，则会使人无所坚守，迷茫困惑，容易随波逐流。比较而言，干部在国家经济社会生活中具有重要作用，是决策者、领导者和领路人，鉴于干部的特殊身份，其理想信念坚定与否问题尤为重要。改革开放以来，个别干部放松了对世界观、人生观、价值观的改造，导致其革命意志衰退，为民意识和服务意识淡漠，蜕化变质滑入腐败的深渊，理想信念缺失是其根本诱因。二是政治纪律的缺失。不以规矩不成方圆，政治纪律和政治规矩就是干部的高压线，遵守政治纪律和政治规矩是中国共产党在革命和建设中形成的优良传统，已然成为推动经济社会发展的重要支撑性动力，"严守纪律、严明规矩，不仅是保证全党令行禁止、集中统一的关键，也是实现国家良好治理的重要保证"[①]。当前，干部政治纪律缺失的主要表现就是政治站位不高、政治言辞失当、政治偏听偏信、漠视群众利益、自大自傲、阳奉阴违、推诿扯皮、无所事事、不作为、乱作为，等等。

2. 职业道德的缺失

社会虽然是由人构成的集合，但呈现的形态往往是诸多的行业和诸多的部门，置身其内，对于每一个具体的职业个体而言，都要坚守自己的职业操守和职业道德，这是维系社会存在和发展的基本要求。而干部职业道德的缺失就是指干部在从事领导工作过程中缺少对职业道德的尊

---

① 李小园：《着力提高领导干部守纪律讲规矩的政治觉悟》，《行政与法》2015年第6期，第36—40页。

崇和遵循，没有完全秉持"忠诚、为民、务实、清廉"等基本要求。所谓的"忠诚"就是要求干部要忠诚于党、忠诚于国家、忠诚于人民，这是干部道德的根本。所谓的"为民"就是指干部要牢固树立全心全意为人民服务的权力观，常思民之所盼、常念民之所忧、常虑民之所困、常办民之所急，不仅要把为民"挂"在口上，更要把为民"落"到行动中，真正做到权为民所用、情为民所系、利为民所谋，始终保持人民公仆本色。所谓的"务实"就是要坚持从实际出发，一是一，二是二，着眼实际、立足实际、坚持实事求是，根据事情、事物和事件的本源去分析问题和思考问题，用符合实际的、有针对性和有效性的政策去解决问题。所谓的"清廉"就是干部要干净干事、公道正派、廉洁自律、操守端正、品行坚笃，注重慎独，不仅能管好自己，也能够管好班子，带好队伍，管好配偶、子女和身边工作人员。当前，少数干部缺少职业责任担当，漠视公共利益，一味向私利看，一味向金钱看，立场不坚、站位不稳，丧失职业道德的问题具有一定的普遍性。

3. 家庭美德的缺失

干部的言行会对身边人和周边人产生重要影响，干部的家庭美德更会辐射到其方方面面的社会关系，好干部的家庭美德容易促进社会风气的向好性、向善性发展，相反，则会使社会尤其是普通民众产生悲观、厌倦和敌视等不良情感，成为损害社会发展的阻力，阻滞优良社会风气的形成。从干部的家庭美德构成要素看，主要包括与父母的关系、夫妻关系、子女关系、兄弟姐妹关系等。比较而言，干部在经济社会发展过程中占有重要地位，扮演着非常重要的角色，他们的行为会直接影响到普通民众。近年来，一些干部理想信念缺失，大搞权色交易、钱钱交易、权钱交易等，把职位看作谋求个人、家庭成员和亲友的摇钱树，夫妻失和，父子（女）、母子（女）、姊妹兄弟联合腐败等问题的频繁出现，其重要原因就是干部家庭美德的缺失。需要清楚的是，干部的家庭美德绝不仅仅是干部一家之事，它是影响党风和政风的主要内容之一，干部能够模范带头、修身修行，家风淳厚，家庭美德高，就能够以上率下、示范周边、影响大众，相反，不但会影响自己、消耗自己，乃至于葬送自己，同时，也会拉低社会风气的位阶。

4. 社会公德的缺失

社会公德就是社会上的公共道德，它是为了更好地维护和保障社群存续和发展的基本规范，作为社会主义国家，干部是中国的政治精英或行政精英，其公德水平直接影响着社会风气。新形势下，提升社会公德水平必须从干部做起，广大干部必须着眼于社会整体利益，自觉遵守和努力实践公共生活准则和要求。从现实状况看，干部的个体道德和个体美德对实践结果具有重要影响。须知，"即使是再好的制度也需要人去执行，具体的执行人具有自由裁量权；另一方面，公共行政人员的美德精神可以为制度改善提供坚实的精神基础，这种无形的精神基础甚至较之有形的东西更为深刻、稳固"。① 当然，干部相对于普通行政人员来说，应具有更高层次的社会公德意识，一个社会公德意识很差的干部，一定不是令群众满意的干部，也一定不是令组织满意的干部。为此，干部要自觉做遵纪守法的典范、自觉做文明言行的典范、自觉做爱护公物的典范、自觉做助人为乐的典范，"坚决反对各种违法乱纪、愚昧野蛮、损公肥私、损人利己的不道德行为"。②

综上所述，干部失德的"四个缺失"主要来自两个方面的生发。一是内因决定。物必自腐而后虫生，内因是事物变化发展的根本原因，干部失德同样如此。干部失德的根源在于干部对自己要求过松、过低、过软，来自个人对道德建设的漠视、少视和无视，缺乏慎独慎微意识，不能坚持"为政以德，恒志久远"，最终导致道德滑坡，乃至于道德沦丧。二是外因影响。近朱者赤近墨者黑，外部环境会对干部成长产生重要影响。新中国成立之后，尤其是改革开放以来，中国经济社会建设取得了诸多成就，分配领域和市场上的资源要素不断增加，社会攀比之风也不可避免地传播到干部工作中，干部尤其是一些廉政意识差的干部经常游走在"资源的河边"，稍有不慎，就容易掉进河沟，被不应占有的资源所侵染和腐蚀。基于这些，任何情况下，都不应该忽视道德的力量。以德服人、以德胜人、以德成人的事情屡见不鲜，归根结底是人类都有追求

---

① 高兆明：《制度伦理研究》，商务印书馆2011年版，第403页。
② 刘国枢：《党员领导干部应做社会公德建设的表率》，《新长征》1997年第1期，第10—11页。

向善、向好的道德趋向。亚里士多德早就指出，"人们假定了足以制服他人的最大权能必须是具有物质装备的精神品德，所以，在战斗中，胜利的人，应该是具有优良品德的"[①]。

（二）纠正干部失德的必要性

干部失德问题历来被各国重视，也成为民众观察政权合法性和公信力的重要内容，干部一旦失德，其影响的不仅是政党和政府，更关系到事业的兴衰成败，一旦干部失德，小到干部自身，大到国家就会受到附带性效应的影响。可以说，纠正干部失德必要且重要。

1. 纠正干部失德是提升中国共产党执政能力建设的现实需要

中国共产党是中国工人阶级德先锋队，是中国人民和中华民族的先锋队，是中国特色社会主义事业的领导核心。新形势下，各种危机和不确定性都在考验着各国的当政者，各国执政党和各国政府都在不断地强化自身政治认同建设，中国共产党也不例外。当前，对于中国共产党来说，增强忧患意识，居安思危，"加强政党建设，提高政党的感召力、凝聚力、动员力，是摆脱危机的必由之路"[②]。中国共产党唯有不断地自我砥砺、自我革新、自我发展和自我完善，坚持从严治党，治党务必从严，才能在执政能力建设上有所建树、有所成就。比较而言，干部道德建设在中国共产党自身建设过程中占有重要地位，其作用无可替代。就干部道德而言，"我们不仅仅要说明德性是品质，而且要说明它是怎样的品质，可以这样说，每种德性都既使得它是德性的那事物的状态好，又使得那事物的活动完成得好。如果所有事物的德性都是这样，那么人的德性就是既使得一个人好又使得他出色地完成他的活动的品质"[③]。当前，国际形势错综复杂，国内改革进入关键期，中国共产党的执政能力建设直接关系着社会主义事业的兴衰成败，而其道德水平是诸多因素的核心。可以说，干部道德是政党水平和政府能力的重要标识，一般情况下，干部道德素质高，政党水平和政府能力就强，反之，则弱。行政实践一再

[①] ［古希腊］亚里士多德：《政治学》，商务印书馆1983年版，第16页。

[②] 纪光欣、刘小利：《政党建设与道德要求》，《马克思主义与现实》2015年第2期，第174—180页。

[③] ［古希腊］亚里士多德：《尼各马可伦理学》，商务印书馆2003年版，第45页。

昭示这样一个事实,"一个领导干部没有好的道德素质,缺少好的德行,拥有再大的本事也无济于事"。① 对于中国共产党而言,我们不能照抄照搬西方政党建设的模式,要坚持走自己的路,加强干部道德素质提升和能力提升,坚持毫不动摇地提升党员干部水平,毫不动摇地坚持干部道德建设,毫不动摇地坚持干部选用的"德才兼备以德为先"的标准,慎初慎微,不忘初心,就一定能够走出一条提升执政能力的新路,就一定能走出一条提升执政能力的宽路,就一定能够走出一条提升执政能力的好路。

2. 纠正干部失德是维护政权安全和制度安全的现实需要

比较而言,干部道德抑或是官员道德主要受三方面因素的影响:一是干部自身的道德作为状况。干部自身的道德作为状况是真实地表现干部道德尺度的依托内容,评价或认知干部道德都离不开这个基本的"标的",可以说,干部的举手投足、言辞行动都会成为这个"标的"的内容,而这也是构成干部道德评估的最原始素材。二是民众对干部道德实践的认知情况。干部道德是一个整体性的概念,往往来自民众对干部道德实践的认知和评价,是主观见之于客观的活动。三是二者的合意性。干部道德行为与干部道德评价是两回事,只有也仅仅只有两者都是符合实际的,都是源于真实的情况下,这个"道德认知"才是准确的、真实的、客观的,也才是我们乐见其成的"道德"。儒家先贤早有论述,"为政以德,譬如北辰,居其所而众星拱之"。② 比较而言,干部道德问题与政权安全和制度安全紧密相关。当然,维护政权安全和制度安全是执政者的重要责任与使命,而干部道德的负面问题对政权的侵蚀则如同"蝼蚁之穴,千里之溃",广为人所诟病。可以说,干部道德之所以辐射效应强烈,归根结底来自"权力"本身,权力所呈现的支配、决策、协调、控制力量能够极大地调动社会资源、引导社会舆论、丰富社会情绪情感、增加社会美誉度。不但今人重视干部道德建设,即便是在古代,官员的德行德品问题也被统治者关注,古今中外,概莫能外。事实一再昭示,

---

① 尹杰钦:《领导干部道德素质与党的执政能力建设三题》,《当代世界与社会主义》2007年第6期,第68—71页。

② 张燕婴:《论语译注》,中华书局2006年版,第11页。

每当官员抑或是干部修德修行修言，德行德品宏彰，顺应民心民意，就能政通人和、百业兴旺；相反，就政怠人滞，百业凋敝。当然，官员道德抑或是干部道德既是权力的自我生发，也对权力所附着的一切尤其是政权安全和制度安全具有重要而直接的作用，当权力受众能够感受到权力的道德性，受众就可能认同权力、尊重权力、服从权力。相反，可能就会走向方面，人人对权力充满敌视、抵制情绪，甚至直接威胁到政权安全和制度安全。

3. 纠正干部失德是实现民族伟大复兴"中国梦"建设的客观要求

比较而言，干部道德水平对于革命事业和建设事业来说至关重要，关系着伟大复兴"中国梦"建设的质量和水平。实现民族伟大复兴"中国梦"的主体依靠力量是人民群众，干部作为人民群众中最为重要的成员之一，发挥着巨大的整合性和整体性作用。习近平曾指出，"全面从严治党永远在路上。一个政党、一个政权，其前途命运取决于人心向背。全面从严治党任重而道远"①。从具体内容上看，民族伟大复兴"中国梦"不仅包含着经济领域的自立自强，也内在地包含着全体国民道德素质的提高。干部作为"中国梦"的领导者和带动者，必须时刻严格要求自己、严格约束自己、严格锤炼自己，增加道德阅历，强化道德能力，用个人坚强的意志品质主宰自己的道德命运。只要我们长期坚持，必将增进干部道德建设实效。官德彰，则民德显。毋庸讳言，干部道德建设是提升全民族道德素质的重要推力，干部道德素质高，就能够推动民风、民德建设。当前，只要广大干部积极投身道德建设实践，为"中国梦"建设提供道德支撑和道德元素，就一定能更好地慰藉广大人民群众、感召广大人民群众、吸引广大人民群众、带动广大人民群众，进而形成道德建设的主体合力，干群齐心，同心同德，同向同行，就一定能够在实现中华民族伟大复兴"中国梦"的征程中创造伟大成就。

（三）干部失德的原因分析

干部失德问题由来已久，其固然与个人道德修养修为有着重要关系，而变化万端的环境也对其起到了推波助澜的作用。可以说，干部失德是

---

① 《高举中国特色社会主义伟大旗帜　为决胜全面小康社会实现中国梦而奋斗》，2017年7月28日，人民网（http://politics.people.com.cn/n1/2017/0728/c1001-29433447.html）。

内部因素和外部因素综合作用的结果。从具体内容来看，主要包括以下几个方面的内容：

1. 干部自我道德操守不坚定

干部道德从本质上来看是干部自身基于社会道德规范抑或是公务员道德规范对自我品行、品格的约束、调整和完善，是内化与外化的双向过程，而内化往往取决于干部自身的"修己"，外化则是由其言行体现和昭示的，能被他人看得见、摸得到的内容。可以说，干部道德建设没有完成时，干部道德建设永远都在路上。干部提升自身道德修养和道德修为归根结底要依靠不断学习、不断砥砺来不断提高。干部失德从干部自我原因来看，主要来自两个方面：一是干部自我学习上"长"和"常"的功夫不够。思想政治理论学习是提升干部道德或操守的重要步骤和内容，干部要通过学习来不断地提升自己、升华自己，找准问题，明晰自我完善的突破口。思想政治理论学习既要在"长"上下功夫，也要在"常"上下功夫。这意味着，对于思想政治理论，干部不仅要长学，而且还要做到常用，既要坚持学习理论，也要坚持经常性地应用理论，在实践中不断厘清理论的要义和核心内容，找准道德建设的关节点。当前，一些干部以工作繁忙为借口，不主动学习，放弃了世界观、人生观、价值观和道德观的完善，理想信念动摇，为民意识淡漠，不辨黑白，不分是非。二是干部尽职履责意识不足。是否敢于担当，敢于尽职履责，是检验干部胜任工作与否的关键，也是衡量干部是否具有先进性、纯洁性的试金石。尽职履责是干部的本分，也是干部是否具有责任心和事业心的表现。当前，一些干部在工作过程中还在一定程度上存在着漠视群众疾苦的问题，假把式、歪把式、坏把式问题仍然频繁出现，深入问题能力、扎实调研能力、正确处置问题能力还有待加强。

2. 价值多元化所引致的道德遵循混乱

我国拥有五千年的文明传承，也就有五千年的历史遗留。对于我国而言，社会主义新中国是在半殖民地半封建社会基础上建立起来的，我们正处在并将长期处在社会主义初级阶段，即不发达阶段、不完善阶段，主要表现在价值目标上就是主流价值不彰问题仍然没有得到有效解决，官老爷、父母官思想在中国流传了几千年，等级观念、宗法传统中很多封建思想的残余难以立刻根除。加之，中华人民共和国成立后，中国共产党虽然明确了干部道德建设的重要性，但在具体活动中，缺少指向明确、规范详尽的道德建设纲目，对干部的刚性约束不够具体、翔实。另外，随着改革开放步伐的加快，西方的一些道德观念涌入中国，自由主义的道德观让一些干部感觉耳目一新，放松了道德警惕和警觉，在文明尤其是道德碰撞和道德对话过程中，没有及时给予正确的引导和指导，还没有来得及辨别和思考，就已经出现了各种道德事件，使一些干部陷入了迷茫和彷徨的状况。更有甚者，少数干部缺少立场意识，认为选择"父母官"还是选择"人民公仆"只是个人选择问题，无伤大雅。长此以往，渐渐地模糊了界限、混淆了认识，公仆意识淡化，为民情怀缺失，自觉不自觉地就将自己与人民分离开来，将自己置于人民之上，"不把自己看作人民的公仆，而把自己看作人民的主人，搞特权，特殊化"[①]。

3. 市场经济消极因素的扩张

改革开放40年来，受益于市场经济的发展，我国各项事业都取得了长足进步。但市场经济所导致的利益多样化引致的一系列社会问题同样成为我们的难解之疾，尤其是分配失衡所导致的贫富差距过大所滋生的问题更是成为众矢之的。加之，经济成分的变迁和重组，也使社会涌现出了新的社会阶层，在诸多人群和阶层之间，利益多样化、多元化的问题不断被放大和肢解，其通过"晕轮效应"与"蝴蝶效应"已经渗透社会的各个领域和各个层面，公权力同样受到了影响：一方面，市场经济倡导的是自由、竞争和利益，其所奉行的是"经济人"——人存在的目的就是追求个人利益的最大化这一原则，为此，在市场经济条件下的行为大多会被打上"为己谋利"的个性标签。而对于社会主义而言，强调的是集体主义，强调的是对他人的责任和贡献，中国共产党的宗旨在于全心全意为人民服务。两相比较，一些干部虽然在口中坚持着党的宗旨和原则，但在实践中则已经完全走向了对立面。另一方面，在干部队伍中，一些人把市场经济中的"交易"规则引入干部日常工作中，把干群、同志、上下级都当作交易的对象来对待，把各种要素均当作资源进行"配置"，借助手中的权力大搞寻租经济和腐败经济，服务意识

[①]《邓小平文选》第二卷，人民出版社1994年版，第332页。

和为民意识严重不足,享乐主义、奢靡之风、摆阔之气成为问题干部的风向标。

4. 权力规约机制不健全

诚然,限制权力问题抑或是权力规范问题不是一个新问题,而是一个老问题。我国封建王朝"其兴也勃焉,其亡也忽焉",其根源就在于权力规约机制不健全、不规范。当前,我国权力规约机制不健全既有历史的原因,也有现实层面的原因。就历史原因而言,千百年来,我国实行的是"君权论",即皇帝"金口玉牙说啥是啥",最高统治者的权力是无以复加的,虽然偶有相权或相应监察机构的存在,但对于皇权的监督可以说是微不足道的,在某些程度上来说就是一种形式和象征而已。近代以来,皇权作为一种制度虽然被取消,但其衍生的"敬官""畏官""不敢监督官"的思想已然留存下来,难以立刻根除。在市场经济发展过程中,由于资源的相对过剩,权力寻租问题、权力腐败问题逐渐引起了人们的重视。权力失控抑或是权力失去制约,必将滋生腐败。自党的十八大以来,我国的权力监督机制逐渐加强,成效显著,已然形成了对腐败的高压态势,取得了重要的廉政建设成果。但是,权力规约机制还有待进一步提升。从我国现有权力约束机制看,其不健全主要体现在以下三个方面:一是对权力执行边界缺少精准的界定。诚然,我国的权力机关是全国人民代表大会和地方各级人民代表大会,而行政机关是权力机关的执行机关。虽然我国从《宪法》和《行政法》等法律层面对行政主体的用权情况进行了规范,但由于制度层面的滞后性,总是要赋予行政权力主体一定的裁量权,而这部分裁量和选择的自由完全取决于执行者的个体偏好。在具体行政实践中,行政执行者往往会根据"经济人"进行裁量,会从自身能否获利的角度来选择如何用度权力,如果感觉到裁量能够给自己带来利益或声望,那么他就可能进行选择性裁量。相反,则会走向反面。二是权力集中所造成的"一支笔"效应。个人的智慧、见识和能力一定是有限的,权力集中必然会造成官僚主义。有些党政一把手,借助手中权力恣意妄为、飞扬跋扈。如果监督跟进不及时,纠错机制启动慢,就会给国家和人民造成不可挽回的损失。三是监督体制机制和政策保障机制不完善。单纯就行政监督而言,我国主要包括政党监督、政府监督、舆论监督、社会监督、公民监督等。但限于各个监督主体的能力，其监督实效往往也存在着巨大差异，而且在一些时候可能还要以付出高昂的监督代价作为成本。

5. 政治发展生态不够优良

政治发展生态指的是一个社会的政治发展所依托的基本环境，是政治发展所依赖的场域。就概念而言，政治生态是一个集合性概念，既有政治学的内容阐释，也有生态学的内容阐释，"是各种政治要素的关系结构及其运行方式的综合体现，集中反映了一个地方的政治生活状况以及政治发展环境，综合体现了一个地方的党风、政风和社会风气，实质上是一种'软环境'或'软实力'"[①]。政治发展生态优良，就容易涵养政治清明、向上向善的正能量，相反就会滋生歪风邪气，美丑不分、善恶不辨的负能量。比较而言，政治生态与政治发展有着密不可分的关系，政治生态既是对政治发展结果的阶段性呈现，也是对政治发展客观结论的辩证揭示。就政治生态内容看，其总是会与政治发展的历史进程相伴随、相印证、相依托。政治越发展，就说明政权认同度、成就度和民众的获得感就越高，政治生态就越优良。相反，则会走向反面。当然，"这种进程在不同的国家以及不同的历史时期具有不同的表现；但是，与经济发展表现出的物质财富总量不断得到增长并使社会成员的物资生活条件得以改善的情况一样，人类通过政治发展，社会成员的政治生活也随之而得到改善"[②]。当前，我国地方政府政治生态不够优良所衍生的问题逐渐显现，不仅影响了党风政风，也影响了社会风气，体现在政治原则上，干部政治鉴别力和政治敏锐性不足，丧失原则立场；体现在干部行为上，"吃拿卡要"问题仍是多有出现，宗旨意识、服务意识、为民意识淡漠，享乐主义、拜金主义、个人主义抬头等。

（四）纠正干部失德的基本思路

纠正干部失德和干部道德凝塑绝非朝夕之功，需要从点滴做起，从小事做起，从平常做起，久久为功，主要应从以下几个方面着手：

[①] 杨根乔：《当前地方政治生态建设的状况、成因与对策》，《当代世界与社会主义》2012年第2期，第129—133页。

[②] 桑玉成：《政治发展中的政治生态问题》，《学术月刊》2012年第8期，第5—13页。

1. 加强学习，进一步提升干部道德的慎独慎微意识

干部失德问题与干部道德建设问题是同一个问题的两个方面，比较而言，干部失德问题的发生往往是瞬间就可以生成的行为，而干部道德素养的生成却需要持续的努力和长久的积累。纠正干部失德问题必须从细微处着手，坚持做、用心做，就一定能够实现目标。干部道德不是抽象的存在，而是具体的内容。比较而言，"每一种具体的理想都可能通过社团的那些目标和目的的上下文联系而得到解释，我们所谈的角色或地位就属于这些社团。在一定阶段上，一个人会得出一个关于整个合作系统的观念，这个观念规定着社团和它为之服务的那些目的。他了解其他人由于他们在合作系统中的地位而有不同的事情要做。所以，他慢慢学会了采取他们的观点并从他们的观点来看待事物。因此，获得一种社团的道德可能有赖于个人理性能力的发展，这些能力是从各种不同观点来看待事物并把这些事物看作一个合作系统的不同方面所需要的"[①]。为此，需要从以下几个方面加强工作：一是要持续地加强思想政治理论学习。思想政治理论是党在既定形势下形成的指导实践的理论先导，也是对干部进行警示教育的理论基石。作为干部，就是要不断加强学习马克思、恩格斯经典著作，加强学习毛泽东思想和中国特色社会主义理论体系，特别是加强学习习近平总书记系列重要讲话精神和治国理政新理念新思想新战略，这是指导和发展中国特色社会主义的纲领性文件。这一学习既是对广大人民群众的政治承诺，也是对发展社会主义、完善社会主义的一种责任担当。另外，干部也要吸收借鉴传统文化中的官德精要和他国公务员道德建设的先进经验，古为今用，洋为中用。为此，干部必须不断学习、自觉学习、努力学习，不断锤炼自身的党性修养，不断提升干部的政治意识、大局意识、核心意识、看齐意识，既要提升和完善自身的理论水平，也要塑造更为高尚的道德情操。二是注重道德实践。干部道德建设不是虚拟之功和一己之事，必须外化到实际行动中。为此，干部不仅要自己主动进行道德实践，也要带动和指导下属、亲属和身边工作人员进行道德实践，群策群力，长期坚持，凝塑道德意识，提升道德认知，

---

① [美]约翰·罗尔斯：《正义论》，何怀宏、何包钢、廖申白译，中国社会科学出版社1988年版，第455页。

夯实道德品格。干部只有通过自身道德实践才能不断加深自己和周围人对理想信念和宗旨意识的认识，不断提升自己和周围人对理想信念和宗旨意识的践行能力，辐射、影响、带动与自己接触的一切人，在道德实践中不断提升包括自己在内所有人的道德品格。三是不断地培养自身的政治自律意识。作为干部，"政治的自律是按照各种各样的政治制度和政治实践具体规定的，也通过公民的思想和行为——他们的讨论、深思和决定——来执行一种立宪政体，而在他们的某些政治美德中表现出来"[1]。可以说，与普通民众一样仅仅"能够自律"还远远不够，干部还必须有更超越的态度，对政治自律要有高度的自觉，尤其是体现在对政治纪律、政治原则、宪法和法律等规定性内容的尊崇上，这些不仅是个体抑或是组织的修炼，更是引领和带动民众的现实需要。

2. 重点强化，提升对干部道德教育的水平和质量

教育干部，提升干部道德素质，充分发挥党组织的先锋模范带头作用，是党组织义不容辞的责任，主要应从以下几个方面着手：一是持续加强理想信念教育。民为邦本，干部要时刻坚持以人为本、以民为本，立党为公、执政为民，不断地教育干部要常怀戒尺、不忘初心，牢记"全心全意为人民服务"这一宗旨，教育干部不但要身下去、更要心下去，了解民众疾苦，深入工厂企业、田间地头，坚持从群众中来、坚持到群众中去，不动摇、不懈怠。二是教育干部树立正确的政绩观。政绩就是干部尽职履责的情况、状况说明，也是评价干部工作好坏、优劣的标准。教育干部树立正确的政绩观就是要引导、帮助广大干部树立正确的政绩观、绿色的政绩观、生态的政绩观，努力让干部工作与民众实际需求结合起来，努力让工作业绩与民众口碑结合起来、努力让干部行动与民众迫切之需结合起来，促使广大干部具有前瞻意识，实干意识和担当意识，不短视、不虚假、不滥权，不大搞、特搞"形象工程""面子工程"和"政绩工程"，坚持求真务实，勤政廉政、不务虚功。三是持续加强干部能力教育。干部能力问题是干事创业的核心问题。火车跑得快，全靠车头带。干部能力弱或能力差，在干事创业过程中就无法形成带动力量。为此，必须不断促使干部夯实自身能力素质，从大势和大事上着

---

[1] ［美］约翰·罗尔斯：《政治自由主义》，万俊人译，译林出版社2000年版，第245页。

手,培养干部前瞻能力,洞悉国际形势,结合国家、省自治区直辖市、市县等实际情况卓有成效地开展工作,在实践中学习、在实践中成长、在实践中成就,不断提升自身能力水平。四是持续加强干部的诚信教育。人无信则不立,干部更是如此。对于社会中的个体而言,其即使失信往往影响的也就是个人,大到其家庭,严重者才会辐射到社会,而干部则不然,鉴于其特殊的角色、地位,一旦失信就必然地会影响到培养他的组织和部门,乱党误国。为此,必须高度重视干部的诚信问题,不是简单地让干部做到一般情况下的诚实守信,还必须努力使干部坚持做到忠于党、忠于国家、忠于事业、忠于人民,坚持做到公道正派、心诚意正,坚决否弃阴一套、阳一套,当面一套、背后一套,说一套、做一套,对上一套、对下一套的两面干部,着力增强马克思主义信仰和对社会主义的信念,增强对全面建成小康社会和实现民族伟大复兴"中国梦"的信心。五是持续地加强干部责任教育。干部责任意识和担当精神既是党、国家的重托,也是亿万人民的期待。对于干部而言,必须努力使自己成为一个勇于负责、敢于负责的人,"负责任的行政人员必须能够为自己的行为给他人造成的影响负责,这就意味着要能够解释和说明为何他们要采取会造成某种特定后果的特定行为。他们还必须能够把公共利益作为自己的职业指南,并把这一指南内化为自己的内心信念,以自己的行为方式体现行为与这一信念之间的一致"[1]。

3. 夯实固基,进一步完善干部道德建设的法治化建设

干部道德法治化建设是提升干部道德建设的根本遵循。对于我们而言,干部道德规范是对干部尽职履责,管理国家事务、社会公共事务等的一种道德约束,"是领导干部选拔任用考评的主要依据,是社会舆论评价和监督领导干部行为善恶的基本准则,也是领导干部自觉自警自励的一面'镜子'"[2]。干部道德建设归根结底属于"德"的范畴,这个"德"必须通过法治化、制度化去框定,尤其是对于手握重权的干部而言,更是如此,必须对其给予有效规约。具体而言,主要从以下几个方面着手:

---

[1] [美]特里·库珀:《行政伦理学:实现行政责任的途径》,张秀琴译,中国人民大学出版社2010年版,第6页。
[2] 纪光欣、刘小利:《政党建设与道德要求》,《马克思主义与现实》2015年第2期,第174—180页。

一是注重道德规范的法制化建设。在进一步讨论这个问题之前，我们有必要先澄清一下法制化抑或是制度化的必要性，一般情况下，"如果在一些问题上形不成某种共识，一个人就不可能与另一个人相互交往。这些问题包括，其他人会如何作出反应、在其他人作出武断反应和违约反应时要受哪些制裁……人类的相互交往，包括经济生活中的相互交往，都依赖于某种信任。信任以一种秩序为基础。而要维护这种秩序，就要依靠各种禁止不可预见行为和机会主义行为的规则。我们称这些规则为制度"①。而法制化抑或是制度化，从本质看是同一个东西。所谓的干部道德法制化，就是从规章建制的角度把干部道德以条文或文字的形式明确下来，并赋予国家强制力保证，其要旨在于"干部道德的特殊性，干部尤其是领导干部，以其在国家机关和社会生活中担负职责之重大、党和人民对他们提出的道德要求之高以及干部道德规范与国家有关法律、法规、政策、条例、规章、制度等之间诸多的渊源关系，使干部道德的践行和维护应当带有一定程度的国家强制力保障的特殊性"②。可以说，干部道德建设对于权力运行发挥着牵一发而动全身的重要的作用。当前，《中国共产党廉洁自律准则》和《中国共产党纪律处分条例》自颁布实施以来在矫正干部行为上发挥了重要作用，但针对腐败立法工作还有待进一步加强。强化廉政的法制化和制度化建设，必须从我国基本国情出发，认真研判反腐败斗争形势，客观分析腐败存量问题，坚决遏制腐败增量问题，重点强化廉政法制和监督法制建设。二是从法治和制度的角度强化干部审慎对待人民赋予的权力。人民赋予干部以权力，干部必须时刻关注民众的权利增益问题。比较而言，尊重民众的权利是一件非常重要的事情，须知，"在承认一个理性的政治道德的社会里，权利是必要的，它给予公民这样的信心，即法律值得享有特别的权威，正是这一点把法律同其他强制性规则和命令区别开来，使其更有效力。一个政府通过尊重权利表明，它承认法律的真正权威来自于这样的事实，即对于所有人来说，法律确实代表了正确和公平。只有一个人看到他的政府和公共官

---

① ［德］柯武刚、史漫飞：《制度经济学》，韩朝华译，商务印书馆2000年版，第3页。
② 杜玉奎：《新时期加强干部道德建设的对策思考》，《科学社会主义》2008年第1期，第99—101页。

员尊敬法律为道德权威的时候,即使这样做会给他们带来诸多不便,这个人才会在守法并不是他的利益所在的时候,也自愿地按照法律标准行事。在所有承认理性的政治道德的社会里,权利是使法律成为法律的东西"[1]。三是进一步完善监督法治化建设。完善监督法治化建设应分"三步走":第一步,结合我国反腐败客观形势,制定和出台新的廉政法规和监督规范,改进现有的道德建设规范,促使和保障干部用权过程中涉及道德层面的内容有法可依、有章可循,达到既保护廉洁、廉政干部,也打击腐败干部的目的;第二步,严格执法,确保廉政法律和法规的实施,真正做到有法必依、执法必严,督促和规范好每一个干部的用权行为,给权力戴上"紧箍";第三步,进一步增进监督实效,如果说干部自律、慎独是内部自觉用好权的内容,那么监督就是从外部约束干部用好权的内容。强化监督法治建设就是要不断充实和完善民主集中制度,"充分发挥各种监督渠道的作用,把党内监督、组织监督、民主监督和舆论监督有机地结合起来,要不断建设和完善监督法规,健全监督机制,畅通各种监督渠道和途径,充分发挥他律对领导干部道德建设的作用"[2],充分激发协同监督的效用,真正做到违法必究,确保监督效果。

4. 注重营造,进一步完善规范权力运行的政治生态

政治生态建设牵涉多个主体和多个层面,需要多维主体协同用力,积极作为,向善向好。具体而言,主要应从以下几个方面着手:一是用社会主义核心价值观引领和带动政治生态建设。"社会主义核心价值观所包含的是社会主义最基本和最核心的价值理念。其中,富强、民主、文明、和谐表达了在国家发展上的目标;自由、平等、公正、法治体现了在社会层面价值导向上的规定;爱国、敬业、诚信、友善体现了对公民个人在道德准则上的要求。"[3] 社会主义核心价值观客观"要求每一个公

---

[1] [美]罗纳德·德沃金:《认真对待权利》,信春鹰、吴玉章译,中国大百科全书出版社1998年版,第21页。

[2] 邢凯旋、步星辉:《我国领导干部道德建设问题刍议》,《陕西行政学院学报》2012年第1期,第30—34页。

[3] 陈仕平、肖焱:《论社会主义核心价值观建设与政治文明建设互动关系》,《理论探讨》2014年第1期,第36—39页。

民在可能的范围内都应享有发展其天赋和其他潜能的平等机会"①，它能在意识层面给人以向导和感召，形成凝聚力和向心力，并在一定的范围内创造更优越的条件保障这些美好事物的实现。二是每一个主体都要明晰自身的角色和位置。社会是由个体组成的集合，每一个人类个体都应当承担社会所赋予的角色，并主动承担好这个角色所赋予的使命，排除一切高低贵贱之别，唯其如此，社会才能良性运行，"如果相关主体或角色各就其位，则处于一种良性生态。相反，如果政治社会体系中，由于某一主体或角色出现越位、错位、缺位，则会引发政治职能位移、政治生态失衡，政治、经济、文化之间的和谐状态就会被打破，最终会导致整个社会发展受阻或出现停滞"②。对于干部而言，他们"并不是整个社会随意选出的代表。至少，这些人比一般公民更加关注政治，更为消息灵通，并且更加确信自己的政治能力"③。为此，促使干部摆正自身角色，明晰自身位置对于经济社会而言更具有独特而重要的现实意义。三是抓住干部的"关键少数"。抓住"关键少数"，"保证党的组织履行职能、发挥核心作用，保证领导干部忠诚干净担当、发挥表率作用，保证广大党员以身作则、发挥先锋模范作用"④，努力促使每一个干部都审慎地用好自己的权力，在每一个微小的细节行动中，都真切地融入"品质、为公职奉献的精神和对忠实执行法律的尊重"⑤。

三　研究意义

关于当代中国以德为先用人思想研究，尤其是关于以德为先用人思想的实践研究，意义巨大。

首先，从创新性角度看，它的本质、内涵、特征、理论基础等问题

---

① ［美］A. 麦金太尔：《追寻美德：道德理论研究》，宋继杰译，译林出版社2003年版，第8页。
② 夏美武：《政治生态建设的困境与出路》，《苏州大学学报》（哲学社会科学版）2012年第1期，第94—100页。
③ ［美］加里布埃尔·A. 阿尔蒙德：《比较政治学：体系、过程和政策》，曹沛霖、郑世平、公婷、陈峰译，上海译文出版社1987年版，第119页。
④ 王政淇：《抓住"关键少数"抓实基层支部》，《人民日报》2017年4月17日。
⑤ ［美］詹姆斯·W. 费斯勒：《行政过程的政治》，陈振明、朱芳芳译，中国人民大学出版社2002年版，第440页。

仍属空白，它的历史渊源需要厘清，干部德的标准需要科学界定，干部德的考核方式与方法需要统筹制定，以德为先用人思想基本要求需要明确。

其次，从理论和实践的相互关系角度来看，以德为先用人思想的实践呼唤着科学理论指导。提升以德为先用人理论研究水平，丰富、完善和发展以德为先的用人思想至关重要。

最后，从现实生活上看，干部失德败德现象、选人用人中的不正之风等社会热点问题，干部德的考察评价机制、以德为先用人思想的实现机制等难点问题，迫切需要从理论上为干部工作科学化、民主化、制度化提供更加坚实的理论支撑。

第二节　研究现状

目前，关于以德为先用人思想方面的研究相对比较薄弱，尚未形成关于这一领域研究的科学理论体系或框架，尚未见到对以德为先用人思想系统、全面、综合、深入的专题研究。关于这方面的理论文章也不是十分丰富，很多文章只是不同程度地涉及了以德为先用人思想的某一方面或某一问题，并且从这些文章中也可以看出，这一理论问题与实践的结合并不是很紧密，没有完全获得理论密切联系实际的效果以及理论本应具有的先导作用。从一定程度上来说，关于这一领域的研究还处于初级阶段。具体包括以下几方面：

一、目前关于以德为先用人思想的本质内涵、理论基础、思想特征的研究，尚属空白。

二、关于中国共产党用人标准的研究，相关资料很少，几乎没有系统、完整的专题研究。有限的研究也只是集中在历史演进流变过程的综述方面。

三、关于中国用人思想方面的研究。这方面研究相对较多，主要集中在以下四方面：一是中国古代思想家的用人观，如孔子、孟子、荀子、韩非子、墨子、司马光等；二是古代帝王的用人观，如曹操、唐太宗等；三是中国共产党几代领导人的用人观研究，如毛泽东、邓小平、江泽民、胡锦涛、习近平；四是国外用人思想研究方面，主要是针对西方公务员制度研究以及中外用人思想比较研究。

四、关于中国古代选官制度的研究。这方面研究比较集中，但其中涉及德才标准问题的所占比重较小。

五、关于中国传统德治思想和中国共产党"以德治国"思想的研究。这方面研究比较丰富，但这与在德才兼备基础上以德为先的用人思想的关系并不是很密切。

六、关于领导干部选拔任用机制方面的研究。这方面研究主要包括党政机关选人用人、干部竞争性选拔制度、干部选拔体制、公开选拔党政领导干部制度等方面的研究。这些研究更多的是制度层面的，与现实结合得不是很紧密，并且随着时代的发展和环境的变化，很多关于选拔任用的制度和标准都已被搁置在"回收站"里了。

七、关于以德为先思想的相关研究。这些相关研究，归纳起来，初步可以分为三大类：第一类是有些国内学者从管理学角度对以德为先思想进行的研究。他们认为，"德"是管理学的哲学基础，"修身"是管理思想的逻辑起点，把东方管理的核心思想概括为"以人为本、以德为先、人为为人"。儒家管理思想的逻辑起点是"修己安人，'修身'即'修己'，管理者通过自行修炼道德情操，以德示范，从而影响受管理者或他人行为，达到'安人'的目的"。第二类是有些国内学者从管理心理学的角度对以德为先思想进行的研究。他们把中国古代管理心理思想概括为"以德为先"，并认为德的主要内容是"仁、义、礼、智、信"。第三类是还有些国内学者从管理智慧的角度进行的研究。他们认为以德为先作为一种管理思想，其主要内涵是"仁爱为本、重义轻利、修己安人、诚实守信"。这三类关于以德为先思想的研究，与本书德才兼备基础上的以德为先用人思想，可以说是大相径庭，相去甚远。

八、关于以德为先用人思想的实现路径研究。这方面的研究起步较晚，但发展较快。从学者到官员，从学术著作到中国共产党的文献都有涉及。但研究得比较琐碎，多为定性研究，缺少定性研究与定量研究的有机结合，缺少科际整合视野中的观照，从而限制了分析的广度和深度，也就使研究成果的实际操作性、应用性相对欠缺。

九、关于干部德的考察评价研究。干部德的考察评价是以德为先用人思想的重要内容。在当代中国，对干部德的考核评价缺乏明确、具体的标准，存在着简单化、公式化、空泛化等现象。学界和官方都比较注重探索干部品德评价标准、考核途径和办法，在考核内容、考核标准、考核方法、考核结果运用、完善考核评价机制、提高考核结果的科学性和真实性等方面都有探讨，但从理论层面上看，还很缺乏一些深层次的理论问题研究，并且现有的研究也不够深入。

十、关于干部德的标准研究。学者们提出了很多不同观点和意见。有的学者把干部的品德结构分为"政治品德、思想品德和社会品德三大类，其中社会品德包括职业道德、社会公德、家庭美德"；有的学者提出"公务员思想道德素质测评理论模型，把信念理想、纪律性、务实作风、高尚情操、开拓精神作为干部道德素质测评的五大指标"；有的学者提出"领导品德评价的 AHP 模型，把领导品德素质测评指标分为四大类，即政治品德、思想品德、职业品德和个体品德"。总而言之，理论界关于干部德标准的认识还未达成一致，分歧明显。

近年来，在中国共产党和国家领导人讲话中和中国共产党的文献中多有涉及关于干部德的标准。2008 年，在全国组织部长会议上，习近平提出干部德的标准包含"政治品德标准、职业道德标准、家庭美德标准和社会公德标准"。2009 年 9 月通过的《决定》提出："从政治品质和道德品行等方面完善干部德的评价标准，重点看是否忠于党、忠于国家、忠于人民，是否确立正确的世界观、权力观、事业观，是否真抓实干、敢于负责、锐意进取，是否作风正派、清正廉洁、情趣健康。"2011 年，中共中央组织部出台的《关于加强对干部德的考核意见》（以下简称《意见》）提出：对干部德的考核，要"以对党忠诚、服务人民、廉洁自律为重点，加强政治品质和道德品行的考核"。

十一、关于干部德的考察途径和方法的研究。目前来看资料很少。但《决定》提到关于干部德的考察途径和方法要"注重从完成急难险重任务、关键时刻的表现、看待个人名利等方面考核评价干部的德，注重从履行岗位职责和日常生活表现中考核评价干部的德，注重用全面发展联系的方法考核评价干部的德"。强调要全面、历史、辩证地考察干部的德。

此外，在当代中国，德才兼备、以德为先用人思想的提出、发展和完善经历了三个重大发展环节。一是党的十七届四中全会通过的《决定》，将选人用人的标准确定为德才兼备、以德为先。强调选人用人既要看才，更要看德，在干部选任中要把德作为前提条件，将德才兼备、以德为先的选人用人标准作为马克思主义执政党保持先进性和纯洁性的必然要求和重要保障。二是德才兼备、以德为先用人标准被写入党的十八大报告。党的十八大报告明确提出，"要坚持党管干部原则，坚持五湖四海、任人唯贤，坚持德才兼备、以德为先，坚持注重实绩、群众公认，深化干部人事制度改革，使各方面优秀干部充分涌现、各尽其能、才尽其用"。这充分说明，深化干部人事制度改革，建设高素质执政骨干队伍，必须坚持德才兼备、以德为先的选人用人标准。新《党政领导干部选拔任用工作条例》[①] 把德才兼备、以德为先选人用人标准写入其中。2014 年 1 月 15 日，中共中央修订颁布了新《条例》，新《条例》中第一章第二条明确提出，选拔任用党政领导干部，必须坚持相应的七条原则，其中（三）为"德才兼备、以德为先原则"。这再次说明，德才兼备、以德为先用人标准，作为一条重要的干部选拔任用原则再次以国家颁布的文件形式被确定下来。

通过对以德为先用人思想相关文献的系统梳理发现，对以德为先用人思想不同角度的探索，为进一步研究以德为先用人思想奠定了良好基础，提供了可资借鉴的资源条件。但上述探讨研究也存在着一些明显不足，具体表现在：

一是视角单一、方法单一，多为对具体现象的剖析和经验概括、经验性描述、重复性探讨，局限在个别化、微观层面。

二是大多数研究把"以德为先"作为约定俗成的概念不予界定，没有逻辑关系的深入分析和展开。

三是诸多论著关于以德为先用人思想的研究只是提及，并没有深入挖掘和具体阐释，更谈不上构建科学的以德为先用人思想体系。

综上所述，以德为先用人思想的研究、论述和规定，零碎散落在中国共产党的干部政策制度文献和一些学者的相关研究中，没有由经验层面上升到理论层面，难以从中得出整体、系统、全面的认识。这方面的

---

① 新《条例》是针对 2002 年 7 月 9 日中共中央印发的《党政领导干部选拔任用工作条例》而言的。

研究滞后于干部人事制度改革实践，滞后于经济社会发展，不能满足当代中国组织工作的实践需要，显示了以德为先用人思想研究的重要性和紧迫性。无论是理论水平的提升和理论体系的完整建构，还是实践的有效进行，都要求我们对以德为先用人思想进行深入、全面的探讨和研究，以期实现以德为先用人思想的全面贯彻落实，从而推动当代中国用人实践的制度化、科学化进程。

第三节 研究内容及方法

一 研究内容

以德为先用人思想研究内容较广，包括以德为先用人思想的本质内涵、理论前提、历史渊源、思想特征、内容要求，干部德的特征、标准，干部德的考核评价，以德为先用人思想的实现路径，等等。

本书尝试探讨以德为先用人思想的本质要求，干部德的内涵特征，分析其理论根据、现实基础，厘清思想发展脉络，提出新的历史条件下干部德的标准，明确干部德的基本要求，探讨干部德的考核途径和方法，构建科学的干部德的考核评价体系，回答如何实现以德为先用人思想，即以德为先用人思想的实现方式问题。

本书的重点是干部德的标准问题，具体包括：干部德的标准的制定原则，干部德的内涵与外延。研究热点是干部德的考核途径和方法问题，难点是干部德的考核评价体系构建问题，根本点是以德为先用人思想从体制上、制度上的实现机制问题。

二 研究方法

一是逻辑的方法。以德为先用人思想内涵丰富，包括其本质内涵、理论前提、历史演进、干部德的标准、干部德的考核评价体系构建、以德为先用人思想的实现方式等方面。这些要素之间相互联系、相互作用构成多种关系。以德为先用人思想的实现方式问题更是综合系统工程，涉及诸多理论要素，需要运用逻辑的方法，将其升华为具有内在逻辑结构的抽象结论。

二是综合的方法。本书是多视角综合研究。将运用哲学、政治学、文字学、教育学、心理学、人力资源学、管理学等学科理论和方法，进行多学科整合，拓宽视野与思路，实现事实论证与理论论证相结合，提升学术层次和学理力量。

三是比较的方法。有比较才有鉴别。对比分析古今中外以德选人用人的理论与实践，对比分析以德选人用人的成功经验和反面教训，对比分析干部道德典范和干部败德案例，全面、深入把握以德为先用人思想的本质、特征与规律。

四是系统的方法。将以德为先用人思想作为一个整体加以研究，不仅仅局限于以德为先用人思想的某一现象、方面和特征，而是从世界观和方法论的角度，理解和阐释以德为先用人思想。在历史维度上，厘清以德为先用人思想的发展演变过程；在理论维度上，探讨以德为先用人思想的概念界定、本质内涵、现实依据和理论前提等；在实践维度上，探讨以德为先用人思想的实现方式、操作模式等；从制度层面上，探讨以德为先用人思想的实现方式问题。

五是文献的方法。收集、整理、鉴别以德为先用人思想相关文献，厘清以德为先用人思想的历史演变、发展规律，掌握科研动态、前沿进展，形成相关理论的科学认识，以促成本书的不断深入。

第 二 章

以德为先用人思想的内在规定

德者得也，行"德"可以得到好处，这一观念在中国根深蒂固。中国文化是一种德文化，德治思想源远流长。以德为先是中国传统德治思想的重要组成部分。分析以德为先用人思想的内在规定，厘清包括德的内涵及其发展、以德为先用人思想的本质，对以德为先用人思想进行多维解析，这是进行研究的前提和基础。

第一节 德的内涵及其发展

对德的推崇是中华民族的传统。关于德的思考，伴随在中华文明肇始以来的整个过程中。从传说中的尧舜禹启就推崇德政，以自身高尚的道德行为影响教化民众。从三千年前春秋战国时期的百家争鸣开始，道德文化不断发扬光大，中国传统文化就呈现出强烈的泛道德化特征。

一 德的语义阐释和德的观念形成

(一) 德的语义阐释

德是中华民族传统文化中的关键概念，德字源出何时现在已经难以求证，学界对甲骨文中是否有德字，也是见仁见智。对周金文有德字的出现则达成了共识。从德字的字形构成上看，德字最初的形态是"徝"，"彳"字加"直"字。从古直字、从心；心得正直。"彳"与行走有关，是"行"的一半，十字路口，道路或行动。"直"字是"十目"，五个人十只眼睛，看清一个角落；或解释为"正直"。二字合在一起，意思是"直心"。"道路上发生了一件正直的事"，或者"十字路口眼睛照直向前看"。西周金文中,"德"字有了现代德字的形状,由彳、直和心三个字组成。"直"和"彳"是外在规范,"心"是内在要求,德的字形意思是行动正、目光直,心意正。从词源来看,许慎在《说文解字》中对"德"的解释是:"德者,得也,本义为得。外得于人,内得于己也。""德,升也。"境界因善行而升华。东汉刘熙认为:"德者,得也,得事宜也。"朱熹说:"德者,得也,行道而有得于心者也。"

关于德字的诸多阐释说明,从德字字形、起源、最初含义出发,人们主动意识到人与人之间德这一关系的产生,是对自然、对社会、对他人、对自己都有所"得"。可见,德的原本意义是"真"与"诚"。《周易》中说"天地之大德曰生",其中德表达的就是一种客观状态,进而言之,"真"与"诚"的意义就是在表达一种客观自然的现实状态。从另一个角度来看,德也是对社会关系的一种表述。韩非子认为,"庆赏之谓德"。《实用大字典》中对德字的解释,除了地名以外,有福、恩惠、本性、爱民无私和存心。明代吕坤曾说,"在上者能使人忘其尊而亲之,可谓盛德也已"。这些德的含义中,表达的是给予他人利益,表明在形成社会的人际关系之中,利人利己是德的共性。

综上所述,德有三个方面基本内涵:第一,德是对事物真实自然状态的客观描述;第二,德是事物变化发展所指向的"利人"目标;第三,德是行动者面对利益目标的克己程度。

(二) 德的观念形成

德的内涵始终处于不断发展演变的过程中。中国传统德的观念历经了四个重要的发展阶段。

一是商周的朝代更迭时期,强调的是政治层面的德。周人尚德,他们在总结前人的经验教训时,认为夏桀商纣亡国殒命的根本原因是失德,进而把周王朝发展壮大、天下归心的原因归结于崇尚高贵的品德,做到了顺天命、尚人德,完成了天道与人道的结合。周人由此提出了敬天崇德保民等一些系列思想主张,使德、政、礼、乐得到融合,为后代德治思想打下了基础。

二是在西周末期及春秋初期,德开始从统治阶级的政治之德向下延伸,对个人品质的要求日益增多,"惠、孝、恭、柔、直、君子"等理念逐渐出现并融入德之中,最终形成具有广泛意义的个人之德。

三是春秋中期，德的涵盖更加宽泛，超越了具体的人和事物，形成了一种纯粹意义上的、包含一切美好的德。

四是春秋末期，周王朝渐渐现出颓势，出现了一个所谓的"礼崩乐坏"时期。儒家思想在这一时期影响越来越大，孔子率先提出了"仁"的概念，实现了德从外在到内化的蜕变，德成为人提升品质修养的一种内在力量。

德是社会对人的思想、政治、法纪和道德等品质的一定标准和要求。历经西周、春秋战国直到秦汉两代，德从对统治者的要求延伸到对普通百姓的要求，从政治追求扩展到对品行的诉求。

古人之德，从政治角度来看，其根本意义是统治策略，以德来治理国家，必然要求治国者要具有德。这种德不仅限于品德，还包含政治理念、法纪思想等延伸内容，道德品质只是作为德的组成部分而存在的。对于统治者来说，这种"德"既是自身的修养标准和行为规范，同时也是一种统治手段。

从哲学角度来看，德具有世界观、价值观、方法论的深层含义。德既是自然规律，又是在自然规律中产生的自然法则，具有普世价值。"德者，得也"[1]"得者，德也"[2]，展现了关于德的价值取向。德的方法论则偏向于以正当的方式方法来获取利益。

从道德的角度来看，德并不完全等同于道德，道德包含于德之中。道德这一概念的出现要晚于德概念的出现，但在现实的社会生活中道的实际存在却要早于德。道指的是世间万物运动、发展、变化的客观规律，而德则是人对"道"的认知与实践。"道德"一词源于庄子，荀子又赋予其更加确切的含义，荀子认为道是未转化为个体内心的外在规范，德则是已经转化为个体内心的内在规范。所谓"自然之谓道，体道之谓德"[3]，道是事物内在的客观必然，而反映这一客观自然外在状态的就是德。

二 中国传统德治思想

中国传统德治思想建立在农耕文明基础之上，主要以儒家德的思想

---

[1] 《管子》，北京燕山出版社1995年版，第282页。
[2] 《老子》，北京燕山出版社1995年版，第65页。
[3] （明）吕坤：《呻吟语》，华夏出版社2014年版，第88页。

为理论基础,具有比较突出的道德政治化、政治伦理化色彩。作为中国古代治国理论,中国传统德治思想是中国封建社会政治伦理化的产物,其历史悠久、源远流长。中国传统德治思想重视提升统治者的道德品质,注重为百姓开展道德观念教育,强调以德施政、以德用人。从西周时期萌生德治思想起,德治始终是古代中国治国思想的核心,经过不断发展创新,其内涵也逐渐丰富。

以今天的眼光看,中国传统德治思想参差不齐,精华与糟粕同在,需要批判地继承。一方面,对民众施以道德教育在实质上却更加容易使国家为封建伦理思想所禁锢,同时,过分夸大道德作用,把国家治理的成败、政治的清明、社会的稳定都系于道德的完善上,导致了既讲等级尊卑差别,又提倡人格平等、人人可圣的自相矛盾境遇,造成了双重人格和伪善现象的普遍存在。官场变成秀场,台上台下、人前人后判若两人。对政治体制、法律机制的忽视,造成了封建制度下人治凌驾于法治之上、道德凌驾于制度之上的政治体制。另一方面,中国传统德治思想凸显出道德的榜样作用和教育力量,突出强调德治与法治的相辅相成,将道德规范纳入法律体系,用法律的强制力来推行道德教育,注重对官员的德的考绩、监察和监督。主张尊德行、崇礼义、重教化、尚君子,提倡任人唯贤、德才兼备、民为邦本、贤人政治,这些传统德治思想的精华都有着重要的历史启示。

(一) 主要内容

"德治"就是以德治国的思想。将德与政治相结合,将德作为政治的基点,是中国古代政治思想与政治实践的主要特征。孔子更是认为道德与政治是二位一体的,当儒家思想被统治阶级确立为国家意识,以德治国就自然而然地成了古代中国国家治理的基本方略,而以德施政、以德修身、以德教民、以德选贤是其主要内容。

一是以德施政的民本思想。《尚书》有云:"民惟邦本,本固邦宁。"荀子提出:"君者,舟也,庶人者,水也。水则载舟,水则覆舟。"孟子提出"仁者无敌"思想,强调"得民心者得天下""得道多助,失道寡助"。显见,儒家思想的主张与依靠刑罚的法治观念相比,以德治国、对百姓施以德政有着更好的效果,是一种民本思想。德政,是以封建社会的道德标准来约束百姓,利用建立在百姓内心的道德标尺,促使其主动遵循封建等级制度、服从封建专制统治，进而维护社会稳定、使百姓顺服。这种封建道德标准归根结底其实是一种政治标准，是为了巩固封建君主的统治利益才对百姓开展道德观念教育，其重视百姓道德品质的民本思想，归根结底还是以封建君主道德化的利益为本，是为了统治权力的稳固和王朝的延续。

二是君主以德修身的个人修为观。统治者自身拥有好的德行是可以很好地进行统治的前提。"修身、齐家、治国、平天下""若安天下，必须先正其身"等，足见传统德治思想十分重视君主的道德品质修养水平，认为君主的首要任务是修身，要求君主在具备卓越智慧和才华的基础上，更要有高尚的道德品质。在中国传统德治思想中，建设君主自身完美的道德并发扬光大，是治国安邦的根本途径，认为君主的道德品质和人格力量是有效开展统治的前提和基础，关系到国家的治乱安危。君主应当成为臣子和百姓的道德楷模，引导臣民的道德取向，教化百姓弃恶从善，提高道德境界，从而获得臣民的拥护、爱戴和信服。

三是以德教民的道德教育观。孔子主张"君子之德风，小人之德草，草尚之风，必偃"。沿袭孔子的观点，儒家思想又提出"化性起伪""以教为本""德善化民"等理论，对孔子的思想进行了继承和发展，丰富完善了以道德教育百姓的思想理论。以道德教育百姓的根本目的就是以道德要求来约束百姓，将道德作为一种手段来治理国家，进而实现国泰民安的政治诉求。这种以德教民的思想，是儒家以德治国思想的重要组成部分，目的是用封建道德伦理中的"三纲五常、忠义廉耻"思想来规范百姓的行为，以对崇高道德的追求来感染和教化每一名社会成员，树立他们标准的道德情操，使社会道德价值观趋向统治阶级所期望的方向。

四是以德选贤的人才观。司马光认为，"取才之道，当以德行为先"。以德选贤就是在才华出众的人中选取道德高尚的贤人来任用，强调的是以品德来选人用人，当然这里所指的才华也包含着道德。孟子提出治国的关键在于"尊贤使能，俊杰在位"。关于如何选取贤人，韩非子进一步提出"内举不避亲，外举不避仇"。在这一思想基础之上，中国古代历朝历代多种选拔任用官吏的方式及制度，都极为重视德的根本性，强调德才兼备，强调以德治吏。认为官员高尚的道德情操，是其为官从政的基本保证，是封建统治巩固的基础。

(二) 存在弊端

中国传统以德治国思想是封建统治者维护自身利益的专制工具，其对道德社会功能的过分夸张，在实际上限制了道德的自由发展，对人性造成了束缚，有着明显的历史局限性，存在诸多弊端。

一是对君主道德示范和百姓道德教育的过分强调，导致了德治外衣下的人治。中国传统德治思想意图通过君主道德的完善，进而发挥其垂范作用来建立仁政。儒家思想中对道德的理想要求是成为圣人，退而求其次也是以君子之德作为道德规范，仁政顺利推进的必要前提条件是君主和官员具备崇高的个人道德修养，但这一要求显然有些脱离实际，能具备如此高尚品德的人寥寥无几。由此可见，要保证君主及官员全部达到道德要求很有难度，这种情况导致了国家治理的成败得失完全系于为政者的个人素质，统治者实质上是凌驾于道德和法律的约束之上的，形成了典型的人治。同时，使统治者天然具有一种道德优越感，占据道德制高点，以为位高则德高，造成道德面前的不平等局面。

二是中国传统德治思想服务于封建统治阶级利益。德治思想主张家国一体、忠孝同构。所谓家天下，就是封建君主以天下为家，是最大的家长，其思想来源是原始社会的父系家长制。这种概念的延伸把家族、国家、百姓全部囊括其中，将君主专制与家长宗法制紧密结合。在儒家思想中，"孝悌"在家庭伦理中具有至高无上的地位，扩展到国家层面，爱国等同于忠君，"尽忠"就成为最基本的伦理要求。这种以"忠""孝"为核心的道德伦理，在家天下的概念下就形成了以"三纲五常"，即"君为臣纲、父为子纲、夫为妻纲"和"仁、义、礼、智、信"为核心的道德框架，其本质是利用道德伦理来维护封建统治。

三是推崇"德"的无上地位，忽视了法律制度应有的作用。在梁漱溟看来，中国传统文化是"伦理本位"。汉武帝罢黜百家、独尊儒术，儒家思想占据了中国传统文化的统治地位。以德治国思想成了中国封建社会的基本治国思想，历代德治思想的推崇者无不对道德的教化和安抚作用充满信心，大力宣扬"君子"的道德概念。他们认为"德"是治国之本，百姓有了道德，就有了行为的准则，而法令刑罚只能惩人之恶，不能导人向善，只能作为治理国家的辅助手段。德治思想与法治思想最紧密的结合是把封建的"三纲五常"等伦理思想用法律形式固定下来。

(三) 历史启示

中国传统德治思想的产生基于古人政治理念与道德思想的相互融合，包含着古人治世、为人的思想精髓，是古代有深谋远虑的先贤在长期的理论探索、治国实践中，归纳各方面经验教训，凝练升华出来的政治方略，有着符合时代背景要求的合理性和适用性，其思想精华对当今中国的治理有着重要意义。

一是要重视德治与法治的相辅相成。古人经验昭示这样一个道理，治理一个国家，最为关键的两个方面就是制度建设和精神建设。具体到当今中国，就是要明确法治与德治的辩证关系，要将二者有机地结合，相辅相成地运用，要使二者能够实现相互促进，既不能重法治轻德治，也不能重德治轻法治。法治与德治分别属于物质文明建设和精神文明建设两个不同领域，但其功效都是旨在服务于中国特色社会主义建设事业。在这个前提下，需要在上层建筑层面将依法治国和以德治国合理地整合起来，要在社会实践中将法律与道德作为同样重要的手段来规范百姓的日常行为。从另一个角度来说，法治的作用是对既成事实的罪恶进行惩处，德治的作用是以道德准绳来遏制尚未发生的罪恶。法治的关键在强制力，道德的关键在说服力，二者的运行机制不同，但目标趋于一致，都是为了维护社会运转的和谐与稳定。可见，在国家治理的实践过程中，应当将法治与德治并行并举，不能偏重其一。

二是要重视官员的道德建设。中国传统德治思想在人才选用上对道德标准有着很高的要求，主张"尊贤使能，俊杰在位"[1]，这种人才观彰显了中国古代用人思想的价值取向。究其原因，是因为在中国传统以德治国的思想体系中，实现以德治国这一政治理念的先决条件是统治阶级，特别是君主要具备崇高的道德品质。在中国传统德治思想观念中，认为统治阶级，特别是君主个人的道德修养具有重要的示范性作用，是黎民百姓的道德楷模。封建统治只有在道德上获得了百姓的认同，才能保证社会稳定，实现治国安邦的政治目的。因此，"自天子以至庶人，壹皆以

---

[1] 《孟子·公孙丑上》，中华书局2006年版，第67页。

修身为本"① 是其主要的德治主张。客观来看，中国传统德治思想将统治阶级的道德修养与国家的兴衰存亡紧密结合的理念，体现了先人对百姓历史地位的深层次认识，是在国家治理实践中总结出来的具有远见卓识的理性认识。

三是要注重民众的基础道德教育。中国传统德治思想对百姓的道德教育，虽然是出于维护统治阶级的目的，以封建伦理纲常的道德观念来束缚百姓的思想。但其对百姓施以仁政、爱护百姓、惠及百姓的民本思想，却有可取之处，值得借鉴。同时，中国传统德治思想对百姓普及弃恶扬善的道德教育，也从客观上推动了中华民族优秀道德品质、优良民族精神、崇高民族气节、高尚民族情感和良好民族习惯的形成，成就了中华民族的传统美德。从这两个方面来看，中国传统德治思想具有进步意义，需要继承和发扬。

三　德的特征

德是具体的、历史的，没有永恒不变的形态，随着时间、地点、条件的变化而变化的。不同的社会，或是同一社会的不同时期，多样的社会历史条件下孕育着多样的道德规范。但总体来看，不同时代的德都具有隐蔽性、多样性、多变性、主观性、内敛性等共同特征。

（一）隐蔽性

人的个体素质中，知识和技能属于外在表现，而价值观念、心理状态、情感波动、行为动机等有关道德的内在素质则是隐性的。对一个人的道德品质进行评判，从表面上可以获得的信息是贫乏的，隐藏的、难以察觉的要素占据着更大的比重，这些隐藏的要素对道德品质有着更大的决定性作用。这些难以观察量化的隐性因素是道德的灵魂，往往被繁杂的表层信息所掩盖，而表层信息不同于隐藏信息，是可以被人的主观意志左右，形成假象的，这就更增加了道德评判的难度。这就需要评判者以辩证的眼光，充分运用综合分析、推理判断的方法，透过现象看到本质，对被评判者的道德状况做出客观、全面的评价。

干部的德是其权力观、价值观、道德观等内在因素的整体反映，隐

---

① 《大学·经一章》，中国广播电视出版社2008年版，第24页。

匿于干部的内心深处，被纷繁复杂的表象所掩盖，看不见摸不着，只能被感觉、被体会，所以要对干部的德做出判断的难度较大。由于意识的自主性，受利益驱动，干部的现实表现，有时会与内心不相符，真正本质的东西甚至会被虚假的表象所掩盖，导致对干部的德的判断陷入知人知面不知心，真假难辨，善恶难分的难题中。实际生活中，如果某位干部的德出现了问题，不知情者经常会感叹一番表现优秀、道德良好的人为什么会犯如此错误，这正是被道德隐蔽性所带来的虚假表象所蒙蔽了。由此可见，具有隐蔽性的德，经常使考察评价工作难以做到全面准确地把握，很难有固定、统一、客观、简洁的评价尺度。

（二）多样性

德有着丰富的内涵和广泛的外延。狭义来讲，德是指个人的修养、行为、良知。广义上看，将德延伸到社会层面，德是一种规范，包含着政治品德、职业道德、社会公德和家庭美德等。德与个人的精神信仰、民族习惯、心理素质、人格气质紧密相关，诸如勤劳勇敢、善良正直、忠厚老实、勤俭节约、艰苦朴素、团结友爱等品质、精神、气节、情感、习惯等方面的表现都可以纳入德的内涵范围。同时，德并不只是与信念、心理、性格等息息相关，其他构成要素也比较众多，如个人修养、道德操守等。相互之间相对独立存在，不同角度呈现不同侧面。不能一好百好，更不能一俊遮百丑。德的丰富内涵，使对德的考核评价尺度难以准确全面；德的歧义性使之无共性标准而不能成为简明操作尺度，德内在内容的矛盾性使之自相排斥而不能成为统一尺度。

（三）多变性

人的道德品质会在环境、经历、意识、经验等内外因素作用下发生变化，特别是在特定的时间、地点、条件影响下会产生突然性的变化，而不是一旦形成就得以固化。毛泽东曾经评价说："一个人做一件好事并不难，难的是一辈子做好事。"在特殊条件下，一贯德行高尚的人会因一念之差而做出违背道德的错事，一个十恶不赦的人也许会在某种感召下幡然悔悟、迷途知返，这样的事情并不仅仅存在于艺术世界中，在现实生活中也是屡见不鲜。

与普遍个体的德相比较，官德在不同的社会历史条件下，有着更多的变化。每一种社会制度下，乃至同一种社会制度下的不同时期，对官德的要求都不尽相同。历朝历代，在不同经济基础、社会关系的影响下，都赋予了官德不同的内涵，使其带有鲜明的时代特色。同时，从中国社会历史的整体演进来看，基于统治阶级权力行使的基本模式趋于一致，决定了不同历史时期对官德的要求存在着一定的趋同性。也就是说，在官德的变化中，又存在着一定的稳定因素。这些官德中历史积淀的稳定因素，是经过实践检验，被历代统治阶级认同，具有进步意义的。时至今日，在干部德的标准制定中，仍需要对从前的干部德的标准辩证地加以继承。

(四) 主观性

道德的主观性，也就是道德的主观意识特征，是指道德始终同主体的道德意识、道德情感、道德意念及道德理想密切相关，表现为道德主体一定的情绪、感受和体验。"道德行为是一种自觉自主、自愿选择并与客观外物或他人意志有着本质联系的行为"[①]，可见道德是主观的，每个人都有自己不同于他人的道德。道德品质的基本驱动力是人自身意识觉醒的需要，是人对具有普世价值的道德的理性认识和接受，是个人在对普遍道德概括和总结的基础之上，内化到自身思想深处的个人道德标准。在这种状态下，外部的道德规范并不是通过强制力和约束力来使道德规范作用于个人道德上的，而是使其转化为个人内在的道德标准来实现道德行为的规范，最终成为个人内心自发的追求和需要。即使脱离外在因素的要求，自己也会主动遵循道德准则，就是"人为自己立法"。这种内在、自发的道德追求，为个人自觉遵守道德规范、践行道德行为提供了原动力，促使人们在参与社会活动的过程中自觉地以道德为准绳，从而实现自己的人生价值和理想。

(五) 内敛性

基于人的"个体化"，人的道德有着一定的向心性，在到达一定界限的时候会自觉地向内在收缩，这种界限可以认为是对约束自己与约束他人的区分。由于不同的人内心对道德的认识是不一样的，在自身道德的要求执行时是以自己的主观道德认识为标准，同时在外部普遍意义的道

---

① 龙静云：《试论道德内化的主客观条件》，《思想理论教育导刊》2009年第6期，第52—56页。

德规范之下，个人内心的道德标准只能用来约束自己，当个人内在的道德标准向外扩张，试图约束他人的时候，人们便会有意识地对其加以控制，这就是道德的内敛性。德的内敛性彰显的是一种精神的力量，是人对内心情感的控制，蕴含着强大的张力。值得注意的是，德的内敛性并不是完全的自我封闭，而只是对度的控制。内敛的德之间会产生相互吸引，内敛的德会对外在的德、他人的德进行审视与吸纳，同时也会对外部、他人的德产生影响，展现着包容与开放，形成德的良性循环。

四　干部德的价值取向

恩格斯认为，每一阶级甚至每一行业，都各有各的道德。在社会主义道德的规范体系中，干部的德是权力道德，属于特殊行为领域的道德要求。干部的德，主要指理想信念、党性修养、道德品质、思想作风等。

做官先做人，必须讲品德。一般来说，成就小事靠事业心，成就大事靠德行。小胜凭智，大胜靠德。智赢三五年，德赢一辈子。领导干部的道德修养是事业的奠基石，是人生最可靠的资本，因为它是处世之基、成事之宝、成功之备。金钱买不来品德，权力换不来品德。在道德建设由义务型道德向义务权利统一型道德转换、由理想性道德向先进性和广泛性相结合的道德转换的境遇下，干部的德，呈现出政治性、强制性、先进性、示范性的价值取向。

（一）政治性要求

从道德角度来说，干部与一般公民分别属于不同的道德范畴，二者在道德内涵、道德水平、道德规范等方面都有不同标准，在社会中发挥的功能与产生的影响也有较大区别。干部的德是一种群体性的标准，而公民的德则是针对公民个人的道德标准。干部的德，是干部作为公职人员，由国家和人民对其提出的道德标准，公民道德则是个人在社会关系中的道德，公民道德又并不等同于社会公德，公民的德有着个性化的特征，社会公德却是全体公民应当自觉遵守的普遍道德规范，干部来自公民，因此无论是干部还是普通公民，都要遵守社会公德。

干部的德，是政治素质和道德素质的有机统一。干部作为国家公职人员，既是普通公民，又是由人民授权的具有特定身份的公民。代表人民掌握权力，代表党和国家管理政治、经济、文化、社会事务，制定和执行国家的大政方针政策。所以，干部的职业活动具有很强的政治性。对干部来说，有德行与讲政治具有同一性，政治性的规定就是德行的规定，德行的要求就是政治性的要求。干部的德必然体现党和国家政治上的价值追求，体现着人民利益，具有鲜明的政治属性。干部道德的政治色彩比一般公民道德要强烈得多，干部掌握着人民赋予的权力，应当以人民的利益为着眼点，在权力行使中一定要体现人民意志。其道德品质的好坏是党和国家形象的直接体现，更决定中国特色社会主义建设事业的兴衰成败。

干部的道德之所以要与政治紧密结合，是因为政治品质的一个重要组成要素就是道德修养，对干部的政治要求与道德要求在本质上具有一致性，讲政治与讲道德在实质上是共通的。与普通民众相比较，对干部政治上的坚定性和思想道德上的纯洁性要求更高。现实中，一些干部政治上的蜕变往往是从道德上的堕落开始。邓小平曾说，"所谓德，最主要的，就是坚持社会主义道路和党的领导"[①]。中国共产党对当今干部道德的政治性要求，就是高举中国特色社会主义理论伟大旗帜，坚持中国特色社会主义道路，弘扬中国特色社会主义道德。

（二）强制性要求

强烈的政治性，必然带来高度的强制性，这是就干部德的实现凭借力量而言的。干部的德来源于国家意志，体现在国家的相关法律、政策、规章之中，以法律效力和行政效力作为保障，是一种强制性要求。从本质上说，道德是软约束，主要靠自律，不像法律具有外在硬约束，靠他律。一般而言，道德是人们应当遵守的，不具有强制力。但干部之德的特殊性在于，干部道德具有强制性特点，因为干部在社会生活中担负的职责重大，干部的权力实质上是国家和人民赋予的权力，这种权力具有权威性，干部的行为关系到权力的正确行使，干部之德主要是对干部的权力行为进行约束，但同时干部也是公民，公民道德也是其必须遵守的。常言道，做官先做人，这种观点有着深刻的哲学意义，要成为好干部，首先应该是一个好公民。只有具有良好公民道德的人，才能作为干部来培养干部之德，如果缺少基本的公民道德，就是失去了培育干部之德的

[①] 《邓小平文选》第二卷，人民出版社1994年版，第326页。

基础，势必不能成为一名好干部。为人民服务是中国共产党的宗旨，中国共产党的干部不是高高在上的统治者，而是来自人民、服务于人民的公仆。要践行好为人民服务的宗旨，干部首先要明确自己的思想认识、摆正自己的位置、端正自己的态度，要提升自己为人民、为社会、为国家服务的道德品质。作为中国共产党的干部，要具备《中国共产党章程》规定的六项基本条件，要自觉履行党章规定的八项义务，要"常修为政之德，常思贪欲之害，常怀律己之心"，这些都是中国共产党对干部的强制性要求。

（三）先进性要求

马克思主义政治理论主张，无产阶级开展政治运动、发动革命战争的最本质诉求，是为人民群众争取利益。是否代表着广大人民群众的根本利益，是对一个政党先进性的评价标准，也是无产阶级政党先进性的必然要求。中国共产党是代表中国广大人民群众最根本利益的无产阶级政党，肩负中华民族伟大复兴的历史使命，是具有先进性的。中国共产党这一基本属性，决定了对其党员干部的道德，以及道德先进性的必然要求。当代社会，道德建设的一个显著特征，就是超前性、先进性与现实性、广泛性的统一。干部的道德主要表现为道德的先进性，而普通群众的道德往往表现在广泛性上，对干部的道德要求必然要高于普通群众。在中国，干部是以社会生活中组织者、协调者、控制者、管理者来定位的，他们是人民权利的受托者，国家方针政策的制定者和执行者，社会实践活动的领导者和组织者。干部的角色和工作性质，要求其道德水平应该处在社会较高层次的水平，是体现道德发展较高要求的超前规范。如大公无私、全心全意为人民服务等道德规范，对普通群众而言，只是提倡，而对干部来说，则是明确的道德要求。

（四）示范性要求

干部所处的社会地位及其道德的先进性，决定了对其道德的示范性要求。"君子之德风，小人之德草。草尚之风，必偃。"[①] 孟子这番话充分说明了干部道德品质对普通民众的巨大示范作用。"官"是特殊职业，是社会公共事务的管理者。但是，从社会构成和社会发展本身来看，"官"

[①] 《孟子·滕文公》，中华书局2006年版，第102页。

又不仅仅是一种职业，它代表的是一个国家的形象，更是一个社会主流意识的"全权代表"。因此，从某种意义上说，干部在社会生活中所起到的"道德典范"作用才是第一位的。自古以来，中国始终主张官员要建立自身崇高的道德品行修养，要以自身的道德人格魅力为普通民众树立良好道德榜样。当代中国，干部作为人民公仆，不仅要行使好国家和人民赋予的权力，也有肩负起引领社会良好道德风尚的责任。干部的特殊地位、身份、角色，决定了国家和社会对干部的德行有更高标准、更严要求。马克思主义认为，统治阶级成员的思想道德引领这一时代的精神面貌。干部的德行对整个社会具有重要示范和导向作用。干部队伍风清气正，必然会影响和带动良好社会风气的形成。换言之，干部，特别是领导干部的一言一行、一举一动，能够影响公众的思想和行为。按照"群体动力"观点，公众场合如果有别人在场，一个人的思想行为就同他独自一人时有所不同，会受到其他人的影响。干部在工作中，经常接触群众，而且群众对干部有一种本能依赖感。在这种情况下，群众会不自觉地模仿干部行为，如果干部行为失范，对群众产生的影响将是深远而巨大的。干部应当撑起道德的天空。

"任何一个时代的统治思想始终都不过是统治阶级的思想。"[①] 统治阶级的思想道德对这一时代的精神面貌具有引领作用。官德正则民风淳，官德毁则民风降。纵观历史，凡是吏治清明，政风清正，社会就会笃信和睦、尚德重文；凡是官德不彰，政风不正，社会就会道德滑坡、天下不宁。

第二节　以德为先用人思想的本质

本质是事物成为其本身并区别于其他事物的内部所固有的规定性。作为事物的根本性质，本质是事物存在的根据。而事物的本质通常又表现为各种各样的属性。在以德为先用人思想所具有的诸多属性中，"先""才""以德为先"是对其具有决定作用的本质属性。

---

① 《马克思恩格斯选集》第一卷，人民出版社1995年版，第292页。

一 "先"的界定

先的基本语义是"时间在前的，空间在前的，次序在前的，与后相对"。以德为先的"先"是逻辑上的先，不单指时间上的先，就是把德放在优先于所有干部考核因素的最前端，德是先决条件、是入场券。从这个意义上讲，德才兼备、以德为先中德与才的关系可以这样来理解，德才兼备是最理想的状态，当"德"与"才"出现博弈情况时，把"德"排在"才"的前面。一是在时间概念上，选人用人时最先对干部的德进行考察，如果干部的德存在问题，就不需要再继续进行对才的考察；二是在逻辑关系上，干部"德"和"才"的考评中，增强"德"的权重，不是德和才各占50%，而是德的权重大于才的权重，也就是说德具有"一票否决"权。

中国古代思想家对人才选拔中德的先导作用有着诸多见解，早在春秋战国时期，墨子就提出"德义于前"的人才选用观。北宋时期，司马光认为"德才全尽谓之圣人，才德兼亡谓之愚人，德胜才之谓之君子，才胜德谓之小人"[①]。明代洪应明提出"德者才之主，才者德之奴。有才无德，如家无主而奴用事矣，几何不魍魉猖狂"[②]。由此可见，在以往对德与才关系的看法中，德统领才，才是德的助力，德与才相比较，始终置德于"先"。

在中国共产党以德为先用人思想中"先"的含义就是干部要把政治思想、道德品质及其修养放在立身做人、从政为官的首要位置。在干部标准问题上，中国共产党干部标准一直是德才兼备，在德与才分配上并没有规定有先有后、有重有轻，可以理解为同等重要。在干部标准问题上，党的十七届四中全会第一次在中央文件当中提出"以德为先"。这次在坚持德才兼备干部标准上，将德突出出来，是从实际情况出发而做出的干部标准调整。德才兼备是干部选用的基础条件，以德为先是在德才兼备基础上的更高要求，德与才缺一不可，要把德才兼备、以德为先用人标准作为一个整体来认识、来把握、来贯彻。"德"必须驭"才"，

---

① （宋）司马光：《资治通鉴》，中华书局2009年版，第39页。
② （明）洪应明：《菜根谭》，学林出版社2002年版，第124页。

"才"必须从"德",绝不能舍本逐末。德是才的统帅,决定着才作用的方向。才是德的支撑,影响德作用的范围。在德与才的考量上要首先看德,才能相当优先选用德行高者;德行存在严重问题的,本事再大也不能选用,不能"带病提拔";在岗在位的,如果德出了问题,必须坚决拿下来,不能"带病在岗"。

二 "才"的界定

才,"能力,才能"①。"才",从某种意义上来看,应表现在处理和改造自然上。两者合二为一是最为理想的状态。关于才我们可以从广义与狭义两个方面来理解。广义的才是从人的综合素质能力方面来讲的,包含知识水平、知识范围、学习能力、分析能力、判断能力、实践能力等多方面。这些因素汇集在一起,表现为一个人的才能。进一步说广义的才就是既具备看清事物发展的客观规律,透过现象认清本质的能力,同时还具备抓住关键问题,通过自身行为作用于事物,使其朝好的方向发展的能力。在这个解释中,对客观事物的认知是第一位的,能力的形成,是建立在认知的基础上,依据客观需要发展形成,是人主观能动性的体现。狭义的才是人处于实际生活的某种社会角色中,学习、工作、生活的现实需要对其提出的技能要求。比如,教师要具备教学、科研技能,工人要具备生产技能,等等。这种才,是个人立足于社会的基本需要,根据所处领域和环境不同,每个社会成员都应该具备一些必要的才能。

中国共产党德才兼备、以德为先的选人用人标准中的"才",同样包含广义与狭义两方面内容。广义上讲,这个才是对党员干部党性修养、政治觉悟、理想信念、道德品质的要求,是干部之所以能够成为干部的基本条件,是处于第一位的。狭义来讲,这个才是对不同工作岗位干部的技能要求,具体的工作岗位,不仅仅要求干部具有政治才能,还要求干部具有本领域的专业知识,管教育的要懂教育、管农业的要懂农业、管商业的要懂经济、管卫生的要懂医学。政治才能把握基本技能的方向,基本技能支撑政治才能的诉求,二者协调统一,形成中国共产党德才兼

---

① 《辞海》,光明日报出版社2002年版,第94页。

备、以德为先选人用人标准对干部才的总体要求。

三 "以德为先"的界定

从本质上说，以德为先用人思想包括三重内涵：一是选人用人要以德为先；二是选人用人者要以德为先；三是对选上用上者的培育管理监督要以德为先。

以德为先用人就是选人用人要把德放在首要位置。突出德在选人用人标准中的优先地位和主导作用，突出政治品质和道德品行要求。强调以德为前提、以德为基础、以德为先决条件。

中国共产党对干部德的定义包含了政治信念、思想道德、工作作风、党性觉悟、理想抱负等多方面内涵，这些因素决定了干部将如何发挥才能、行使权力。一般来说，才能上有欠缺，是可以通过教育锻炼、学习实践来提高的，虽然人的素质提升具有有限性，提高程度也因人而异，但如果干部在道德品质上存在问题，不仅不能为国家和人民做出贡献，而且，才能越高的无德干部，带来的负面作用也越大，其才能往往会成为其为非作歹的重要工具。在干部选用过程中，中国共产党在德与才的关系上历来强调德是第一位的、是统领、是灵魂。在具体实践中，一是在干部德与才的考量上要首先看德；二是在干部才能相当的情况下要优先选用德行更高者；三是在干部德才都基本相当的情况下让群众做最后裁决；四是杜绝在德上有问题的干部"带病提拔"；五是防止德上出大问题的干部"带病上岗"。德才兼备是干部选用的基础条件，以德为先是在德才兼备基础上的更高要求。德与才缺一不可。要把德才兼备、以德为先用人标准作为一个整体来认识、来把握、来贯彻。"德者，才之帅也"，德是才的统帅，决定才的作用方向；"才者，德之资也"，才是德的支撑，影响德的作用范围。

古今中外，人的素质基本上包括德才两项。德与才是有机的统一体，相互作用、相互促进，不可或缺。从古至今，德与才的相互关系一直是一个引人关注的话题。历代思想家、统治者、不同学派都对德才关系进行过论述，虽观点有不同之处，但以德为先始终是主流思想。儒家思想主张以德治国，认为道德是最大的才能，推崇统治阶级的道德示范，认为只要获得百姓的道德认同，就会获得百姓的拥护。中国历史上虽然也有个别极端"重才轻德"的思想和实践，但大都是具有特殊性，而且始终没有成为主流思想。比如，主张乱世重才、治世重德的，这就不能不提到曹操，曹操唯才是举，选人用人不拘泥于道德品行，只要具有才干，"散金求官""盗嫂受金"之辈都可以被委以重任，但这是在三国乱世，道德失去束缚的时代背景下产生的。总体来说，曹操用人是德才并重，德才统一的，对人才的德行要求很高。北宋司马光以"才者，德之资也；德者，才之帅也"①的论述，阐明了德才之间的辩证关系，这是中国古代德才关系主流思想最为客观、全面、精辟的总结。可见，德是才的指挥官，决定才作用的方向，良好的德可以使才造福社会，败坏的德则会利用才为非作歹，而才作为德的工具，决定正义或者邪恶之德所能发挥的力量。打个比方，才可以看作武器，本身并没有善恶之分，既可以用来维护正义、也可以用来行凶施暴，一切都取决于武器使用者的道德品质，这就是人们常说的"德"有善恶，"才"无好坏。

第三节 以德为先用人思想的多维解析

在对以德为先思想的相关研究中，学界从领导学、管理学、人才学等理论视角进行了多维解析，为以德为先用人思想的研究提供了重要参照系。国内外研究学者主张，德是管理学的哲学基础，儒家管理思想的逻辑起点是"修己安人"。把东方管理的核心思想概括为"以人为本、以德为先、人为为人"，并把德的主要内容概括为"仁、义、礼、智、信"。

一 领导学对以德为先的研究

领导学认为，品格因素作为一种非权力性影响力，是反映领导者内在素质最重要的指标。道德品质的好坏直接影响到领导行为的性质与领导工作的效能。一个组织的管理者的道德素质直接影响整个组织的风气和其他成员的道德水平。因此，在组织管理中强调德行管理，突出重德的柔性管理逐渐显示其特有的效能。美国管理学者卡兹认为，管理层次越高，对领导者的领导力、感召力和影响力要求也越高。基层管理者主

---

① （宋）司马光：《资治通鉴》，中华书局2009年版，第87页。

要对象是"事",从事具体事务,要求的是技术技能。而高层管理者主要对象是"人",要求的是管理者的品德人格魅力。

现代管理把德放在首位。现代西方管理理论强调管理伦理,强调管理者的道德素质和道德示范作用。注重"人性"和"道德哲学",强调管理与伦理结合。美国管理学家麦格戈里强调:"最高主管的伦理品质是管理哲学的中心内容。"在管理视域中,以德为先的德,是指组织层面的经营道德和个体层面的品德。以德为先的管理就是德行管理,是组织实施管理的一种智慧。它通过组织中管理者的道德修养和道德教化来影响组织的效能和其他员工的行为,以达到员工对组织认同的最佳状态。以德为先的管理智慧对现代组织管理具有重要意义和启示。以德为先的实施能够为组织的运用和管理带来正面影响。

二 管理学对以德为先的研究

朱永新在《中华管理智慧——中国古代管理心理思想研究》中,从管理心理学角度研究"以德为先"。认为"以德为先"体现了中国古代管理智慧,把"以人为本、以德为先、中庸之道、无为而治、以和为贵"作为以儒家为代表的古代道德管理心理思想加以研究。以德为先是中国古代管理心理思想的重要特征之一。以儒家为代表的古代管理心理德的主要内容是"仁、义、礼、智、信"。列出德的11项考察指标,即强志、重信、轻财、守道、明察、诚实、自省、实干、谦虚、睿智、无私。实现的方法是"身修而后家齐,家齐而后国治,国治而后天下平"。

"修己"与"安人"是一种人性化的、根本性的管理方法。其哲学基础是《大学》中关于儒家的"修身、齐家、治国、平天下"思想,东方管理的核心思想是"以人为本、以德为先、人为为人",体现了中国管理智慧。"修身"即"修己",先管好自己,才能管他人。"齐家、治国、平天下"即"安人"。通过管理者道德威望的感召与示范,来影响被管理者,通过增强道德伦理的力量来"安人",以达到社会与人际关系的和谐。"修身"是管理思想的逻辑起点。"德者,本也"的命题,即为管理学之哲学基础的界定。

现代西方管理理论强调管理伦理。与中国"以德为先"有异曲同工之妙。从20世纪70年代起在美国,80年代在欧洲,管理伦理迅猛发展。

霍金斯提出，现代社会的高度组织化，决定管理范畴不仅局限于企业管理层面。社会组织的正常运行，同样需要先进的管理理论来指导，这种管理理论当然不再是传统的组织技术理论，而应该融入更多的人文主义色彩。弗里曼曾说："追求卓越革命的基本伦理是对人的尊重。这是企业关心顾客、关心质量背后的根本原因，也是理解优秀企业难以置信的责任感和业绩的关键。"① 随着管理学家们对"人性道德哲学"的不懈追求，自20世纪80年代以来，西方关于管理与伦理结合的著作相继问世，如《道德管理的力量》《凭良心管理》。与此同时，几乎全部的管理学、企业学、市场营销学、组织行为学等课程，都开始从社会责任、道德伦理角度来探讨管理行为。一大批管理伦理方面成果如雨后春笋般出现，主要研究社会或制度层次上的伦理问题和伦理责任。

三 人才学对以德为先的研究

当代人力资源管理理论与中国古代以德为先用人思想存在继承性与一致性。当代人力资源管理理论的出现，其中一个重要思想源泉就是中国古代以德为先用人思想的启示。不同传统文化底蕴，使得中国古代以德为先用人思想极大弥补了起源于西方社会人力资源管理理论在人文性上的不足。当代人力资源管理理论对中国古代以德为先选人用人思想的研究表明，人力资源管理中诸如礼贤下士、主管培养、团队创建、组织和谐、教育培训、绩效管理等人才理论，大多可以在中国古代以德为先选人用人思想中找到原型。这些中国传统以德为先用人思想中的精华成分，经过当代人力资源管理理论的继承与发展，已经成为其人才观的重要组成内容。日本著名管理学家伊藤肇曾评论说："日本实业家能够各据一方，使战败后的日本经济迅速复兴，中国儒商文化的影响力，功应居首。"

人才学研究认为，人的道德品质同人的知识技能一样，是人力资源中的一种重要资本，确切地说是一种精神资本，并且组织绩效中与物质资本相比有着更高的贡献度。英国古典经济学家西尼尔曾说："即使目前

---

① R. Edward Freeman and Dantel R Gilbert, Jr., Corporute Strategy and the Seanh for Ethics, p. 69.

的文明程度上，大不列颠的智力与品德资本，不仅在重要性上、而且在生产能力上，已经远远超过了它所拥有的全部物质资本。"这是学术界首次将品德资本作为一个概念加以明确。在人力资源管理中考量品德资本，就是树立起把道德品质作为选人用人首要标准的人才观。从人力资源管理理论视角来看，品德资本的作用意义主要体现在两个方面。一方面是经济效益上的价值。研究表明，品德作为人力资源的重要资本，其在组织绩效中的贡献率可以达到2/3，而只有1/3左右的组织绩效是直接来自物质资本的贡献。另一方面是品德资本的引领作用。品德资本对于人力资源的重要意义，不仅在于组织绩效的贡献度较高，更在于品德决定人的行为、决定人是否能够成为可用之才，品德资本引领知识技能等物质资本的整体发展。

第三章

以德为先用人思想的历史演进

思想是历史和文明的传承。中国传统思想文化中丰富的以德为先用人理论和实践,其思想精华具有永恒的价值,闪烁着智慧的光辉,是当代中国以德为先用人思想的重要思想资源。由于历史的局限,以德为先用人在传统社会从来没有真正实现过。中国共产党继承中国传统以德为先用人思想精华,不断进行发展创新,开辟了以德为先用人思想的崭新境界和广阔天地。古今以德为先用人思想有着本质的不同,传统之"德"与中国共产党倡导的"德"无论是在思想内容上还是理论境界上都是不可同日而语的。

第一节 中国传统以德为先用人思想

观今易鉴古,无古不成今。中国传统以德用人思想是在历史中形成、演变,并流传至今的,已经深深地融入中国人的生活方式、思维方式、价值观念中,以至于成为风俗习惯,在今天的现实生活中并将世世代代发生作用,其进步意义和思想价值需要专深探究和理性思考。

一 中国古代"用贤""尚德"用人思想

中国古代用人思想内涵丰富。历史上的政治家思想家,都强调为政在人,以德用人。"用贤""尚德"是中国传统文化中用人思想的精华。

所谓"贤",就是有德行有才能的人。"用贤",就是尊重贤才、重用贤才。最早提出用贤思想的是《尚书》,"任官唯贤才"。孔子强调用人要举直选正、德先才后、重德轻才,成为后世选人用人的基本原则。孟子提出"尊贤使能""贵德""尊士"思想，主张"贤者在位、能者在职"。荀子主张以德为本，强调"德才相合"。墨子提出"尚贤""以德举人"思想，"尚贤者，政之本也"，认为尚贤是治理国家的根本，提出了德才是发展变化的观点，强调贤人的持续培养。韩非子更强调以法用人，政在用贤，任贤主要看其思想品德和实际能力，主张广开贤路，任人唯贤，举贤要处以公心，"内举不避亲，外举不避仇"。汉代董仲舒主张德先才后，他确定了两汉察举制度的基本原则。曹操提出唯才是举与德才并重的用人观，强调用人所长，因事择人，知人善任。

司马光是中国古代以德为先用人思想的集大成者。对德与才关系做出了全面深刻的概括。司马光在《资治通鉴》里提出"德才兼备、以德为帅"的"德才观"。"夫聪察强毅之谓才，正直中和之谓德。德者，才之帅也；才者，德之资也。"他把人分为四类，即圣人、君子、愚人、小人，即"才德全尽谓之圣人，才德兼亡谓之愚人，德胜才谓之君子，才胜德谓之小人"。他提出了"苟不能得圣人，君子而与之，与其得小人，不若得愚人"的选才标准。选人用人时，先用圣人，然后君子，两种无法得到，宁要愚人，也不要小人。他认为"取士之道，当以德行为先，其次经术，其次政事，其次艺能"，强调要防止以才蔽德，主张知人善任，任人唯贤。司马光以德用人思想对后世影响巨大。

（一）用人方针

中国历代思想家、统治者在人才选用的观念上虽然不尽相同，但从整体上看，对人才在治国安邦重要作用的看法却是一脉相承，都把选取贤能之士，建设高素质的人才队伍看作治理国家的基本问题，提升到国家战略的高度。姜子牙提出，"治国安家，得人也。亡国家破，失人也"。春秋战国时期，随着社会制度的变革，思想流派百家争鸣，都在寻求乱世治国的正确道路。在人才选用方面一致认为选任贤才是治国之本，奴隶制社会所采取的"亲亲"用人准则应当被摒弃。儒家思想的代表人物孔子就人才选用问题曾作过论述，孔子说："为政在人"[1]，"其人存则其政举，其人亡则其政息"[2]。墨家学说的创立者墨翟所著的《尚贤》在历

---

[1] 《中庸》，甘肃民族出版社1997年版，第41页。

[2] 同上。

史上第一次从人才学的视角论述了人才选用问题,一方面墨翟将人才经验总结为"贤者为政则国治,愚者为政则国乱",另一方面,墨翟认为贤才治国的客观规律是"国有贤良之士众,则国家之治厚,贤良之士寡,则国家之治薄"。在治国实践上,中国古代较为开明的君主,在长期的国家治理实践中,逐渐认识到人才对治国的重要影响,选贤任能渐渐成为统治者高度重视的关键性问题,并积极付诸实践。唐太宗李世民曾概括人才的重要作用:"治安之本,惟在得人""能安天下者,惟在用得贤才"。明太祖朱元璋则认为:"贤才,国之宝也""为天下者,譬如作大厦,大厦非一木所成,必聚才而后成,天下非一人独理,必选贤而后治。故为国得宝不如荐贤"。清康熙帝更是主张:"自古选贤任能,首重人才。"

(二) 用人准则

在中国古代传统以德治国思想的深刻影响下,历朝历代的选人用人标准都有明显的尚德、重贤倾向。贤才的标准不仅包含才能的高低,更重要的是品德的好坏。中国古代用人思想对贤才的追求,实质上是对德才兼备的追求,而且是对以德为前提的德才兼备的追求。

中国古代先贤关于贤才问题有许多精辟论述。殷商时期贤相伊尹曾说:"任官惟贤才,左右惟其人。"[①] 墨子对选人用人原则的看法是"察能予官,以德就列"。孔子提出"如有周公才之美,使骄且吝,其余不足观也"。李世民强调"惟有才行是任"的人才观。王安石也主张在选人用人上"随其德之大小,才之高下而官使之"。司马光提出"唯才德兼者贤士也""道德足以尊主,智能足以庇民"的选人用人思想。综合这些选人用人观点,不难发现这些观点都提倡选人用人应当把才能和品德作为最重要的两个因素来看待,明确所谓贤才就是要做到德才兼备,追求人才品德与才能的兼而有之。

但古代先贤这种德与才兼备的人才观,绝不是将品德与才能一视同仁,而是更加侧重于品德的好坏。古人在德与才的关系中提出,德是才的先导,才在德的统领下才能发挥正面作用。但由于封建社会的阶级局限性,中国历史上的某些时期,特别是在朝代更迭的社会动荡时期,并

[①] 《尚书·咸有一德》,中国文史出版社2003年版,第100页。

非完全执行这一标准，而是根据建立、巩固、维护政权的需要，在某些情况下更注重选人用人才能的标准。大体来说，中国古代选人用人标准有创世重才、治世重德的思想特征。

（三）用人机制

中国古代选人用人的主要原则有"询于众人""扬长避短""不拘一格""以贤察贤""因材而用"等。每一个王朝盛世的出现，都离不开先进的用人机制。当政者善于选人用人，则政治清明、社会稳定；当政者偏信奸佞，则政治晦暗、祸国殃民。

关于选人用人机制，思想家提出许多见解。在孔子看来，"巧言令色，鲜矣仁"。墨子认为"虽在农与工肆之人，有能则举之""官无常贵，民无终贱"。王充主张"人有所优，固有所劣；人有所工，固有所拙。非劣也，志意不为也；非拙也，精诚不加耶"[①]。还有魏征的"虽君子不能无小过，当不害于正道，斯可略也"，欧阳修的"用人之术，任之必专，信之必笃，然后能尽其才，而可共成事"，等等。到了近代，清代思想家龚自珍更是发出了"我劝天公重抖擞，不拘一格降人才"的感慨。

由此可见，中国历代思想家、政治家对选人用人中任人唯亲、求全责备、论资排辈等现象持反对态度，主张任人唯贤、量才而用、不拘一格、用人不疑。在此基础之上，他们不断总结经验教训，创造了许多选人用人的方式方法，强调依据国家治理的现实需要，全方位、立体化地对人才进行考核检验。除"三载考绩"等常规性的考核方式之外，其"询于众人""以贤察贤"的方法具有很高历史价值，时至今日仍颇有值得借鉴之处。"询于众人"是指在选人用人时，全面征求普通百姓的看法，是对民意的尊重，体现了"以民为本"的进步思想。"以贤察贤"是指让已经被公认为是贤才的人来评价人才的优劣，这是对选人用人准确性的追求，是优中选优的方法。

二 中国古代以德选官制度

中国古代选官制度主要包括原始社会的禅让制、夏商周奴隶社会的世袭制、封建社会春秋战国时期的军功爵禄制、两汉时期的察举征辟制、

---

① （汉）王充：《论衡》，时代文艺出版社2008年版，第707页。

魏晋南北朝时期的九品中正制、隋唐至明清时期的科举制。从内容上看可以划分为世袭制度、举荐制度及考试制度三种类型。中国古代选官比较注重对德的考量，除世袭制度外，选人用人都有品德修养要求，人才标准中都有明确的道德品行规定。原始社会禅让贤者，春秋战国时期善养贤士。察举是自下而上，主要以才能和品德为推荐标准；征辟是自上而下，皇帝聘请并授职的为"征"，高官聘请并授职的为"辟"，察举与征辟都主张用人唯贤。魏晋南北朝时的九品中正制也以品行为标准进行等级划分。隋唐及至明清的科举制采用分科考试选拔官员。科举不只是以才取人，对德行也有相应要求。大致体现在两个方面：一方面是科举制度设有道德准入门槛，要获得参加科举的资格，首先要达到规定的道德标准，凡"娼、优、皂、罪户子弟"都不能获得参加资格；另一方面是科举考试内容全部出自儒家经典。

同时，中国古代选官制度还注重对德的考核和监督。一方面，建立考绩制度，对官员的德行进行考核。考绩制在中国历史久远，历代都注重将德和绩两者结合起来，体现德才兼备要求。尧舜时期就有了官员考绩方法，秦代有"五善""五失"法，唐代则用"四善""二十七最"法考核官员，清代有"四格大法"。另一方面，建立监察制度强化对官员的德进行监督。中国古代监察制度分为御史监察和谏官言谏两个系统。御史是皇帝直接派出的监察官员，对下纠察百官的言行违失，谏官是对上纠正皇帝的决策失误。为了保证监察效果，在对监察官员的选择上，强调贤德的标准要求。

（一）禅让制度

中国上古时期的禅让制度，最早体现于《尚书》之内。相传在尧担任部落首领之时，众人选举舜来接替尧做未来首领，舜经过三年的考核检验之后，获得了继承资格，开始辅佐尧处理政务。尧去世后，舜成为新的部落领袖，并以同样方法，凭借治理水患等考验，选定禹为部落领袖继承者。禹成为部落领袖后，接着又以同样方式选取皋陶为继承者，但皋陶英年早逝，又以同样方式选取伯益来继承部落领袖的位置，伯益并未能成为部落领袖，最终继承禹成为部落领袖的是禹的儿子启。这便是中国历史上最典型的禅让制度，按照学界观点，启继承父亲禹的部落首领位置后，创建了中国历史上第一个封建王朝夏朝，禅让制也至此而止。其实这种说法并不精确，作为主流的继承方式，禅让制却被更为符合生产关系需要的世袭制代替，但在之后中国封建王朝的更迭史中，也时有禅让之名的出现，只不过大多是行夺权之实罢了。

（二）世袭制

启建立了夏朝之后，实行了官职、爵禄在同性血亲中代代继承的人事制度，也就是史学上所说的世袭制，也叫作世卿世禄制，所谓夏传子，家天下就是如此。世袭制兴盛于夏、商、周时代，贯穿于奴隶制社会、封建社会的始终，对中国古代历史有着重大影响。夏商两代，是中国奴隶制社会形成和发展的重要时期，当时政权组成形态仍有部落时期的影子，诸侯各自占用大量生产资料，爵位继承和官员任用必然是传于自己的直系血亲，是一种世代为官制度。在这种情况下，人的命运被出身决定，奖赏和惩罚都失去了激励和警示的作用。到了西周时期，奴隶制社会发展到鼎盛，阶级划分也更加明显，世代为官的人事制度也进一步发展，衍生出分封制度、宗法制度。举国上下，从君主到各级官吏都是贵族阶级，享有不同的封地，爵位、特权和封地按照嫡长子继承的规则来实现世代相承，官职、权力始终垄断性地掌握在贵族阶级手中。春秋战国时期，礼崩乐坏，社会动荡不安，各个诸侯国脱离周王朝的约束，开始争雄称霸。部分诸侯国为了在斗争中占据优势，开始发现世官制的弊端，逐渐重视对贤才的选用。随着社会动荡愈演愈烈，奴隶制失去了存在的基础开始崩塌，封建制度开始逐渐形成，在更加剧烈的诸侯争斗中，对人才的需求也越加强烈，重功绩重贤能的用人思想开始成为主流思想，世官制最终被历史的洪流淘汰。

（三）军功爵禄制

春秋战国时代，魏国变法最早，提出"食有劳而禄有功"，不再以"亲、故"而以"功劳"作为赏赐的标准，事实上已有军功爵禄制的性质。吴起在楚变法，"使封君之子孙三世而收爵，绝减百吏之禄秩"，然后用所收减的爵禄"以奉选练之士"，也具有军功爵禄制的特点。秦是推行军功爵禄制最彻底的国家，秦的军功爵禄制最典型，对当时和后世的影响最大。商鞅变法时的规定是，对有军功者进行奖励，按照功劳的大小授以爵位、官职，即使身为贵族，如果没有军功也不能被授以爵位和官职。商鞅的做法彻底打破了奴隶社会贵族爵位世代相传的体制，客观上为封建制度的建立、发展创造了有利条件。秦的军功爵禄制主要包括：第一，"有军功者，各以率受上爵"。凡立有军功者，不问出身门第、阶级和阶层，皆可享受爵禄，也就是说，军功是接受爵禄赏赐的最必要条件。第二，"宗室非有军功论，不得为属籍"。这就是在实质上否定了贵族阶级只凭血缘关系就可以世代享有爵禄的特权。至此，贵族与百姓一样，必须凭借军功来获得爵禄。这项规定的直接后果是，战国的"宰相必起于州部，猛将必发于卒伍"。在变法运动的推动下，赵、燕、韩、齐等国也实行了新的任官制度。如赵孝成王依据赵襄子时代"功大者身尊"的法规，下令对降赵的韩上党守冯亭等"以万户都三封太守，千户都三封县令，皆世世为侯，吏民皆益爵三级，吏民能相安，皆赐之六金"。在燕国，实行了"公子无功不当封"。乐毅破齐有功，燕昭王大悦，亲至济上劳军，行赏飨士、封乐毅于昌国，号昌国君。并以上功、中功、下功、无功来区别赏赐的等差。韩国的申不害实行了"循功劳，视次第"任官制度，即"见功而与赏，因能而授官"。齐国的齐威王也选贤任能，因功授官，封赏功效卓著的即墨大夫，烹杀逢迎取誉的阿大夫。赵、燕、韩、齐实行的这套新制度，就是新的军功爵禄制的不同表现形式。

（四）察举征辟制度

两汉时期，为了巩固中央集权，夯实封建阶级的统治基础，同时也是出于对治理国家的人才需要的考虑，统治阶级不断创新人才选拔任用方式，逐渐确立了察举征辟制度。察举征辟制度分为察举与征召两个方面。

察举可以理解为选举，是逐层逐级，从下往上经过多重筛选来发现人才，进而任用为官的选人用人模式。察举作为两汉时期最普遍的选人用人方式，在形成初期，主要标准是人的品德行为、才学能力，但在封建礼制、阶级特性的作用下，及至两汉末期，孝顺亲长、廉能正直、出身门第逐渐成为选人用人的标准。具体来说，察举制度的选人用人标准主要有四方面："一是德行高妙，志节清白；二是学通行修，经中博士；三是明达法令，足以决疑，能按章覆问，文中御史；四是刚毅多略，遭事不惑，明足以决，才任三辅令，皆有孝弟廉公之行。"[①] 根据这四方面

---

① 阎步克：《汉代选官之"四科"标准的性质》，《社会科学研究》1990年第5期，第51—56页。

的要求，察举制又被史学界称为"四科取士"。"四科取士"的选人用人方式贯穿于两汉时期的始终。除根据实际需要举行全部四科或只举行部分科目考试之外，整体上未曾有过变化。需要说明的是，表面上看察举制度虽然只有四个科目，但四个科目却是包罗万象。除了经学、孝廉、茂才等常规内容外，有时甚至还包括阴阳灾异、兵法治剧、明经明法等特异内容。客观地说，察举制的初衷是有益于维护人才选用公正性的。无论是常规的岁举，还是临时诏令的特举，都是以"乡举里选"为基础，体现了对百姓评判、外部舆论的重视。但在缺乏有效监督的情况下，舆论难免被权势、金钱左右，这也是察举制所存在的最大弊端。东汉末期，曹操"唯才是举"的主张，虽是出于乱世治国对人才的渴求，但在客观上是对察举制度的修正。

与察举制度相对应，两汉时期的征辟制度是从上往下的选人用人方式，由君主的征聘、高级官员的辟除两部分组成。其中君主的征聘又分为特征、聘召两种方式。征辟制度的特点是针对高级人才，选择对象大多是具有很高社会声誉、学识渊博、才能出众之人，选人用人也并不以任用为官为单一目的，多是起到参谋咨询的作用。君主征聘高级人才的方式，并非起源于两汉时期，春秋战国时的秦孝公就曾以征聘的方式布诏求贤。两汉君主对高级人才的征聘可以说是对前人的继承。由于君主征聘的特殊性，被征聘的人才享有两汉时期最优厚的政治待遇，君主大多对其以礼相待，使其地位远远高于一般官吏，不仅不受朝廷强制，而且去留随意，安车蒲轮以迎申公的历史典故便是出于两汉时期。

辟除制度是两汉时期仿照君主征聘高级人才的方式，建立起的高级官员选取优秀人才的一种制度。辟除制度根据行使辟除权力的官员地位不同，大体上可以划分为两个层面。一个是公府辟除，公府指的是两汉时期中央机构设置的三公九卿，公府辟除也就是国家机构层面的辟除。另一个是州郡辟除，州郡是两汉时期的地方管理机构设置，州郡辟除也就是地方层面的辟除。这两个层面的辟除，有不同特征。公府辟除的人才由于起点较高，经过试用历练，通过察举推荐，大多可以在朝为官或者主政一方，比较容易出人头地。州郡辟除的人才，虽更容易获得重用，但也是限制在州郡范围之内，难以跳出这一局限。这两个层面的辟除也有着统一性，就是与君主征聘相仿，辟除的人才也不受强制、去留随意。

辟除制度也有自身弊端。辟除制度实质上是赋予了各级官员按照自身主观意愿选人用人的权力，为别有用心者结党营私、培养个人势力创造了便利条件。一方面，官员为一己私利需要笼络人才；另一方面意欲为官之人也需要仕途的入口，二者一拍即合，一种实质上以私人关系为纽带的辟除方式就此形成。在这种情况下，封建中央集权被私人势力分化，是两汉末期国家分裂、诸侯并起的重要原因。

（五）九品中正制

九品中正制，学界也称其为九品官人法，是中国古代历史中察举制、九品中正制、科举制三大选人用人制度中承上启下、继往开来的重要选人用人制度，有着重要历史地位与价值。九品中正制贯穿魏晋南北朝时期始终，历时400余年，始创于曹魏，完善于西晋，在南北朝时期走向没落，在隋唐时期被科举制所取代。实质上，九品中正制是察举制的形变，是对察举制度的继承与发展。

顾名思义，九品中正制的内容包含两部分。一部分是中正，中正其实是一种官职，也就是中正官。中正官是负责对某一划定范围内的备选人进行评定的官员，其随员的官职称为"访问"。中正官的设置是九品中正制的核心部分。中正官依据管辖层次的不同有大小之分，负责州一级人才评定的称为大中正官，负责郡一级人才评定的称为小中正官。九品中正制设立之初，各级中正官均是由各州郡长吏推荐任职。及至晋时期，为了避免九品中正制被人为因素影响，加强了中央集权对人才选用的控制力度，各级中正官不再由地方长吏推荐，而是由中央直属机构三公府选派，被选派为中正官的人也大多是来自三公府的中央机构官员，三公府的长吏有时甚至直接出任大中正官。即使大中正官仍可推荐人才来担任小中正官，但也必须经过中央三公府的任命。另一部分即九品，九品一词可以从两个方面来理解。一方面是古代官员的等级划分，魏晋之时，官员的等级从一品到九品共分九个等级，但历朝历代官员等级的具体划分并不相同，如北魏时期有30个等级，明清时期则有18个等级。另一方面是对人才评定的行为，即九品中正制中所说的品第人才。对人才品第的评定，是中正官的基本职责，评定内容分为三个部分，即家世、行状、定品。家世也就是家庭出身背景，主要看祖上封爵为官的情况。行状是指个人的品德、行为、才干、能力情况。定品即根据家世、行状对人才进行品第确定。九品中正制实行的初期阶段，由于其对品德、行为、才干、能力的看重，确实有进步意义，起到了选拔优秀人才的作用。但在后期，由于选拔标准的变化，逐渐形成了"上品无寒门，下品无士族"的状况，九品中正制也就失去了现实意义。

（六）科举制度

科举制度是中国封建统治阶级为了选取优秀人才所推行的一种考试制度。这种制度对于当时的政治运作和教育模式都具有关键作用，是中国最有影响力的一种选官制度，体现出公正、公开、公平和择优的原则。科举制度始创于隋朝，被之后的历朝历代沿袭。唐代丰富考试科目、增加选用人才的数量，实行高官主考，设立武举、殿试，巩固并提升了科举制度在选人用人制度中的地位。宋代进一步将科举制度划分为乡试、省试、殿试三个层次，实行严格的考试程序，考试内容更加偏重于考察对实际操作能力的考核，增加了人才选取的实用性。明清时期，科举考试的内容被限定在"四书五经"之内，采用八股文体为统一范式，至此科举制度开始走向末路。应当说，科举制度创立之初，有着切实的历史进步意义。科举制度打破了选人用人上利益集团的垄断地位，削弱了门第的重要性，使得选人用人中的腐败行为失去了存在基础，客观上也提高了官员个人的综合素质，扩大了政治参与度，强化了中央集权，有利于政治稳定。但八股文的出现，使科举制度走向了另一个极端，八股文体下的科举制度，限制了人的思想自由，泯灭了人的创新思维，使科举制度沦为了统治阶级禁锢人民思想的政治工具，在客观上造成了近代中国的落后局面。

三 传统"用贤""尚德"用人思想的当代价值

中国古代选人用人制度的核心是为了巩固封建君主统治，纵观其发展历程，可以发现中国古代选官制度有着强化官本位思想、门阀等级观念主导的特权意识根深蒂固等历史局限性，历代选官制度在其创设和执行的前期均发挥了积极作用，但在后期其逐渐成为影响社会发展的体制性障碍，甚至有走向僵化等情况的出现，致使很难达到设置这种选官制度的初衷。尽管如此，比较来看，中国古代选官制度所遵循的"用贤""尚德"思想仍有着如严格细化的选人原则、德才兼备以德为先的选人标准、重视对官员的考核与监督等可供借鉴的宝贵经验。

（一）公开、平等、竞争、择优的选拔准则

中国古代选人用人从世袭制开始，直到科举制的逐步完善，数千年的历史变迁，探索出了包含公开考试、平等竞争、择优录取等理念的官员考录制度，目的是通过考试选拔优秀人才以确保官员的素质能适应复杂的工作。实践证明，以考试的方式选拔任用人才，应当依据公平公正、公开透明、竞争择优、因材而异、专家监管等基本原则来实行。同时，科举制度鲜明的层次性特点也为当今人才选用提供了有益借鉴，科举考试是一种自下而上，通过多级考试来层层选拔人才的制度，这种层次性在客观上增加了人才选用舞弊的难度，形成了强大的制约力量，使人才选用具备了更高的客观性、公正性和可靠性，也保证了所选用的人才具有的较高素质。

孙中山曾经说过："现在各国的考试制度，差不多都是学英国的。穷流溯源，英国的考试制度原来还是从我们中国学过去的。"英国文官制度的创建人诺斯科特和杜维廉也曾承认，他们提出并在英国实行的文官选拔制度就是从中国学过去的。由此科举制度对后世选人用人工作的巨大影响力可见一斑。汲取科举制度的历史经验，可以作如下总结。一是以考试的方式选拔任用人才是科学合理的方式，有着历史进步意义。二是以考试的方式选拔任用人才要坚持公平、公正、公开的原则，不论门第出身，让各个阶层的社会人士都有机会参与其中。三是以考试的方式选拔任用人才，应当层层选拔、择优录取、量才使用，确保能够选取出最为优秀的人才。

（二）德才兼备、以德为先的用人理念

综观中国古代各种选人用人制度，品德与才能始终是两个最为重要的考察因素，德才兼备是其最为理想化的追求，而且其中又处处彰显着以德为先的理念。在中国传统以德治国思想的影响下，统治阶级无论对君主、官吏、百姓都有很高的道德要求，在人才选用上更是如此，品德重于才能是用人观的主流思想。从儒家思想的代表人物孔子、孟子，到历史上著名的政治家、史学家司马光，诸多古代先贤都曾论述过以德为先选人用人的重要性。他们主张贤者在位，能者在职，以品德来领导能力，使才能在品德的领导下发挥正面作用。司马光所认为的德才兼备谓之圣人、德大于才谓之君子、无德无才谓之愚人、才大于德谓之小人的四类人才观是对其最全面的阐释。

良好的品德能够确保人的才能得到正确、全面的发挥,失去了品德的指引才能往往会沦为贻害社会的工具。才能越大,造成的危害也就越大。特别是在当今社会人的素质得到全面发展的情况下,具备卓越才能的人才不再是凤毛麟角,道德品质的指引作用就显得更加突出。在选人用人时不能只看才学能力,更要看重道德品质的好坏。要在保证人才道德品质的前提之下,再去考量知识水平、业务能力、工作成绩的高低。

(三) 严格的人才管理监督制度

中国古代以德为先选人用人思想十分注重制度的建设。选拔、任用、管理、监督各个环节均有明确的制度规定,这是其思想精华的重要组成部分。治国必先治吏,这是中国古代德治思想对治国方略的基本认识,从秦代建立御史监察制度开始,历朝历代在官员监督管理问题上的探索与实践从未停止。总体来看,中国封建社会的官员监督管理有三个主要特征。一是在内容上十分注重对道德品质的考察,体现了德治思想下监察权力的价值取向。二是历朝历代的官员监察机构都是区别于行政机构相对独立的存在,有着自身独立的领导体系,各级监察机构直接对上级监察机构负责,直接接受上级监察机构的领导,同级的政府机构对其没有管辖权,保证了监察权力的独立性。三是历朝历代的监察官员都具有崇高的地位,监察系统的最高领导职位大多为丞相,各级监察机构的主官在官职级别上也不会低于同级行政机构的主官,监察官员的位高权重,有效保证了监察权力的权威性。

在封建社会阶级局限性的制约下,中国古代官员的监察制度往往不能按照建立的初衷那样发挥最大效用,但其思想中的精华成分却为当今干部监督管理工作提供了有益借鉴。一是要注重对干部道德品质状况的监察。成绩与能力是表面的、易于考察的,而道德品质是隐性的、不能直观发现的,但内在的道德品质决定着能力的作用方向,是评价干部优劣的决定性因素。对干部的监察要抓住关键,不能只关注政绩,其重点是要关注品德。二是要保证监察权力的独立性与权威性。独立的监察权力,可以最大限度地避免人为因素的干扰,保证监察结果的客观公正,也是确保监察工作顺利开展、树立权威的必要方式。三是要保证监察工作的全面性、公开性。一方面是要对干部进行有效的全程监察,权力使用到什么地方,监察工作就开展到什么地方。另一方面是要重视对人民群众的舆论监督,将内部监督与外部监督有机结合起来,形成合力,让干部的败德行为无所遁形。

(四)优胜劣汰的考核竞争机制

中国封建社会的各个朝代,都有对在任官员进行考核的制度。虽然在具体细节上不尽相同,但基本理念趋于一致,都是把德与才两个方面作为考核的主要内容,其中最具代表性的是完善于唐代的"考课"制度。"考课"包含考核与督课两层含义,考核就是评价各级官员在任职期间的品德、政绩表现,督课就是按照统一的计划安排对各级官员进行品德和业务上的督促。依据"考课"的结果,各级官员的表现被划分为不同等次,并根据等次进行奖赏或惩罚,官员的俸禄待遇、职务变化都以此为依据,表现优异者可以加官晋爵,不合格者会被罚俸降职,直至罢官革职。

中国古代官员考核制度对当前组织人事工作的启示主要有两方面。一方面是要建立德才兼备、以德为先的考核标准。在考核标准的制定上要明确德与才的位置关系,德是绝对标准,才是相对标准。对干部考核,首要考核干部的德,道德品质合格了,才有必要考核干部的才能。另一方面是要建立起优胜劣汰的考核机制。对考核不达标,特别是在道德品质方面存在问题的干部,要坚持零容忍,要打破当前人事制度"能上不能下"的铁饭碗,要按照"官无常贵、民无终贱"的理念来完成干部的优胜劣汰,真正选拔任用那些德才兼备、能为人民办实事的优秀干部到重要岗位上去。

第二节 中国共产党以德为先 用人思想的实践传承

坚持以德为先,是中国共产党选人用人总的原则和基本标准,是干部培养的主要目标,是中国共产党的优良传统。不同历史时期、不同工作重心,自然有不同的用人侧重点。在革命、建设、改革的不同时期,历史条件和中国共产党的中心任务在不断变化,以德为先用人思想的内涵也在不断丰富发展，虽然表达形式不同，但其基本精神和根本要求是一致的。对于以"为人民服务"为根本宗旨的中国共产党来说，既有一以贯之的用人原则，又有与时俱进的用人取向。民主革命时期，中国共产党的中心任务是夺取国家政权，建立新中国。为适应革命和战争需要，中国共产党提出了任人唯贤、才德兼备的干部路线和标准。中华人民共和国成立后，建设国家成为主要任务，中国共产党又提出了"又红又专"干部标准。党的十一届三中全会确立了"一个中心，两个基本点"的政治路线，为适应这一历史性转折，中国共产党提出了干部队伍建设"四化"方针，即革命化、年轻化、知识化、专业化。党的十四大以后，建立社会主义市场经济体制，中国共产党提出"建设高素质干部队伍"的要求。新的条件下，党的十七届四中全会提出坚持"德才兼备、以德为先"的干部标准。党的十八大在论述深化干部人事制度改革时，再次强调"坚持德才兼备、以德为先"，这是中国共产党首次将"以德为先"明确纳入用人标准，是中国共产党干部政策的重大创新。2014年1月15日，新公布的《党政领导干部选拔任用工作条例》首次将选用干部要坚持以德为先原则纳入其中，这是在新的历史条件下，对"以德为先"重要性的更深刻认识，对于加强中国共产党的干部队伍建设，提高党建科学化水平具有重大意义。

一 各时期中国共产党"以德为先"用人思想

（一）革命战争年代

中国共产党成立于灾难深重的近代中国社会，在马克思主义思想指导下，毅然决然地肩负起推翻帝国主义、封建主义、官僚资本主义三座大山，实现民族解放的历史重任。在土地革命、抗日战争、解放战争的战火洗礼中，坚定的共产主义信念、勇于献身的革命斗志成为特殊历史时期共产党人的道德内涵。

近代中国处于水深火热之中，动荡的社会需要正确的理论来指导革命。中国共产党以超卓的历史智慧、敏锐的政治眼光选择了马克思主义作为领导中国人民开展革命斗争的指导思想。然而，面对复杂的国际、国内环境，在腐朽封建思想、民族资产阶级、帝国主义列强的围剿封杀之下，马克思主义思想的传播举步维艰。在这种紧迫形势下，信仰问题成为首要问题，共产党员是否具有无比坚定的马克思主义信念成为中国共产党生死存亡的关键因素。中国共产党审时度势，将对马克思主义的坚定信仰作为选用干部的重要标准，将崇高的共产主义理想作为对党员的道德要求，广泛开展理想信念教育，提出"星星之火，可以燎原"，培养了一大批理想崇高、信仰坚定的共产主义战士，铸就了中国人民坚持不懈地进行无产阶级革命的坚定信念，弘扬了井冈山、长征、延安等革命精神，带领中国人民赢得了长征、赢得了抗战、赢得了解放，建立起人民当家做主的新中国。

中国共产党通过实践的探索发现，要赢得革命的胜利，只有选择建立自己的武装力量，通过武装斗争才能夺取政权，才能实现解放全中国，建设社会主义新中国的伟大目标。中国共产党的人民军队由此诞生，但战争是残酷的，是需要流血牺牲的，特别是在人民军队经验不足、缺少补给、装备落后，还面临着敌对势力疯狂打击的情况下，人民军队遭遇了很多挫折。在这种情况下，在坚定理想信念的支撑下，英勇战斗、敢于牺牲、视死如归等品质成为中国共产党人的最高道德追求。无论在前线还是在敌后，中国共产党人在这种道德品质的影响下，顽强战斗、不怕牺牲、矢志不渝，涌现出左权、杨靖宇、刘胡兰等一大批英雄人物。中国共产党凭借着崇高的道德精神，赢得了广大人民群众的信赖，成为民族解放事业的中坚力量，带领中国人民从胜利走向胜利，取得了革命战争的最后胜利。

(二) 新中国建设初期

新中国建立起来之后，中国共产党及时调整革命目标，制订了全面社会主义改造计划，建设社会主义制度的政治方针。中国社会进入了重大的历史性变革时代，中国共产党的斗争策略也不再是战争时期的以农村包围城市，而是将工作重心开始向城市转移，工作重点也不再是需要流血牺牲的武装战斗，而是将社会主义建设作为首要目标。新时期外部环境以及工作重心的转变，催生了中国共产党人道德品质新的内涵，"两个务必"和"为人民服务"成为对中国共产党人新的道德要求。

在党的七届二中全会上，毛泽东提出了"两个务必"的著名论断，即"务必使同志们继续地保持谦虚、谨慎、不骄、不躁的作风，务必使同志们继续地保持艰苦奋斗的作风"。党的七届二中全会在中国共产党历史上占有重要地位，是在迎接革命最终胜利的历史背景下召开的，制定了新中国建设的基本政策。"两个务必"的提出，是中国共产党在取得革命战争全面胜利后，对如何治理国家、巩固人民政权的冷静思考，更是在新形势下对党员干部提出的新的道德要求。谦虚谨慎、不骄不躁是中国共产党一贯的精神实质，在胜利面前显得尤为重要，党员干部必须以这样的态度保持冷静的头脑，才能脚踏实地地开展好社会主义建设工作。艰苦奋斗是中国共产党的优良传统，是中国共产党带领广大人民群众取得革命胜利的精神法宝，也始终是党员干部道德品质的重要内涵。中华人民共和国成立伊始，神州大地满目疮痍、百废待兴，面对极其艰苦的条件，艰苦奋斗的精神再次产生了巨大力量，邓稼先、王进喜等一大批党员干部正是秉持着艰苦奋斗的精神追求，为新中国创造出了"两弹一星"等一系列震惊世界的巨大成就。

"全心全意为人民服务"是写进《中国共产党章程》的最高宗旨，也是中国共产党对党员干部最基本的道德要求。中国共产党始终坚持用全心全意为人民服务的宗旨来教育党员干部，也坚持以这一宗旨作为道德标准来选拔党员干部。在这样的道德导向下，雷锋、焦裕禄式的党员干部层出不穷，他们的事迹深入人心、广为传颂，树立了党员干部全心全意为人民服务的光辉形象，使中国共产党的群众基础更加牢固，保证了社会主义建设事业的顺利开展。全心全意为人民服务不仅是普通党员干部的道德追求，中国共产党的高层领导也必须身体力行，践行这一道德标准。中国人民的好总理周恩来，一生鞠躬尽瘁死而后已，其全心全意为人民服务的高尚品德为党员干部树立了光辉的榜样，至今仍被广大人民群众称颂。

（三）改革开放时期

党的十一届三中全会后，中国进入了又一个重大的历史转折时期。改革开放一方面实现了社会经济的飞速发展，人民群众的物质文化生活水平得到了极大提高。另一方面，改革开放也给我国带来了多元文化思想的冲击，拜金主义、官僚主义、奢靡之风开始抬头，少数党员干部逐渐与人民群众相脱离，甚至出现了官与民争利的现象，造成了官民之间的矛盾，导致中国共产党面临着失去人民信任的巨大危险。在这种情况下，为民、务实、清廉成为改革开放环境下党员干部新的道德内涵。

中国共产党是人民的政党，代表广大人民群众的根本利益，其政权是人民赋予的。党员干部来源于人民群众，其一切行为都应该以人民群众的利益为根本出发点，这是党员干部应当具备的基本素质。在改革开放带来的新形势下，部分党员干部渐渐淡化了对这一道德标准的自我要求，开始追求自身利益，享受权力带来的优越感，忘记了自己与人民群众血肉相连的本分。中国共产党能够取得今时今日的成绩和地位，最重要的因素之一就是矢志不渝地坚持走密切联系群众的政治路线，这是中国共产党的立党之本、执政之基，失去群众基础是中国共产党最大的政治灾难。针对当前党员干部脱离群众的实际情况，中国共产党适时地开展群众路线教育实践活动，旨在转变党员干部工作作风，树立其坚定的马克思主义群众观，督促其自觉践行群众路线，真正做到立党为公、执政为民。

中国共产党以马克思主义为指导思想。马克思主义的哲学观是辩证唯物主义和历史唯物主义，其精神实质是求真务实。党的十一届三中全会上开展了关于真理标准问题的大讨论，指出实践是检验真理的唯一标准，解放思想、实事求是被确立为中国共产党思想作风建设的本质要求，求真务实也成为党员干部道德品质的重要内容。改革开放的大环境下，经济建设成为中国共产党的中心任务，对干部的政绩考量偏向了经济效益的成绩，产生了唯GDP论英雄的错误标准，导致党员干部脱离实际情况、忽视人民群众真正需要、盲目追求短期经济效益等现象的肆意蔓延。中国共产党及时认识到了这一偏差，提出了以科学发展观为代表的新的发展观念，强调党员干部的工作要以人为本、求真务实，要从人民群众的实际需求出发，把人民群众是否满意作为干部政绩评价的首要标准。

中国共产党党员干部手中的权力是人民所赋予的，不能成为党员干部牟取私利的工具，清正廉洁是党员干部道德品质内涵中必须具备的基本内容。腐败问题是不同社会制度、不同历史时期、不同国家政权所共同面临的重大政治问题，凭借职务便利为个人谋取利益只是狭义上的腐败行为。广义上看，滥用职权、玩忽职守也是腐败，而且是更大的腐败。改革开放之后，经济建设的快速发展，使党员干部面临前所未有的巨大诱惑，部分党员干部缺乏自律，禁不住诱惑，导致道德变质，给社会带来了巨大危害，使人民群众怨声载道，破坏了中国共产党赖以生存的群众基础。习近平曾说："物必先腐而后虫生""腐败问题是可能导致亡党亡国的重大问题"。解决腐败问题需要不断完善监督约束机制，更重要的是要不断提升党员干部的道德修养，着力培养党员干部为民务实、清正廉洁的道德情操。

二　中国共产党领导人的"以德为先"用人思想

"尚贤者，政之本也。""为政之要，莫先于用人。"治国之要，首在用人。德才俱之急用，有德无才慎用，无德无才不用。选拔什么样的人，任用什么样的人，历来都是世界各国执政者十分关心的一个重大问题。毛泽东说："政治路线确定之后，干部就是决定因素。"领导干部是党和国家事业的骨干中坚，其道德品质对全社会道德建设具有示范、引导作用，关系到个人的修养素质、成长进步，关系到党的形象和执政地位，决定中国共产党的生死存亡。中国共产党历来重视选贤任能，始终把选人用人作为关系党和人民事业的关键性、根本性问题来抓。坚持德才兼备、以德为先的选人用人标准，在好人中选能人，在能人中选好人，逐渐形成了能者上、庸者让、懒者下的选人用人导向。在品德与才能的关系问题上，中国共产党历代领导人都进行了深入思考、做出了明确表述，其基本观点是一致的，就是德才兼备、以德为先。但基于不同的时代背景，在具体要求上又各有特色，总体来看既一脉相承又与时俱进。

（一）毛泽东："任人唯贤"的干部路线，"德才兼备、又红又专"的干部标准

毛泽东的人才观主要有两部分，一是"任人唯贤"的干部路线，二是"德才兼备、又红又专"的干部选用标准。这种观点是毛泽东运用马克思主义，与中国社会实际相结合，在实践中发展和创新的产物。毛泽东的用人思想为中国共产党的干部选用奠定了思想理论基础，始终是中国共产党选人用人的基本原则和首要标准。毛泽东认为，中国共产党的各级组织工作部门和各级主要领导干部的首要职责，是在选人用人工作中要坚持公平公正原则，重视选人用人工作中人的主体地位，尊重人的独立、自由发展，发掘人固有品质中的贤德资本，选拔任用那些有道德有才能的人，坚决抵制任人唯亲的派系观念，以此巩固中国共产党的执政地位，保证社会主义事业的顺利开展。

"任人唯贤"是毛泽东对组织人事工作的总要求,"德才兼备、又红又专"则是对干部个人道德品质的具体要求,也是毛泽东人才思想的基本内涵,是毛泽东根据社会主义建设的现实需求,结合党员干部队伍整体状况得出的科学结论。毛泽东主张的"德才兼备"与"又红又专"的用人思想在精神实质上是一致的,"德"与"红"指的是党员干部的政治品德,是对政治立场、思想作风、组织纪律方面的要求,具体来说,就是要求党员干部具有坚定的共产主义理想信仰,能够严格遵守党的组织纪律,自觉培养自身良好的道德品质。"才"与"专"则是指党员干部要具有良好的知识文化水平,具备驾驭实际工作的良好能力,具备在工作领域内应该具备的良好专业技能。综合来看,"德才兼备、又红又专"是对马克思主义德才兼备人才思想的直观体现,就是要求党员干部既有政治觉悟,又有实干能力,在政治上信任于党、忠诚于党,在业务上撑得开局面、挑得起担子。中国共产党在十一届六中全会上将毛泽东的人才思想概括为"强化和改进政治思想工作,以马克思主义人生观和共产主义理想引导党员干部,坚持人的全面发展、又红又专、知识分子与工人农民相结合、脑力劳动与体力劳动相结合的育人方针"。

(二) 邓小平:革命化、年轻化、知识化、专业化"四化"方针

邓小平的人才思想主要体现在党员干部队伍建设的"四化"方针上,即革命化、年轻化、知识化、专业化。邓小平人才思想形成的时代背景是改革开放初期,社会经济发生巨大变革,中国共产党的工作重心从政治斗争转向了经济建设,特别是在多元文化带来了思想变革的情况下,要求党员干部队伍建设做出符合时代要求的调整。邓小平审时度势,提出了"四化"党员干部队伍建设方针,旨在建设一支能够适应中国共产党经济建设新任务的高素质党员干部队伍。"四化"方针是中国共产党在社会主义现代化建设时期对选用干部"德才兼备"标准的新要求、新发展。邓小平早在1979年就指出,"现在我们选拔接班人,有个有利条件,就是人们的政治面貌清晰了",在1980年又说,"需要大量培养、发展、提拔、使用坚持四项基本原则的、比较年轻的、有专业知识的社会主义现代化建设人才"。这表明邓小平在选人用人上从来都把德作为前提条件,强调德才兼备的重要性。

在"四化"党员干部队伍建设方针中,革命化是政治需要、年轻化

是组织需要、知识化是素质需要、专业化是发展需要。革命化是就党员干部的政治品德而言的，是对党员干部道德品质的政治要求。革命化的党员干部要对中国共产党带领全国各族人民实现共产主义、解放全人类的伟大理想有坚定的信念，要在政治品质、思想作风、道德行为上符合中国共产党的要求。年轻化的提出是由于改革开放初期，中国共产党的党员队伍建设出现断档、青黄不接的情况，老一辈无产阶级革命家都已步入高龄，但下一年龄层次的党员干部中缺少优秀人才，所以需要以非常手段解决这一重大问题。邓小平适时提出了建设年轻化的党员干部队伍的方针，使得胡锦涛等一大批德才兼备的年轻干部崭露头角，走上重要岗位，历史证明这一决断是明智的，对中国共产党的发展延续有着重要意义。需要说明的是，邓小平主张的党员干部队伍年轻化绝非单纯的以年龄作为选人用人的标准，而是以道德品质、才学能力为前提的，是在优秀人才中选取年轻者委以重任。知识化是邓小平出于党员干部队伍整体素质提升的客观需要提出的。中华人民共和国成立至改革开放之前，中国社会基本是以阶级斗争为纲，科学文化知识得不到重视，甚至被贬低价值。干部选用也是如此，只以当时条件下的政治素质为标准，不对文化素质做要求，致使党员干部大多文化水平过低，只懂政治斗争。改革开放给中国社会带来了翻天覆地的变化，社会经济的发展、工作重心的转移，要求党员干部具有良好的文化知识水平，党员干部队伍的现实状况显然与实际需求相去甚远，因此党员干部的知识化势在必行。邓小平以"科学技术是第一生产力"的经典论述，明确了科学知识的重要性，这一论述也成为日后科教兴国战略的思想基础。专业化是基于经济建设的客观需要而提出的，经济建设不同于改革开放前的政治斗争那样只靠一颗红心便能走遍天下。经济建设涉及各行各业的方方面面，经济越发达，行业领域内的专业化程度也越高，中国共产党的党员干部作为经济建设任务的执行者，只有具备了工作职责内的专业知识能力，才能更好地完成本职工作。脱离了专业知识能力的帮助，党员干部开展工作无异于盲人指路，必将极大地制约经济发展进程。邓小平对党员干部队伍建设的专业化要求，无疑是为经济建设工作注入了一剂强心剂。综合来看，邓小平革命化、年轻化、知识化、专业化的党员干部队伍建设"四化"方针是一个有机整体，彰显了政治可靠、结构合理、尊重知识、注重专业的思想内涵,四个方面相辅相成、相互促进,为改革开放的顺利进行提供了坚实的人才保障。

(三)江泽民:"以德治国"思想;建设高素质干部队伍;讲学习、讲政治、讲正气"三讲"教育

江泽民的人才思想建立在以德治国思想和"三个代表"重要思想的基础之上,主张建立高素质的党员干部队伍,其人才思想的核心内容是讲学习、讲政治、讲正气的"三讲"教育理论。"三讲"教育理论不仅是中国特色社会主义建设时期中国共产党的选人用人标准,也是这一时期中国共产党的重要指导思想。江泽民的党员干部队伍建设理念形成于改革开放全面推进的时代大背景下,是结合时代新要求对中国共产党以德为先选人用人思想的强化。关于江泽民的党员干部建设理论,可以从三个方面进行解读。

一是以德治国的执政理念。在江泽民的治国理念中,依法治国与以德治国相结合是其思想基础,依法治国是对现代西方法治社会建设的借鉴,以德治国则是汲取了中国古代德治思想的精华。江泽民所提倡的以德治国,其德并非中国古代束缚人民群众思想的"三纲五常",而是在中华民族传统美德基础之上,赋予其新的内涵。以德治国的指导思想是马克思列宁主义、毛泽东思想、邓小平理论,其核心价值观念是践行中国共产党全心全意为人民服务的宗旨,提倡热爱祖国、热爱人民、热爱社会主义,要求与社会主义法治建设相结合,适应社会经济建设发展,是一种社会主义条件下的道德新规范。江泽民的党员干部队伍建设理论,正是源于这种以德治国的政治理念,是对以德治国思想的进一步深化。

二是建设高素质党员干部队伍的目标。关于如何建设高素质的党员干部队伍,江泽民在《努力建设高素质的干部队伍》的讲话中作了详细说明,讲话共对党员干部提出了五个要求。一是要求党员干部具有坚定的政治立场,具有对中国共产党路线、方针、政策高度认同的态度。二是要求党员干部能够主动践行群众路线,能够一切行动以人民群众的利益需求为根本出发点,能够自觉做到全心全意为人民服务。三是要求党员干部能够以辩证唯物主义和历史唯物主义的哲学观来指导实际工作,能够做到解放思想、勇于开拓,实事求是、敢于创新,能够树立求真务实、一切从实际出发的工作作风。四是要求党员干部能够弘扬艰苦朴素、

顽强奋斗的精神，能够严于律己、克己奉公、遵纪守法、清正廉洁，能够成为广大人民群众的道德楷模。五是要求党员干部能够坚持学习，不断提升知识水平，能够勤劳敬业，不断丰富工作经验，能够为社会主义现代化建设事业贡献更多力量。在这五点要求中，有四点都是对党员干部的道德品质要求，只有一点是对党员干部的知识能力要求，可见在江泽民的人才标准中，道德品质是其关注的重点，以德为先是其人才思想的精神实质。

三是讲学习、讲政治、讲正气的"三讲"教育理论。讲学习，就是要求党员干部认真学习中国共产党的基本理论，学习科学文化知识，学习工作需要的专业技能，不断提升自身综合素质能力。讲政治，就是要求党员干部坚定对马克思主义的理想信念，不断提高自身政治觉悟。讲正气，就是要求党员干部坚持党性原则，坚持清正廉洁，坚持求真务实，不断强化自身的道德品质修养。"三讲"教育不仅是一种理论，也是中国共产党开展的一次党风教育实践活动。在"三讲"教育理论的基础之上，借鉴延安整风运动的经验，中国共产党在党员干部队伍中开展了一次为期三年的"三讲"教育实践活动，切实地提升了中国共产党党员干部队伍建设的科学化水平。

（四）胡锦涛：德才兼备、以德为先

干部问题是中国政治体制改革中的核心问题，以德为先作为中国共产党的选人用人思想，是胡锦涛在2008年全国组织工作会议上提出的。他说："选人用人要坚持德才兼备、以德为先，坚持正确的用人导向，真正把那些政治上靠得住、工作上有本事、作风上过得硬、人民群众信得过的干部选拔到各级领导岗位上来。"这鲜明地突出了德，突出了干部的政治品质和道德品行在干部选拔任用标准中的优先地位和主导作用。2009年，在党的十七届中央纪委三次全会上，胡锦涛再次强调，我们党的干部标准是德才兼备、以德为先。并且指出，干部德的核心是党性。2009年，党的十七届四中全会通过的《决定》提出："坚持德才兼备、以德为先用人标准。把干部的德放在首要位置，是保持马克思主义执政党先进性和纯洁性的根本要求和重要保证。选拔任用干部既要看才、更要看德，把政治上靠得住、工作上有本事、作风上过得硬、人民群众信得过的干部选拔上来。"从而全面发展了毛泽东提出的德才兼备干部选拔任用标准。至此,"德才兼备、以德为先"的选人用人标准以中国共产党的文件形式被确定下来,成为中国共产党干部工作的指导方针。2011年,胡锦涛在"七一"讲话中指出:"要坚持把干部的德放在首要位置,选拔任用那些政治坚定、有真才实学、实绩突出、群众公认的干部,形成以德修身、以德服众、以德领才、以德润才、德才兼备的用人导向。"这些论述,突出德在干部标准中的优先地位和主导作用,揭示了以德为先既是一种用人标准,又是一种育人标准,是加强干部自身建设的新任务,是对中国共产党的组织路线和干部政策的丰富和发展,是新的历史特点下中国共产党干部路线的集中体现。坚持德才兼备、以德为先用人标准的原则,既要贯彻到考察干部、识别干部、选用干部的各个环节中,又要体现在教育干部、培养干部、管理干部的具体实践中。

(五)习近平:干部"四德"标准——政治品德、职业道德、社会公德、家庭美德

习近平的人才观念产生于改革开放进程更加深化、社会主义现代化建设事业任务更加艰巨的时代背景之下。新形势下,中国共产党遇到的各种风险、挑战、考验更严峻,对干部的德提出了新的更高的要求。中国共产党只有坚持德才兼备、以德为先,选用一大批高素质的干部,才能在纷繁复杂的国内外形势面前经受住各种风浪的考验,才能使中国共产党永远立于不败之地。习近平人才思想的精神实质是干部的"四德"标准,即政治品德、职业道德、社会公德和家庭美德标准。

习近平所提倡的"干部德的标准",更加突出了德在干部选用中的优先地位和主导作用,这是对老一辈无产阶级革命家德才兼备用人观的继承和发展,也是中国共产党提出的培养干部、选拔任用干部、加强执政能力建设需要长期坚持的根本原则,更是对党的十七大报告提出的"讲党性、重品行、作表率"的深度解读和具体实践。干部的思想品德不仅是个人行为,而且在党内和社会上往往具有重要的示范性、影响力和辐射力。实践表明,用好一个干部,就等于树立起一面旗帜,可以激励更多的干部奋发进取;错提或误用一个干部,不但会挫伤更多干部的积极性,而且还会助长不正之风的蔓延。习近平所指出的"干部德的标准",就要把以德为先作为选拔任用干部的原则和标准,为实现中华民族伟大复兴的梦想提供更加可靠的组织保证。

三 中国共产党"以德为先"用人思想的继承与创新

任何思想的产生都不可避免地受到时代背景的影响，带有鲜明的时代特色，中国共产党以德为先用人思想的传承也是如此。中国共产党的几代领导人都突出强调干部德的重要性，他们的人才思想是中国共产党在选人用人工作的不断探索实践中积累的宝贵精神财富。

马克思主义理论是中国历代领导人人才理论的思想本源，为中国共产党选人用人工作的不断创新发展奠定了理论基础。毛泽东首先将马克思主义理论与中国革命战争时期的人才需要相结合，提出高标准的政治要求。邓小平根据中国共产党工作重心的转移，赋予人才标准新形势下的知识内涵。江泽民进一步拓展了人才道德品质的作用，提出了以德治国思想。胡锦涛明确提出了德才兼备、以德为先的人才标准，将党员干部队伍的道德建设上升到国家战略的高度。习近平进一步细化了党员干部的道德标准，将党员干部的道德要求作为人事工作制度固定了下来。可以看出，中国共产党历代领导集体的选人用人思想是一脉相承的，同时又处于不断地发展创新之中。中国共产党准确地把握了不同时代的人才需要，有针对性地对选人用人标准做出了及时调整，尊重了社会发展的客观规律，保证了社会主义建设事业的有序进行，客观上也弘扬了民族精神、提高了全民素质、提升了中国的国际形象。

第三节　古今以德为先用人思想的区别

历史是不能割断的，思想更是如此。以德为先用人思想的发展是不间断的历史进程，新时期以德为先用人思想也是基于对古代以德为先用人思想的继承与发展而形成的。由于新时期的社会环境与传统社会有着根本不同，新时期以德为先用人想的发展是以新的历史时期和新的条件为背景的，这与古代以德为先用人思想有着根本区别。因此，新时期的以德为先用人思想与传统的以德为先用人思想之间有着本质的区别。

马克思主义认为，意识是由社会存在决定并反映着社会存在，意识是随社会存在的发展变化而不断处于变化发展中。因此，有必要厘清古今以德为先用人思想的关系，以便在继承古代以德为先用人思想的基础上更好地推进新时期以德为先选人用人的实施，而且应以马克思主义辩证观科学看待二者之间的联系和区别。

一　理论基础不同

（一）古代以德为先思想以儒家思想理论为基础

从古代德治思想下以德为先用人所倡导的理念来看，古代以德为先用人深受儒家思想影响，其内在依据是所谓的"德"，认为人们可以经过道德教化，在潜移默化中自觉形成"温、良、恭、谦、让"的高尚品质。发展到后来，"君为臣纲、父为子纲、夫为妻纲"以及"仁、义、礼、智、信"的封建"三纲五常"思想就成了中国古代以德为先用人思想的内涵并绵延了近两千年。传统以德为先的德维护的是封建帝王的个人权威，其道德外衣下体现的是人治而非真正的德治，其目的是禁锢人们的思想。封建统治者借助儒家思想"德"的观念，为禁锢人们的思想披上了合法的外衣，实现的是德治之下的一人之治。从历史唯物主义和辩证唯物主义的角度来看，古代以德为先思想带有浓重的唯心主义色彩，它把社会发展的历史进程看成封建王朝的简单更替，并以维护封建统治作为自身的历史使命，因而有着历史和思想局限性。

（二）当代以德为先用人思想以马克思主义理论为思想基础

当代所提倡的以德为先用人思想，其"德"是在对中国传统以德为先用人思想取其精华去其糟粕的基础之上，以中国化马克思主义为指导思想，融合了新时期的时代精神，以为人民服务为宗旨，以政治品德、职业道德、家庭美德和社会公德为主要内容，以坚持理想信念，坚持执政为民、坚持求真务实、坚持民主集中制、坚持清正廉洁为基本要求，社会主义观念下内涵丰富的新道德，真正体现了以人为本的思想。同时，当代以德为先用人思想借鉴了西方社会的法治精神，提出的"以德治国"是以法制为基础的，是根据社会的现实需要和人们的实际道德水准提出的，充分肯定了不同层次人们不同的道德观念和道德标准，表现出道德层次的现实性和明晰性，是先进性与广泛性的统一，是在法治的框架下推行的。这和传统的德治有本质不同，因其不像传统德治一样处于法治之上。

二 经济基础不同

(一) 古代以德为先用人思想建立在自然经济基础之上

古代德治是建立在自然经济基础之上的。在自然经济条件下，生产力水平低，人与人相互依赖，没有获得一定的独立性。他们是以群体形式存在的，但这种群体不是真实的集体，而是虚幻的集体、冒充的集体。因为这种集体中的个人"总是作为某种独立的东西而使自己与各个人对立起来"①。中国封建社会"民贵君轻"的民本思想，说到底就是这种虚幻的集体的反映。古代德治的统治基础是封建君主专制，是以小农经济为主体的。因而，在当时不可避免的是以土地为经济活动的中心，"普天之下，莫非王土；率土之滨，莫非王臣"，统治者的家天下思想贯穿始终，其德治也表现出了统治阶级的私有性特点，是利己的本质表现。

(二) 当代以德为先用人思想建立在市场经济基础之上

今天的以德治国建立在社会主义制度的人民民主专政之上，经济基础是社会主义市场经济，人们之间的经济关系是相互协作，有共同的利益诉求，每个人具有平等的权利。因而，以德治国对每个人也都是平等的，不存在压迫与被压迫、剥削与被剥削的关系。以德治国的社会主义经济基础决定了今天的德治是以人为本的，以全体人民为本的，以劳动者为本。以人为本建立在社会主义市场经济基础上，在市场经济条件下，生产力水平的发达，使人与物形成相互依赖关系，人获得了前所未有的独立，所以人们以真实的集体存在着。在这种真实的集体里，人与人既相互独立，又相互联系，"各个人在自己的联合中并通过这种联合获得自由"②。因为"只有在集体中，个人才能获得全面发展其才能的手段，也就是说，只有在集体中才可能有人身自由"③。

---

① 《马克思恩格斯全集》第三卷，人民出版社 1960 年版，第 84 页。
② 同上。
③ 张莉：《以人为本与人道主义、人本主义和民本主义的区别》，《实事求是》2006 年第 3 期，第 5—7 页。

三 服务对象不同

（一）古代以德为先用人思想服务于封建剥削阶级

古代的德治代表着剥削阶级的利益，制定政策从自身利益出发，他们宣扬"爱民""富民"，他们深知人民群众力量的巨大。秦朝统一六国，威震四方，但是在农民起义的打击下，土崩瓦解，二世而亡。每个封建统治王朝的开国之君，无不吸取前朝灭亡的教训，小心谨慎，兢兢业业，勤政爱民，如履薄冰，因为他们深知，如果他们继续搜刮民脂民膏，涂炭百姓，农民起义的洪流就会迅速冲决他们的统治，任何封建政权在农民起义的怒潮下都是风雨飘摇，不堪一击的。封建统治者的利益总是高于人民利益，即使是在太平盛世，虽然百姓的生活富足，但是真正享受荣华富贵的还是统治阶级，他们穷奢极欲、铺张浪费、纸醉金迷，直到国家的财富被挥霍一空，可实际上这些财富都是百姓的民脂民膏。虽然，统治阶级重视民心，认为"得民心者得天下"，可那只是为了稳固自己的统治基础，百姓只是他们拉拢的对象，生杀予夺的权力永远都掌握在统治阶级手中，百姓的利益永远不会被封建统治者放在第一位。

古代的德治权力在统治阶级，皇权是任何人无法逾越的界线。皇权无上，君权神授，皇帝是代表天的意志实行统治，老百姓不能违背皇帝的意志，更不能违背天的意志，老百姓只能做"顺民""良民"，成为任人宰割的鱼肉，没有丝毫权利可言。没有政权的人民，无法实现自己的利益诉求，自古以来的统治阶级和政治家，研究治国之道，只是为了统治本身需要，没有真正关心过民利和民生，可见其德治本身的虚伪性。

古今德治是有本质区别的，古代德治可以归结为一种民本主义。民本主义是古代对民众力量的肯定，自古就有"民惟邦本，本固则国宁"。唐太宗也曾言："民为贵，君为轻，社稷次之。"又把民和君比作水和舟的关系，"水亦载舟，水亦覆舟"。古代德治的民本主义是以人为目的，统治者只是关心人民这个目标，并没有把人民作为手段，把权力交给人民，民本只是他们统治的基础，维护自己的统治才是民本的目的。可见在这种民本主义中，人民得不到实际利益。

（二）当代以德为先用人思想服务于广大人民

今天的以德治国真正把人民的利益放在第一位。中国共产党真正代表人民的利益，为人民服务。国家的执政政策始终围绕人民，关心人民疾苦，为人民谋幸福，人民利益高于一切。所以，中国共产党的以德治国，是实现人民利益的以人为本，社会主义经济建设就是为人民提供更好的生活环境，满足人民群众日益增长的物质文化需求。不但要提高人民的物质生活水平，而且还要提高人民的精神文明水平，把人民作为以德治国的手段。

今天的以德治国，真正实现了人民当家做主，一切权力归人民，主权在民，利益在民，人民是国家的主人。这是顺应历史需要，因为人民的力量是无穷的，人民是历史的推动者，权力当然应该属于人民。今天的以德治国，是人民自己治理自己，处理自己的事情，人民为了提高自身素质而选择德治，不是任何人意志的强加，而是丰富自己精神的需要，使社会向更加健康的方向发展。今天的德治是以人为本，以人为本是一种科学的德治观，它从人民群众的根本利益出发，一切以人民利益为评价手段。今天的以德治国将人既作为目的又作为手段。而以人为本，将人民利益放在首位，同时权力属于人民，这样人民的利益就有了保证。

四 价值观念不同

（一）古代以德为先用人思想的价值观

古代儒家的德政是偏向封建君主的个人道德（人格）的范式来"感化"黎民百姓，是家长式的管理概念，这些所谓的"德政"很多都是简单的制度改造或税赋减免，并非从民生角度彻底地考虑问题。

古代的德治是封建社会宗法制度的维护者，礼治也强调名分等级，封建社会存在森严的等级制度，礼治最初是用来制定统治阶级各种活动的仪式、礼仪规则，最后演化成为治国手段。因此，古代的德治包含许多等级规定，皇权不可逾越，下级不得反对上级，百姓必须服从官吏，等等。有许多名分、级别之分，比如"亲亲""尊尊""贵贵"，古代的德治是维护封建统治和礼仪传统的工具。后来，德治中包含了许多伦理道德的规定，如"三纲五常"，这些封建的价值观念，限制人们的自由和平等、思想和行为。人民在封建礼教中沦为统治阶级的压迫对象，思想受到毒害，人格受到扭曲，"非礼勿动，非礼勿言，非礼勿视"，人民成为"顺民""良民"，只是封建伦理道德的一个符号。

（二）当代以德为先用人思想的价值观

今天的以德治国是在强调社会也就是大众及个人的道德约束力，借由道德约束力的普遍提升（重生），配合法律及制度的逐渐完善来创造社会、国家的和谐稳定。

今天的以德治国弘扬的是社会主义新道德，是爱祖国、爱人民的爱国主义、集体主义道德，是为人民无私奉献的道德。人民享有充分的自由、民主权利，人们在工作、学习中结成平等的关系，人民享有平等的人权，诚信是社会主义新道德的体现，"八荣八耻"是新道德的实践标准。总之，以德治国是建立在自由、平等的价值观念之上，每个人的道德不是任何人强加的而是个人意志的体现，个人良好行为情操的体现，它体现了社会主义的集体平等、互助、互利、互惠的原则，构成了新的道德体系。

第四节　以德为先用人思想的特色

中国共产党以德为先用人思想，是在不断总结历史经验的基础上，结合具体实际提出来的，既是对中国传统以德选贤思想的继承和完善，也糅合了时代内涵，是马克思主义理论中国化的创新发展，具有鲜明的民族特色、时代特色、理论特色和实践特色。

一　民族特色

中华民族的道德标准，都有其独特的历史延续性。不同社会历史条件下，道德标准和道德境界在实质上都有不同要求。即使在同样的社会历史条件下，由于个体对道德教育的接受程度不同，也会形成不同的道德境界。中国传统文化有着悠久的历史，中国传统道德理论和道德观念是研究者在探索社会发展、时代进步客观规律的过程中，对人们思想行为提出的价值标准，是形成民族文化，凝聚民族精神的重要思想基础。虽然道德评价标准总是处于潜移默化之中，但如爱国主义、艰苦奋斗、勤俭节约这些核心道德观念代代传承，并没有改变。当今社会的道德评价标准，同样是对传统道德观念的继承和发扬，体现中华民族注重内省、厚德载物的道德传统。中国共产党以德为先用人思想，是对中华民族传统以德用人思想的历史传承。在中华民族悠久历史中，形成了"以德治国""以德用人"的优秀思想。虽然在封建制度的历史局限性下，其以德为先用人思想存在"德治"外衣下的"人治""重礼轻法"禁锢思想、为剥削阶级服务的弊端，但其对德与才的辩证认识、导人向善、以德育人的先进思想却有继承价值。当代以德为先用人思想正是在古代德的思想基础之上，去粗取精，有选择地继承其思想精华。无论是以德为先用人理念，还是对政治品德、职业道德、家庭美德和社会公德的标准要求，都彰显着浓厚的民族特色。

二 时代特色

以德为先用人思想随着时代和实践的发展而发展。德不是静态的，而是随着历史的发展逐渐变化。在不同历史条件下，德的观念、规范和原则不同。每一个时代倡导的道德评价标准，是与时代主流群体的利益一致的。中国封建社会推崇儒家德治思想，为封建统治者的利益提供了思想保障。在资本主义社会中，资产阶级追求民主、自由、平等的道德标准，也是为了保障资产阶级的利益。在当今社会主义中国，人民当家做主，以人为本是道德观念的新起点，道德开始真正表达人民的利益诉求。不同的道德观念，反映不同的经济基础。对干部德的要求是对建立在一定经济基础之上道德观念的提炼，随着生产力的发展，经济基础的改变必然会产生对干部德的不同要求。中国共产党以德为先用人思想与中国特色社会主义市场经济发展要求相适应，符合当今中国思想道德规范。通过逐步构建、日益丰富，反映了不同层次、不同岗位的道德要求，既注重先进性又注重广泛性，形成一个完备的官德体系，有着巨大的引导力和规范性。以德为先用人思想与社会主义法律规范相协调，将依法治吏和以德治吏相结合，使法律和道德相辅相成、相互促进，将道德观念和法律观念渗透干部工作、生活的各个方面，具有鲜明的时代特征。

三 理论特色

以德为先用人思想建立在中国传统德治思想、中国共产党政党建设理论、马克思主义政党领导干部选拔任用理论、以德治国思想和国外公务员选拔管理理论等丰富的理论基础之上。是中国共产党用人思想的新发展，是以德治国思想的重要组成部分，是中国共产党保持先进性、纯洁性的基本要求和必要保障，是中国共产党巩固执政地位、提高执政能力的重要保证，是马克思主义理论中国化的重要成果，有鲜明的马克思主义理论特色。权力是执政之基，掌握权力者的品德直接决定着执政党维护政权的能力，决定执政水平的高低。《中国共产党章程》中明确提出"中国共产党是中国工人阶级的先锋队，同时是中国人民和中华民族的先锋队"，这就决定了中国共产党的掌权者必须"忠于党、忠于国家、忠于人民"，即"政治上要靠得住，人民群众要信得过"，真正做到"权为民所用、情为民所系、利为民所谋"，就是要有"干部的德"。这些要求对于确保中国共产党的性质不变色，实现其历史使命具有决定性作用，是对用什么样的标准选人、选什么样的人，把干部的德放在什么样的位置提出的理论要求。

四 实践特色

以德为先用人思想，重视将理论与实践有效结合，以实践效果为首要追求目标。可以说，"德才兼备、以德为先"这一理念也是在中国共产党选人用人工作中，针对领导干部品德败坏现象、选人用人中的不正之风等社会热点问题，结合干部工作科学化、民主化、制度化要求，通过不断实践摸索出来的，具有很强的实践特色，也一直在进行着实践运作，主要体现在三方面。一是对干部考核评价体系进行了规范完善，充实了干部品德考核内容，丰富了干部品德考核的方式方法，对干部德行的考量成为干部选用的重要考察内容。目前，中国共产党各级组织部门在干部考核工作中，对品德考核采取的方式方法不尽相同，考核效果也参差不齐，有些做法甚至效果很差、形同虚设。但总体来看，干部品德问题已经引起了各级组织部门的广泛重视，对干部品德考核的广度与深度都有了进一步的拓展与深入，凸显了干部德行考察的重要性。二是对干部队伍日常监督管理提出了新要求。各级组织部门不再漠视干部现实中的道德品质腐坏现象，积极主动地在干部监督管理机制中加入了对道德行为的约束，使干部心生敬畏。以德为先不再仅仅存在于干部队伍的入口关，而是贯彻于干部选拔、教育、监督、管理全过程。三是加强了对干部品德的舆论监督。除各级组织部门对干部的日常监督管理之外，为了能够更准确地了解干部品德的现实表现，加强了信访制度的建设，强化了媒体监督效力。真正为人民群众广开言路，让人民群众对干部的败德坏德现象有反映的渠道，并能够得到重视、切实解决，建立了全面、有效的舆论监督体系。

第四章

以德为先用人思想的基本要求

在马克思看来,问题是时代的声音,问题是时代的口号。毛泽东则认为,问题就是事物的矛盾,只要有矛盾就会有问题。提出并论述以德为先用人思想的基本要求问题,就是在时代的宏观背景下,以深刻的问题意识研究德与才的关系、干部德的标准、干部德的考核评价及其结果的运用,探索发现问题,回答解决问题。

第一节 德与才的关系

关于马克思主义唯物辩证法,有这样的论述:"当我们深思熟虑地考察自然界或人类历史或我们自己的精神活动的时候,首先呈现在我们眼前的,是一幅由种种联系和相互作用无穷无尽地交织起来的画面,是一幅普遍联系和发展变化的辩证图景。唯物辩证法就是对这幅生动画面、图景的理论再现。"[1] 关于德与才的关系问题,唯物辩证法同样有着理论指导意义。

一 德与才的辩证统一关系

德与才之间是一种辩证统一的关系。既相互渗透、相互转化、相互依存、相辅相成,具有统一性,又存在着彼此分离、矛盾的一面。所以我们应坚持用全面、联系、发展的观点看待德与才的关系。

---

[1] 李秀林、王于、李淮春:《辩证唯物主义和历史唯物主义原理》(第四版),中国人民大学出版社1995年版,第150页。

一是二者之间相互渗透、相互转化。相互渗透具体表现为：德中有才的因素，才中也有德的因素。通过提升思想道德品质修养，有助于干部提高献身事业的思想觉悟和认识能力，使才的作用向积极方向发生转化；通过才的提高和积累，可以不断提高干部的理论水平，增强自身思想道德品质修养的力度，从而提高德的层次和境界。相互转化具体表现为：其一，德可以转化为才。具有良好德行的人能兢兢业业对待工作，发现问题、解决问题，把自己的才能用在正确的地方。其二，才也可以转化为德。德和才，是心与力的关系，即为党和人民事业无私奉献的强烈愿望、信心和为人民服务的实际工作本领、能力。有德无才，心有余力不足，难当大任；有才无德，其才足以济其奸，重用就变得更加危险。司马光说过："君子挟才以为善，小人挟才以为恶。"毛泽东也说过："学问再大，方向不对，等于无用。"习近平说："如果理想信念不坚定，不相信马克思主义，不相信中国特色社会主义，政治上不合格，经不起风浪，这样的干部能耐再大也不是我们党需要的好干部。"如果一个人无德也无才，虽然也想干坏事，但智力不足，能力不济，很容易败露。如果一个人品行很差，但很有才能，智足以遂其奸，勇足以决其暴，如虎添翼，为害多矣。

二是二者之间相辅相成、相得益彰。具体表现为：德与才是有机统一体，即德才兼备。德与才的有机统一是以德为先用人标准得以存在和实施的根本条件。一方面，德是才的前提和基础，决定才的作用方向。其一，对政治觉悟和思想道德方面的要求是社会主义人才必备的内在素质，也是同剥削阶级所谓的"人才"最根本的区别。如邓小平所讲，必须以革命化为前提，把德放在首位，因为德对于人才履行职责具有决定性作用，特别是在新时期，政治觉悟和思想道德是重用一个人才的先决条件。如果一个人德才兼备，当然是选拔干部的最好选择，一个人有德而无才，固然难当重任，起码算是好人，不可大用却可以小用；而一个人如果有才而无德，用其拥有的才来干一些缺德悖理、违法乱纪的勾当，重用了会给国家带来很大危害。只有德才兼备、以德为先，才能成为栋梁之材，也只有做到真正选拔德才兼备的人才，才能使事业兴旺发达。其二，德还影响和制约着才的具备和发挥程度。如才能的具备和发挥需要艰苦奋斗，而艰苦奋斗是以忠诚、坚韧等政治品德和职业道德为动力的。曾国藩曾把德喻之为水、喻之为根，把才喻之为波、喻之为枝，波澜的大小在于水之深浅，枝叶的盛衰在于根之荣枯。所谓"能剖心肝以奉至尊，忠至而智亦生焉能苦筋骸以捍大患，勤至而勇亦出焉"①，说的正是德影响和制约才的具备和发挥的道理。另一方面，才是德的支撑和工具，影响着德的作用范围。才是一个人实现政治抱负与宏伟目标的能力、本领和手段，无才，德的作用就难以发挥。当今世界，以经济和科技为基础的综合国力竞争日益激烈，没有真才实学，不掌握客观规律，是无法实现宏伟目标的，是不可能在竞争中取胜的。所谓"人才"，其本质特征是进行创造性劳动，在社会实践中，运用某种专门知识或技术，并结合自己的才能认识和改造自然界及社会的某一方面，做出贡献或取得较大成绩。人才的创造性特征决定了人才必须具备一定的才，才能实现这一目标，为社会做出贡献。因此，德离开了才便难以发挥其作用，德才兼备方可成就长久的事业。同时，品德修养的提高离不开才能的积累。一般说来，一个人拥有的知识越多、能力水平越高，他的思想道德水平也就越高，这一点已被古今中外历史上许多优秀人才的成长历程所证明。

  三是二者之间具有矛盾的一面。讲矛盾，显然，这里不是讲一般意义上的矛盾，而是讲哲学意义上的矛盾，并不是讲矛盾就讲斗争，其中还包括矛盾更为重要的一面——差别，差别是矛盾的另一表现形式。德与才之间尽管具有千丝万缕的联系，但二者有严格区别，不能混同。德与才，在现实生活中，作为人内在的两个评价标准和尺度，往往在每个人身上表现得不均衡，难以达到和谐统一。也正因此，德才多少的不同，决定了一个人到底是什么"品"。

  用全面、联系、发展的观点看德与才的关系，以德为先是在德才兼备基础上的继承和发展。反对将"德才兼备"和"以德为先"割裂开来，片面孤立地讲"德才兼备"或"以德为先"。单讲"德才兼备"，看到了和注重了德与才二者的辩证统一关系，但没有分清矛盾的主次方面；单讲"以德为先"，分清了矛盾的主次方面，但没有看到德与才二者的辩证统一关系，二者均犯了形而上学的错误。德才兼备，是德与才两个方面

---

① （清）曾国藩：《曾国藩全集》（第十四卷），岳麓书社1986年版，第390页。

的有机统一,按照德才兼备、以德为先用人标准选用人才,既看人才的德,又看人才的才。正如毛泽东所言:"政治和业务是对立统一的。政治是主要的,是第一位的,一定要反对不问政治的倾向;但是,专搞政治,不懂技术,不懂业务,也不行。我们的同志,无论搞工业的、搞农业的、搞商业的、搞文教的,都要学一点技术和业务。"① 因此,在选用干部工作中,必须把德才兼备、以德为先用人标准作为一个整体来认识、来把握、来贯彻,既要把好政治关,又要把好才能关,真正把那些品德好,同时又有真才实学、能力突出的干部选拔上来。

二 德与才的主从关系

在德与才的关系上,既要讲求德才兼备,即两点论,又要讲求重点论,即谁主谁从的问题。一般而言,德与才之间存在主从关系,德主才从,即"德为才之主,才为德之奴"。与才相比,德始终是第一位的,起决定作用,"德驭才";与德相比,才处于从属地位,才是德的支撑,"才从德"。换言之,讲重点论,德与才,先看德,重看德,德是首要,德是基础,德是重点,德是前提,德是先决。德性不好,专业再过硬,能力再高强,也不能委以重任。今天强调德为前提,必须注重从政治上考核选拔干部,注重坚持德才兼备、以德为先选人用人标准。

用全面、联系、发展的观点看德与才的关系,既要注重两点论,同时还要坚持重点论,两点论与重点论相统一。在德与才两个素质相互影响、相互作用的统一体中,德与才二者的地位与作用是不同的,德的影响居于主导地位。德者可信,才者可为。今之论才,有智、情、胆之商;智者决策力,情者亲和力,胆者创造力。德需才养,才依"德彰"。做官当"四立":立身务正直,立言心致诚,立德思想崇高,立志事为公。"若失品格,一切皆失。""君子多思不若养志,多言不若守静,多才不若蓄德。""种树者必培其根,种德者必养其心。"事实说明,才的不足可以用德来弥补,而德的不足则不能用才来弥补。所以,干部讲才、抓才、提升才,要从修炼干部的德着眼、入手、用劲。这样,才能在政治上做洞察是非、立场坚定的带头人;在工作上做锐意创新、真抓实干的带头

---

① 《毛泽东选集》第七卷,人民出版社1993年版,第309页。

人；在人品上做公道正派、人格高尚的带头人；在能力上做业务熟练、本领过硬的带头人。"一个人才只有具备良好的思想品德，对社会主义事业有强烈的事业心和责任感，才能努力学习科学文化和专业知识，在实践中不断增长才干，成为既能坚持正确的政治方向，又有一定的领导水平和业务能力的优秀人才。"① 无数经验证明，德是立身做人、成就事业的根本。相对于才而言，德更为根本。

第二节　干部德的标准

德，是一个抽象的概念和广泛的历史范畴，因时代的发展和环境的变迁，对干部德的评价标准不尽相同。当代中国，干部德的标准所确定的逻辑思路，应当是在考察和制定干部德的标准时，充分考虑时代背景和干部内在素质要求，彰显出与时俱进、结合实际、群众公认等原则，明晰干部德的内涵与外延，突出科学性、规范性、可操作性。

一　干部德的标准的制定原则

（一）与时俱进

"与时俱进"，是指在思想上与理论上同时代一起进步，站在时代的前列，顺应时代的潮流。与时俱进，作为一种理论品质，彰显了马克思主义哲学发展的强大生命力，体现了它把握、理解和解决时代重大课题的程度和水平。"以时代问题为中心，既是马克思主义倡导的科学认识态度和方法，也是马克思主义发展史印证的一条规律。"② 与时俱进作为一种科学的方法论，其本质就是指人们在观察思考和解决问题时，其立足点必须是与时代的步伐、进程相一致。准确把握时代课题，根据发展实践，予以正确、科学的回答，从而不断推进马克思主义发展。

在中国传统文化思想中，与"与时俱进"类似的说法很多，如"世

---

① 边婧：《新时期德才问题研究》，硕士学位论文，东南大学，2006年，第10页。
② 纪宝成：《关于哲学社会科学与时俱进的几点思考》，《中国人民大学学报》2002年第6期，第1—7页。

俗岁殊，时变日化，遭事制宜，因时而移"①，"明者因时而变，知者随时而制"②，"法无古今，惟其时之所在与民之所安耳"③。这些都是非常有见地且充满政治智慧的言论，但具有根本性、原则性的区别，就是所有这些说法在历史上都是针对"法先王"的，即主要针对的是传统的体制或律令说的，而当新的统治者即位，各种体制形成后，统治者却很少主动变革。而"以马克思主义为指导的共产党不同，夺取政权是变；掌握政权以后还要变，要不断与时俱进，因为社会主义社会就是一个不断改革的社会"④。

干部的德是干部道德素质和道德行为的综合体现。主要表现在：第一，从中国共产党党史来看，每当中国共产党的中心任务发生改变，其选人用人标准也随之变化，干部选用标准始终对中国共产党的历史任务负责，并为之服务。第二，从社会发展进步来看，有什么样的社会发展需要，就要有什么样的干部选任标准与之相适应。第三，从科学发展实践来看，中国共产党取得的成绩与进步，靠的就是一支重德树德、德才兼备的干部队伍。而新时期干部德的标准，必须在继承优良传统基础上充分把握时代发展主旋律，体现其时代性，在做到与时俱进的同时，突出干部德的不可替代性。

（二）结合实际

"结合实际"，体现的是坚持"一切从实际出发，实事求是"的方法论。毛泽东说："'实事'就是客观存在着的一切事物，'是'就是客观事物的内部联系，即规律性，'求'就是我们去研究。我们要从国内外、省内外、县内外、区内外的实际情况出发，从其中引出其固有的而不是臆造的规律性，即找出周围事变的内部联系，作为我们行动的向导。"⑤世界是物质的，物质是运动的，是在一定的时间和空间中进行的，这是辩证唯物主义的世界观，它要求人们想问题、办事情要一切从实际出发，

---

① （汉）班固：《汉书》，中华书局 1962 年版，第 3973 页。
② （汉）桓宽：《盐铁论》，上海人民出版社 1974 年版，第 28 页。
③ （明）张居正：《张太岳集·十六卷·辣会试程第三问》，上海古籍出版社 1984 年版，第 386 页。
④ 陈先达：《论与时俱进与哲学繁荣》，《理论学刊》2003 年第 1 期，第 23—28 页。
⑤ 《毛泽东选集》第三卷，人民出版社 1991 年版，第 759 页。

按客观规律办事。

干部德的标准制定，离不开干部选用的现实需要，离不开干部选用的时代特征，更离不开干部选用的社会政治、经济等因素影响。应着眼于干部德的一般性和共同点，着眼于干部的平时表现、特殊时期表现以及长期的表现，着眼于经济社会发展的实际状况。实践过程中，应让干部的德内化为可遵循、可操作的道德准则，外化为有利于科学发展的实际行动。此外，还应细化为群众看得见、摸得着的评判标准。这即是说，干部的德的标准不是抽象的，而是具有很强的实践性；不是"高高在上、无法企及"的，而是具体的、实在的；更不是全然理想化的，而是与干部工作、学习和生活的实际表现密切相关的。

结合实际，这个"实际"的含义是多方面的。其一，结合干部所处时代的特征，将干部置放在"当代"视野中，而非跨时代或超时代的。其二，结合干部所处时代的社会发展状况，有什么样的社会发展需要，就要求有什么样的干部德的标准与之相适应。其三，密切结合干部的自身状况。最主要的是要把干部当作普通群众中的一员看待，科学地、系统地加以把握，切忌主观、教条，凭经验办事，随时注意干部情况的发展和变化。否则，不是犯主观主义的错误，就是犯教条主义和经验主义的错误。

（三）群众公认

"群众公认"，是指在干部选用中，选用那些得到大多数群众拥护和赞成的干部。群众公认，是人民群众正确意见的集中反映，是人心向背的"晴雨表"。在干部选用中，大多数人的认可、拥护和支持，是起基础性作用的，而少数人的意志不能起基础性作用，它主要体现在：在干部选用过程中是以人民的主权为本位，而不是以少数人甚至个别人的权力为本位。其基本要求是：在坚持党管干部的前提下，选用干部要走群众路线，提高人民群众的参与程度，选用的干部要被大多数群众认可和拥护。《中华人民共和国宪法》规定："中华人民共和国的一切权利属于人民。""人民依照法律规定，通过各种途径和形式，管理国家事务，管理经济和文化事业，管理社会事务。"其中，明确了人民在国家社会事务、经济、政治文化中的主体地位，为群众公认成为干部选用评价主体提供了根本依据。党的十七大把群众公认原则作为提高选人用人公信度的准则之一,是因为"群众公认原则首先建立在深厚的马克思主义基础上,同时也汲取了西方文明的一些思想,特别是肥沃的民主思想,为中国共产党人在干部人事工作中扩大民主、发扬民主提供了可资吸收的养分"①。

坚持群众公认原则,实际上就是运用马克思主义群众观点和中国共产党的群众路线,研究和解决干部工作中的实际问题,就是要让群众参与和监督干部工作,使选用干部工作得到群众拥护,力求做到组织满意和群众意愿的统一。干部的日常表现,尤其是特殊时期的实际表现,管理部门很可能无法完全掌握,但人民群众也许最了解、最有话语权。把干部的德交给人民群众去评判、去监督,用群众公认的标准遴选干部,才能真正地挑选出人品好、干实事、创业绩的好干部。同时,还可以形成一个正确的导向,鼓励广大干部将心思放在工作上,聚精会神地干事业。

二 干部德的内涵

所谓"内涵",是指一个概念所反映的事物的本质属性的总和,也就是概念的内容。它既是指特征内容,又是指个性色彩。干部德的内涵,是指干部德的本质属性的内容和特征。一般来讲,干部德的内涵是干部德的考量的基本组成部分,决定了干部德的状况。如何把握干部之德,诠释干部德的内涵,是选人用人的难点和重点。

干部的德,应是"其理想信念、政治素质、价值取向、思想作风、职业精神以及道德操守等方面的综合体现,是内化于无形、外显于有象的复合体"②。这种综合体现于外,即表现为最基本的德的内涵,概括起来说,主要包括以下五个范畴:忠诚、公正、为民、务实、清廉。这五个范畴,其地位、意义各不相同,其逻辑关系是,忠诚是干部德的首要品质,公正是干部德的价值尺度,为民是干部德的价值核心,务实是干部德的价值基础,清廉是干部德的内在要求。

---

① 林学启:《试论群众公认原则确立的理论依据》,《桂海论丛》2008年第3期,第33—35页。
② 罗平烺:《把握德的内涵,加强政德建设》,《中国组织人事报》2012年5月14日,第6版。

(一) 干部德的首要品质——忠诚

忠诚，是中华民族优秀文化所推崇的基本道德范畴，是衡量一个人政治品质的基本标准之一。在传统的官德思想中，"忠"被视为国家保持政权稳固的基石。在《说文解字》中将其解释为"忠，敬也"[1]，忠有敬畏之意，即恭敬谨慎，勤勉于王命。所谓"诚"，即"诚者，真实无妄之谓"[2]；"诚，实也"[3]。孔子一贯倡导"忠恕之道"，是把"忠信"作为每个人特别是为君臣者的一条重要的道德原则。传统的忠诚，常被用来规范君与臣、王与民、主与仆的关系。在千百年的文化演进中，忠诚已演变成一种代表，是一种象征意志、信念、行为规范和精神面貌的文化符号。

新的历史特点下，"忠诚"依然是干部为官的最基本的道德规范，同时也是最为重要的政治原则。干部必须忠诚于自己的政治信仰、忠诚于宪法和法律、忠诚于自己的国家、忠诚于自己的民族、忠诚于自己的服务对象——广大人民群众、忠诚于自己的事业，还要做到忠诚守信。胡锦涛曾在中国共产党成立90周年庆祝大会上讲话指出，年轻干部要把"忠诚作为第一政治品质"。忠诚对于干部而言，意义至关重大。忠诚可以促进干部形成正确的世界观、人生观和价值观。当代中国，干部的忠诚是建立在马克思主义理论基础上的对社会主义和共产主义的科学信仰，是建立在以全心全意为人民服务的宗旨之上的政治承诺，是建立在对党的性质、宗旨、路线、政策等深刻理解认识基础上的真实情感，是一种深刻的、自觉的理性认识。忠诚可以促进党员干部形成健康的人格和和谐的人际关系。忠诚是健康人格的必备品质。在现实生活中，如果一个人不讲"忠贞"与"诚信"，说一套做一套，专搞虚伪欺诈，那必定是一个人格扭曲的人。而只有那些对党、对国家、对人民忠贞不渝的诚恳老实、言行一致的干部才是中国共产党和国家需要的，才能受到广大人民群众的拥护和爱戴。提倡和践行忠诚的政治品质，还有助于人际合作、信赖关系的形成，有助于干部自身的健康发展。

---

[1] （汉）许慎：《说文解字》，中华书局1963年版，第217页。
[2] （宋）朱熹：《四书章句集注·中庸章句》，中华书局1983年版，第26页。
[3] （清）戴震：《孟子字义疏证·诚》，中华书局1982年版，第50页。

忠诚，最主要的价值则体现在干部的信念坚定上，这也是干部忠诚之德的题中应有之义。信念坚定，主要是指干部必须坚定理想，坚持马克思主义，坚持党的基本理论、基本路线、基本纲领、基本经验、基本要求不动摇。理想信念是一个政党的精神旗帜，决定政党的生命长度和厚度。理想信念的力量，是无形而巨大的。"一心向着自己目标前进的人，整个世界都给他让路。"清代金缨先生有"志之所趋，无远勿届，穷山距海，不能限也。志之所向，无坚不入，锐兵精甲，不能御也"①。意思是说，志存高远的人，再遥远的地方也能达到，再坚固的东西也能突破。理想信念坚定，是好干部首要的标准，是不是好干部首先看这一条。如果理想信念不坚定，就不是中国共产党需要的好干部。只有理想信念坚定，干部才能在大是大非面前旗帜鲜明，在风浪考验面前无所畏惧，在各种诱惑面前立场坚定。然而，有不少党员干部，谈到理想信念的问题，总是理不直气不壮，显得无所追求。理想信念动摇是最危险的动摇，理想信念滑坡是最危险的滑坡。好干部第一标准，必须坚持"革命理想高于天"，做共产主义远大理想和中国特色社会主义共同理想的坚定信仰者，志愿为实现民族复兴的"中国梦"而奋斗。"领导干部不仅要忠诚可靠，更要把忠诚当一种信仰、一种操守、一面旗帜，永远坚持下去。"②

(二) 干部德的价值尺度——公正

中国自古便视公正为美德，在先秦典籍中即已多次出现"公正""公平""正直"等词语，如"所谓直者，义必公正，公心不偏党也"③ "为人君者中公正而无私"④。作为道德规范，公正的基本要求是不偏私，对人对事均以法律、道德、情理为准则，一视同仁，不倾向、不偏袒任何一方。在同一情况下，用同一尺度、同一标准。即《尚书》所说的"无偏无党""无反无侧"。公正广泛体现于选才、用人、施政、治狱、赏罚、褒贬、评价、分配，以及处理各种利益关系等各个方面。离开公正，这

---

① （清）金缨：《格言联璧》，中国友谊出版公司2010年版，第19页。
② 李彬：《忠诚是党员干部立身之本》，《湖南日报》2012年11月11日，第10版。
③ 《韩非子·解老》，辽宁教育出版社1997年版，第49页。
④ 《管子·五辅》，北京燕山出版社1995年版，第92页。

些问题是无法得以正确处理的。

公正，是干部德的规范的重要内容之一，是干部道德认知、道德行为准则的价值尺度。要求干部要坚守正义、公道正派。作为干部，公，意味着立公，它代表着一种公共利益，即立党为公，秉公办事。正，意味着正义、正直和正确，这又分为两方面。其一，与公紧密联系的"正义、正直"，就干部的领导意识而言，体现在干部的事业心和责任感上。其二，就干部的领导方法而言，"正确"集中体现在干部的判断力和决策水平上。"公"和"正"这两方面共同构成了干部德之公正内涵的合理内核。汉代刘安曾说："若夫尧眉八彩，九窍通洞，而公正无私，一言而万民齐。"[①] 清代张聪贤《官蒇》诗曰："民不服吾能而服吾公，公则民不敢慢，公生明。"其主旨就是说，为官者要力行公正。

干部要力行公正之德，主要可以从以下几方面着眼。一是加强自身理论学习和道德修养。坚持马克思主义的基本观点、基本原理、基本立场和思想方法、工作方法等，不断增强干部的"免疫力"。干部要自觉运用社会主义道德和共产主义精神来规范自己的行为，永葆先进本色。二是健全制度。公正是权力运行的道德价值所在，是权力运行的合法性基础。仅靠觉悟、道德规范，是不能充分体现出"公正的德性"的，还要靠外在强制的约束力。从根本上说，要靠健全的制度。严密的制度具有一定的科学性与强制性，可以使权力受到合理、有效的规约。正如邓小平同志所说："制度好可以使坏人无法任意横行，制度不好可以使好人无法充分做好事，甚至会走向反面。"三是不断强化监督机制。有了优良的制度，还要加以有效的监督，这才是实现干部秉公用权、公正办事的基本保证。公正是干部的执政要求，干部是人民群众的公仆，手中持有的权力都是人民赋予的，这种权力如果失去有效的制约和监督，势必会有不公正的现象发生。因此，力行公正，必须行使好对干部的监督职能。

干部公正之德，按照习近平"好干部"标准，突出体现在干部的"勇于担当"上。在当代中国，对于干部来讲，勇于担当，就是指"中国共产党的干部必须坚持原则、认真负责，面对大是大非敢于亮剑，面对矛盾敢于迎难而上，面对危机敢于挺身而出，面对失误敢于承担责任，

[①]《淮南子·修务训》，中州古籍出版社2010年版，第300页。

面对歪风邪气敢于坚持斗争"。敢于担当是干部的可贵品质。林则徐有句名言:"苟利国家生死以,岂因祸福避趋之。"敢于担当就是把责任担当起来。干部必须尽责,权与责从来都是相依相随的。敢于担当是干部成事之基。干部本身应具备的是敢于探索、实践、负责的品格,在困难面前不退缩,在矛盾面前不推诿,在失误面前不推过。这是干部应有的觉悟和境界,也是一名干部秉公用权、公正办事的表现。

(三) 干部德的价值核心——为民

为民,其最基本的要求是以民为本、执政为民。即坚持一切从人民的利益出发,一切为人民负责,全心全意为人民服务。所谓"民本",是以"民"为根本,其语最早出自"民为邦本,本固邦宁"①。孟子曾说:"民为贵,社稷次之,君为轻。是故得乎丘民而为天子,得乎天子为诸侯,得乎诸侯为大夫。"②"作为中国传统文化范畴的民本思想或民本主义,是在君主政治的前提下关于君民关系的理论与学说。这种学说意识到君民关系的互相依存性,承认民的地位和作用,要求统治者重民、爱民,实施仁政。"③可见,民本思想,充分肯定了民的价值和权利。更为重要的是,为民还有尽心竭力为民服务的含义。

从根本上说,为民服务,是如何对待干部个人和作为社会主体的人民之间的关系问题。作为历史范畴,"人民"在不同国家和同一国家的不同时期,其内涵不一,社会成分也不尽相同。《中华人民共和国宪法》规定:"中华人民共和国的一切权利属于人民。"干部受人民之托掌握公共权力,即干部的权力来自人民,理所当然要为人民服务。在角色定位上,干部是以人民的"公仆"角色存在的。也就是说,为民服务是干部存在的逻辑前提。

为民服务,是关于"为了谁,依靠谁,服务谁"的最基本的道德认知和道德实践。为官为政者只有恪守为民使权、为民用情、为民谋利,才能从心底里千方百计为民做事。

---

① 《尚书·五子之歌》,中国文史出版社 2003 年版,第 70 页。
② 《孟子·尽心下》,中华书局 2006 年版,第 324 页。
③ 柯卫、马作武:《孟子"民贵君轻"说的非民主性》,《山东大学学报》2009 年第 6 期,第 88—92 页。

为民服务，是干部职责所系，更是干部的价值所在。能否牢记全心全意为人民服务的宗旨、心系广大人民群众，是衡量一名干部是否合格的试金石。好干部，想问题、办事情、作决策自觉把"人民拥护不拥护、赞成不赞成、高兴不高兴、答应不答应"作为价值取向和衡量尺度。明朝张居正曾说："治理之道，莫要于安民。安民之道，在于察其疾苦。"[①] 当代中国，各级领导干部应以"公"字当头，以"民"为先，真正把群众装在心里，做到尊重群众、为了群众、依靠群众为政。

为民思想，是处理新时期官民关系的基本道德准则和根本标准，体现了干部的价值准则和价值操守。在现代社会中，官不是民的主人，而是人民的勤务员，其手中的权力来自人民，理应心里想着人民，胸中装着人民，切实把权力用来"为民"服务，把实现最广大人民的根本利益作为一切工作的出发点和落脚点。干部应有一种使命意识，摆正自己的位置，真正把群众当主人，把自己当公仆。干部还有完成使命的相应能力要求，如提高做群众工作的能力，了解群众的真正需要，明确工作的着力点，设计合理的目标路径和实施方案，团结和带领群众为共同目标而奋斗。

（四）干部德的价值基础——务实

务实，是与重行紧密相连的。在中国古代，重行的思想和言论很多，如"履，德之基也"[②]，"君子强学而力行"[③]，"善在那里，自家却去行他。行之久，则与自家为一；为一，则得之在我。未能行，善自善，我自我"[④]。先哲们在论述知行、言行关系时往往连带论及名实关系，因而在重行的同时又呼吁务实。如"华而不实，耻也"[⑤] "名者，实之表也；实者，名之本也"[⑥]。人们应务实而不务名，这不仅关乎道德修养，更重要的是，人们只有务实，德业、学业、事业才能有真正的长进。因此，务实不仅是人们在道德修养中所应重视的问题，也是人们在学业、事业

---

① （明）张居正：《张太岳集·答福建巡抚耿楚侗》，上海古籍出版社1984年版，第526页。
② 《周易·系辞下》，山西古籍出版社2003年版，第85页。
③ （汉）扬雄：《法言·修身》，时代文艺出版社2008年版，第10页。
④ （宋）黎靖德：《朱子语类》（卷十三），中华书局1986年版，第232页。
⑤ 《国语·晋语》，辽宁教育出版社1997年版，第79页。
⑥ （明）王达：《笔畴》（卷上），中华书局1985年版，第12页。

上应取的正确态度，因而具有更广泛的意义。务实而不求虚名，这是中国古代有为之士的优良传统。

在当代中国，务实作为干部的德被提倡，有其深刻的时代背景。务实，就是勤勉敬业、真抓实干、精益求精，努力创造出经得起实践、人民、历史检验的实绩。务实是深入实践过程的力行态度。作为干部，务实是个体参与社会发展实践过程的积极态度，空谈误国，实干兴邦。务实是脚踏实地的工作作风。干部不能给人以"假大空""庸懒散"的印象。弄虚作假可能一时得利，但最终会身败名裂；偷懒耍滑可能身体安逸，但必然导致精神空虚。无论是事业发展的需要，还是个人进步的需要，都呼唤干部以务实的作风来抓学习、抓工作、抓提高。好干部，谋发展、求进步坚持按照客观规律办事，求真务实、不玩虚招，真抓实干、不务虚功。务实是履职尽责的方式。"世界上的事情都是干出来的。不干，半点马克思主义也没有。"干部要力戒空谈，认真履职，真正做到"工作干一件成一件，件件落实"。务实是克服官僚主义的内在要求。这种内在要求，主要体现在务实作风对官僚主义表现的批判和纠正上。官僚主义突出表现在：高高在上、脱离群众、思想僵化、墨守成规、好摆门面、好说官话，等等。务实则是深入实际、联系群众、思想解放、敢于探索，从实际出发、办实事、求实效，等等。务实对官僚主义缺陷进行深刻揭露和批判，要想克服官僚主义就必须做到务实。

务实要求真抓实干，务求实效，发扬求真务实精神，大兴求真务实之风，把心思用在事业上，把精力用在工作中。真抓实干，求真务实，不仅仅是工作作风问题，更是思想道德问题，是世界观、价值观、政绩观问题。对于干部而言，要做到务实，必须解放思想，开动脑筋，积极探索事物的本质及规律；必须勤于学习，甘做群众的学生，认真听取群众的意见和建议；必须"力戒形式主义、官僚主义，不搞华而不实的形象工程、沽名钓誉的面子工程、劳民伤财的政绩工程，把人民满意不满意作为检验工作成效的根本标准"[①]。此外，还要不断改进工作方式、方法，科学谋划、锐意进取、不断开创干部工作新局面。

---

① 王晋普：《如何加强为民务实清廉教育》，《求是》2013 年第 8 期，第 60 页。

（五）干部德的内在要求——清廉

清廉，即清正廉洁，要求干部敬畏权力、管好权力、慎用权力，守住政治生命，保持拒腐蚀、永不沾的政治本色。"清廉"作为中国传统社会所倡导的为官美德，主要体现在处己清廉、与人清廉、为事清廉三个方面。

处己清廉即官员的自我修养，清静自守、慎独自律、洁身自好。传统社会"官德"的形成诉诸政治主体自身的道德修为，中国素有"先做人后做事"的警训，在道德品格和情操上达到一定标准的人才可以做官，也只有如此才能做好官，所以，"清廉"作为官德首先必须体现在为官者自身的道德修养之上。老子曰："清静为天下正"[1]，"不欲以静，天下将自定"[2]。其所言"清静"就是"不欲""无欲"，没有贪欲，任其天下万物自化，心静如水，百姓自然安定，此乃善治之道。《吕氏春秋·审分》曰："清静以公，神通乎六合，德耀乎海外。"《淮南子·原道训》称："清静者，德之至也。""清静"不仅是修养方法，更是一种道德境界。慎独自律亦是为官者必备的政治素养，无论是独处一室，还是无人监督的内心深处，都能够时刻反省、严格要求自己。"诚于中，形于外"[3]，内外一致，表里如一，从心中真正确立为官的道德原则并不断在实践中遵循，才能光明正大、堂堂正正地从政为官。为官清廉更需洁身自好。《孟子·万章上》曰："归洁其身而已矣。"自古至今，官场都有其挥之不去的黑暗面，然而"清者自清，浊者自浊"，内心纯洁、志高清廉的人才能做到不同流合污，不贪、不沾、不染，为官一时，留得清白一世。

与人清廉是官员与人相处时的道德准则，要求官员做到忠心侍上、清正待下、僚以道合、公私分明。中国封建社会存在着一个等级界限森严的官员阶层，对于每个个体官员来说，都面临着上下级关系、同僚关系以及与其亲友的关系，这几种关系能否处理得当是影响官员为政能否清廉、政治能否清明的关键因素。传统君臣的关系模式是君主臣辅、君

---

[1]《道德经·第四十五章》，江苏古籍出版社2001年版，第125页。
[2]《道德经·第三十七章》，江苏古籍出版社2001年版，第100页。
[3]《大学》，中国广播电视出版社2008年版，第10页。

尊臣卑，"普天之下，莫非王土；率土之滨，莫非王臣"①，臣产生之初亦以"家臣"冠名，所以"臣事君以忠"②是对臣的最基本要求。以君主的事业为己任，忠于本分，忠于领导者，忠于职责。"忠"是清廉的前提和基础，为臣对君主忠心耿耿，自然不会对王之天下玩忽职守，不会将王之基业占为己有，更不会窃取王朝之资。"临官莫如平，临财莫如廉。"③做官要公平，尤其是在选官、用官和对待财物上，依"才"依"德"任用官员，而不是以其付出财物多少和地位、出身尊卑为标准，"三年清知府，十万雪花银""行贿受贿""买官卖官""权钱交易"，一直是各朝代腐败的源头，"惟公则生明"④，只有公平才能产生清明。所以拥有更高权力的人正确运用自己的权力，清明公正对待下属也是清廉美德的必然要求。同僚之间相处应追求志同道合的境界，有高尚的道义追求，以为民为公为共同的职责和使命，而不应该结党营私、官官相护，更不应该同僚相倾、互相迫害。官员与其亲属的关系处理也极大影响着官员的清廉，所以为官只要"不别亲疏，不殊贵贱，一断于法"⑤"不以亲戚之恩而废刑罚，不以怨仇之忿而废庆赏"⑥，不将私人血缘亲情、恩怨情仇掺杂在公务处理当中，实事求是，公平正直便可以成就"清官"。

为事清廉是官员在处理政务时应具备的道德品质。要求官员秉持公义、勤政竞业、为民务实。公与私相对、义与利相对，"义"是"公义"，公共的道义准则、公共的利益要求，"利"是一己私利，是庸俗的物质需要。如武则天在《臣轨》中所言："人臣之公者，理官事则不营私家，在公门则不言货利，当公法则不阿其亲。"然而，在封建社会家国同构的社会结构模式下，"公家"就是"皇家"，与平民百姓的家族相区分，官员身处朝堂之上就是皇帝权力的维护者和执行者，所以为官秉持公义就是以皇帝、王权之利为依据和宗旨，而不藏一己私利、不以私灭公，这是在中国传统社会中为官清廉的基本前提。勤政是为官之本。南宋胡太初

---

① 《诗经·小雅·谷风之什》，花城出版社2002年版，第312页。
② 《论语·八佾》，辽宁民族出版社1996年版，第29页。
③ （汉）刘向：《说苑·政理》，贵州人民出版社1992年版，第292页。
④ （清）石成金：《传家宝·联瑾》，北京师范大学出版社1992年版，第138页。
⑤ 《史记·太史公》，延边人民出版社1995年版，第331页。
⑥ （汉）徐干：《中论·赏罚》，辽宁教育出版社2001年版，第46页。

在其《昼帘绪论》中曾说："勤政之要，莫若清心，心既清则鸡鸣听政，所谓一日之事在寅也。""勤政"就是兢业理政、不辞劳苦，以公家之事务为己任。秉公清廉是勤政的前提和基础，只有对公义、公利有深刻的道德认知和情感认同，才能在行为上自觉摒弃物质利益的诱惑，心怀天下，勤勉为政。中国素有民本思想传统，"民惟邦本，本固邦宁"，而人民安宁的基本前提则是物质利益的满足，所以为官清廉的重要方面就是为人民办实事，给民之利。然而，众多封建君主及官员"荼毒天下之肝脑，离散天下之子女，以博我一人之产业"①，为获取利益巧取豪夺、横征暴敛，使得民不聊生。"为民君者，民之源也；源清则流清，源浊则流浊。故有社稷者而不能爱民，不能利民，而求民之亲爱己，不可得也。"②贪官污吏、赃官蠹役不断增多必然造就不安、暴乱的社会，王朝统治也是岌岌可危的。

三　干部德的外延

干部德的外延，是相对干部德的内涵而言。内涵，即此事物区别于彼事物的特有属性。外延，指在客观世界中具有内涵反映的特殊属性的每一个对象，是对概念对象的指称范围。从逻辑学的角度看，干部德的外延应具有更宽泛的范畴和丰富的内容，即是指干部德的标准的外在指称范围。如果说，干部德的内涵是干部德的标准之根本、内在标准的话，那么，干部德的外延就是干部德的标准之一般、外在标准。干部德的内涵与外延，二者共同构成了干部德的标准。当然，这个干部德的标准（包括构成要素），并非是恒定的、一成不变的，而是随着时代的变化发展而变化发展。同样，在对干部的考量和要求方面，不同的时代也会为其注入不同的元素。这不是由干部德的标准而框定不变的，而是由各个时代的特性和事业发展需要决定的，是以人的意志为转移的。

当代中国，关于干部德的外延众说纷纭、莫衷一是，还没有固定的标准，这里尝试从个政治品德、职业道德、社会公德、家庭美德、个人品德五个方面加以论述，以期使干部德的外延更加宽泛，内容更加丰富。

---

① （明·清）黄宗羲：《明夷待访录》，岳麓书社2008年版，第6页。
② 《荀子·君道》，辽宁教育出版社1997年版，第55页。

(一) 政治品德

政治品德，是"干部在政治活动和政治行为中经常表现出来的政治倾向和心理特征，它是干部的政治思想、政治意识、政治纪律、政治原则及政治立场的体现和升华，并且通过干部的政治态度、政治作风及政治活动等要素表现出来"①。在当代中国，政治品德就是"要坚定社会主义、共产主义信念，对党、国家和人民无限忠诚，时刻把党和人民放在心中最高位置，同时要确立正确的世界观、权力观和事业观，做到清正廉洁"。政治品德是干部的首善之德，是干部的为官之本、立业之基。邓小平同志在《党和国家领导制度的改革》中指出："我们选干部，要注意德才兼备，所谓德，最主要的，就是坚持社会主义道路和党的领导。"在这里，"坚持社会主义道路和党的领导"，体现了领导干部的政治道德水准。干部的政治品德状况，直接影响到中国共产党的执政地位和基础。干部如果缺乏坚定信仰，那么就容易丧失其应有的政治品格。干部只有具备了良好的政治品德，才能夯实执政根基，永葆中国共产党的先进性，提高为民服务的能力和水平。

当代中国，关于干部的政治品德标准，突出反映在干部的忠诚之德上，即干部对中国共产党的忠诚——忠诚于党的组织、党的领导和党的路线、方针、政策。干部，坚持和践行马克思主义，做到内化于心、外化于行，对人民无限忠诚。时刻以最广大人民的根本利益为出发点，践行全心全意为人民服务宗旨，坚持中国特色社会主义道路自信。这条道路承载着理想和探索，是人们在探索科学发展、实践科学发展上的伟大创造，是"根植于中国大地、反映中国人民意愿、适应中国和时代发展进步要求的科学社会主义，是全面建成小康社会、加快推进社会主义现代化、实现中华民族伟大复兴的必由之路"。每名干部必须坚定不移地成为中国特色社会主义道路的忠诚捍卫者。

(二) 职业道德

职业道德，从广义上看，是指"所有从业人员在职业活动中应该遵循的行为准则，涵盖了从业人员与服务对象、职业与职工、职业与职业

---

① 李敏生、贺茂之、范永胜：《以德为先选干部——治官之道的理论与实践》，中共中央党校出版社 2010 年版，第 133 页。

之间的关系"①。而从狭义上讲，它是指"从业人员在职业活动中应当遵循的道德规范和必须具备的道德品质"②。恩格斯指出："实际上，每一个阶级甚至每一个行业，都各有各的道德。"③ 它受社会道德的制约和影响，是社会道德原则和规范在具体职业中的体现。干部亦是一种职业，固有其特定的职业道德规范。这一职业要求所有在其位的人拥有以服务国家、服务人民、服务社会为目标，坚持立党为公、执政为民的职业道德，这也是其灵魂所在。坚守这样的职业道德，其职业生涯就可以认定是光明的、党性修养方向就可以说是正确的；反之，则背离了干部职业操守，其干部的使命和任务就没有很好地完成。在当代中国，干部的职业道德，主要要求干部做到公正用权，求真务实，锐意进取，敢于担当；要作风正派，树立正确的事业观、权力观和政绩观；要正确对待名利得失，务实而不求虚名，守住道德底线，创造不朽的干部业绩。

职业道德是干部的行为准则。干部的素质如何，尤其是他们的职业道德如何，直接制约整个社会的思想道德状况。更为重要的是，干部道德素质如何，直接关系到治国理政的效果。干部职业道德的内容主要包括以下几个方面。一是勤于政务。这是干部所谓的"天职"，要求干部要勤在公心上，勤在民意上，勤在为人民服务上。二是清正廉洁。这是干部为官的底线和善的品质。要求干部要立党为公、执政为民、奉公守法、廉洁自律。三是乐于奉献。乐于奉献是干部对工作和生活的一种积极态度，它并不是不计报酬地给予，而是能在利益与义务之间做出正确的取舍和选择，这种取舍和选择体现了干部高尚的职业操守。干部不是高高在上的掌权者，也不代表其具有某些特权。作为领导干部，时刻要遵循社会发展的客观规律，不能滥用手中人民赋予的神圣权力而辜负了人民的期望。只有坚持清正廉洁、忠于职守、服务人民的职业道德标准，才能保证"进"得精彩、"退"得从容，以高尚的品格和平常的心态接受组织和人民的挑选。

---

① 李敏生、贺茂之、范永胜：《以德为先选干部——治官之道的理论与实践》，中共中央党校出版社2010年版，第141页。
② 朱贻庭：《伦理学大辞典（修订本）》，上海辞书出版社2011年版，第249页。
③ 《马克思恩格斯选集》（第四卷），人民出版社1960年版，第240页。

(三) 社会公德

社会公德，是指"人类在社会公共生活中形成的最基本的道德规范体系。它是人们在长期的社会生活和交往中形成的，被大家所公认并共同遵守的，用以维护社会公共秩序，调节人与人之间，人与社会、人与自然之间关系的最起码的行为准则和道德规范"[①]。近代著名的资产阶级启蒙宣传家梁启超则认为，公德是指处理个人与群体之间的道德，"公德者诚人类生存之基本哉"[②] "公德者何？人群之所以为群，国家之所以为国，赖此德焉以成立者"[③]。他指出，公德的基本精神就是"牺牲个人之私利，以保持团体之公益"。只有靠发扬公德才能协调个人利益与群体利益的矛盾，建立和谐的社会秩序，"维此群治"。

社会公德是社会公共利益的反映，是维持社会公共生活正常、有序、健康运转的基本条件，是社会生活领域内的公共道德规范，是社会成员公认的价值判定标准。公德兴则社会和谐，公德废则纷乱四起。所谓干部的社会公德，就是指"干部在日常公共生活中所形成的，用以维护社会公共秩序，是干部共同遵守的最起码的行为准则和道德规范"。社会公德是干部的立身之本。干部是社会公德的模范执行者，是中国共产党形象的代表，是群众认识中国共产党的窗口。领导干部要率先垂范，遵守社会公德，树立公德意识，视社会为小家，为维护社会正常秩序尽好义务和责任。

干部的社会公德具有鲜明特点，包括以下四方面。一是公德规范的强制性。治国必先治党，治党必先治官，而治官必先治德。对干部的公德要求与对群众的要求是不同的。社会公德对广大群众来说是倡导性的，而对领导干部来说则是强制性的。二是社会的约束性。干部的社会公德是一种对领导干部日常道德品行最起码的道德要求，它反映社会公共生活中领导干部与公众共同相处、相互交往的最一般的关系，维护必不可少的公共秩序和公共纪律。三是强烈的示范性。这一特性是由干部的职

---

① 李敏生、贺茂之、范永胜：《以德为先选干部——治官之道的理论与实践》，中共中央党校出版社 2010 年版，第 152 页。

② 吴其昌：《梁启超传》，团结出版社 2004 年版，第 164 页。

③ 梁启超：《新民说·公德》，云南人民出版社 2013 年版，第 21 页。

业特点所决定的。领导干部代表人民掌握和行使权力，集多种角色和功能于一身，既代表和维护着群众的利益，又体现和执行着群众的意志，同时还涉及和协调着各种复杂的群众关系。这些职能相互组合，构成领导工作的有机整体，使其成为一种综合性的特定职业，因此在社会公德建设中必须以身作则，模范带头，起到典型示范作用。四是广泛的群众性。它维护的是社会公共利益，是广大人民群众在日常生活中感受到的最直接的利益。干部的社会公德最深入人心，最能被人民群众关注，因而干部的社会公德具有最广泛的群众基础。

（四）家庭美德

把家庭美德作为干部德的内容，是习近平在2008年12月全国组织部长会议上第一次明确提出来的。这进一步丰富和发展了干部德的外延，实现了中国共产党德才兼备、以德为先的干部标准的与时俱进，完善了选人用人制度，加大了干部德的考核深度、广度和力度。

家庭美德，是指"公民在家庭生活中都应该遵循的行为准则，它涵盖了与配偶、长辈、晚辈和邻里之间的关系，以尊老爱幼、男女平等、夫妻和睦、勤俭持家、邻里团结为主要内容"[1]。它包含家庭中的夫妻关系道德、父母与子女关系道德、家庭伦理道德等多个层面。

家庭是社会的细胞，是社会的基本组成单位，是引导一个人步入社会的桥梁和纽带。在家庭成员之间，道德作为一种约束、规范，发挥着不可替代的作用。"家庭关系要能够得到正常的维护和巩固，除了特殊的情感之外，家庭成员的道德品质和道德觉悟，有着重要的作用。"[2] 家庭美德是一个人的终身课题。"欲治其国者，先治其家"——这是中国几千年来沉淀下来的治国经验。它不仅关系着每个家庭的美满幸福，也有利于社会的整体安定和谐。作为干部，更应该是遵守和弘扬家庭美德的模范。时刻提高警惕，防微杜渐，在任何情况下都守得住清苦，耐得住寂寞，挡得住诱惑，切实管好自己，管好家人，管好身边的人，筑牢拒腐

---

[1] 《中共中央关于印发〈公民道德建设实施纲要〉的通知》（中发〔2001〕15号），《国务院公报》2001年第32期，第5—6页。

[2] 马奇柯：《社会公德、职业道德、家庭美德、个人品德关系论析》，《学术交流》2008年第2期，第47—50页。

防变的家庭防线。

(五) 个人品德

个人品德,即私德,是指"个人依据一定社会的道德准则和规范行为时表现出来的比较稳定的心理特征和倾向"[①]。梁启超认为,私德是公德的基础,中国要新民德,"必以培养个人之私德为第一义""故养成私德,而德育之事思过半焉矣"[②]。个人品德是社会道德内化到个体的人的结果,是个体"内心的法",是一定社会的道德原则和规范在个人思想和行为中的体现。黑格尔曾对品德这种特性作了深刻的论述,他说:"一个人做了这样或那样一件合乎伦理的事,这不能说他是有德的;只有当这种行为方式成为他性格中的固定要素时,他才可以说是有德的。"[③] 由此可见,"在由科学严密的规则所组成的现代社会里,如果外在的规则无法融合于自我的内在道德意识,并在道德实践中凝化为稳定的德行,那么这种社会规定只能永远作为道德主体的异在者"[④]。这即是说,个人品德的形成,在一定程度上,取决于"外在的规则"或"稳定的德行"能否深刻地嵌入个人的思想意识,并在个人的实践活动中很好地践履。

干部的政治品德、职业道德、社会公德、家庭美德都要通过个人品德表现出来。从其外部表征来看,个人品德要实现的目标是:社会上的好公民,工作中的好建设者,家庭里的好成员。教育家陶行知先生说:"私德为立身之本,公德为服务社会和国家之本,私德不讲究的人,每每是妨害公德的人,所以一个人的私德更为重要,私德是公德的根本。"可以说,考量干部德的标准,以及选用干部,要看公德,更要看私德。

综上所述,干部德的标准,既有原则性的框定,又有干部德的内涵与外延的阐释。还要结合时代特点和干部实际,综合不同层级干部德的共同点,提出不同时期、不同层次干部德的重点要求,做到科学、合理地制定干部德的标准。

---

① 朱仁宝:《德育心理学》,浙江大学出版社 2005 年版,第 194 页。
② 梁启超:《新民说·私德》,云南人民出版社 2013 年版,第 183 页。
③ 周辅成:《西方伦理学名著选辑(下卷)》,商务印书馆 1964 年版,第 428 页。
④ 蒋勇、邱国栋:《论个人品德与社会公德、职业道德、家庭美德及其关系》,《思想教育研究》2010 年第 9 期,第 39—43 页。

第三节 干部德的考核评价

坚持以德为先用人标准，关键是如何考实考准干部的德。干部德的考核问题，历来是干部选用工作的难点。2011年10月，中共中央印发了《关于加强对干部德的考核意见》（以下简称《意见》）。该《意见》提出了干部德的考核评价标准和方法，对干部德的标准和考核作出了原则性规定。德的考核是干部工作的难点，普遍存在考核标准概念化、内容抽象化、方式单一化、结论公式化等问题，以及定性研究多，定量研究少；理论研究多，实证研究少的现象。因此，需要进一步明晰干部德考核的一系列相关问题，尤其是干部德考核评价的基本原则、考核评价的途径及方法等，以更好地推进干部德的考核工作科学化，促进领导班子和干部队伍建设。

一　干部德的考核评价中存在的问题

（一）考核标准概念化

新《条例》规定了党政领导干部应当具备的基本条件，明确了干部德的考核评价标准。如"加强道德修养，讲党性、重品行、作表率，带头践行社会主义核心价值观，做到自重、自省、自警、自励"，等等。但在干部德的考核实际中，发现这些标准存在抽象化、含糊化、操作性不强等问题，考核评价指标也不甚具体，难以做到细化、量化，容易出现定性分析多、泛泛而谈多等问题。其中，共性的标准多，个性的标准少，没有根据考核对象各自情况和个性特点，分层次、分对象制定具体的考核评价标准。而"究其根源在于关于德的考核评价较难，客观上每个人对德的评价标准把握和认识也不一致"[①]。这表明，在制定干部德的考核标准的时候，没有充分考虑到标准的可操作性问题，也没有将不同层次、不同类型的考核对象区分好，造成了考核评价标准层次不清、对象不明。而现实中每个人都是个性的自我存在，不可能千人一面，每个人都有其

[①] 谭福轩：《新形势下加强干部德的考核评价问题研究》，《现代人才》2010年第6期，第32—35页。

自我独特性，对德的认识、理解和把握也各不相同。

（二）考核内容抽象化

尽管考核内容涉及干部德的方方面面，但大多都是一些方向性、原则性的描述，比较抽象和笼统，突出表现在：考核干部"空、偏、高"，没有形成可量化的分值，缺乏细化的考核、对实质性内容的考核，无法真正反映出某个干部的个人特点，也难以区分高低优劣。干部群众在评定中，往往凭借自己主观臆断和个人好恶、平时感觉做出评定，具有很强的随意性和主观性，导致考核结果不客观、不真实。并且，在考核评价干部时，往往对干部当下情况考核得多一些，考察干部过去的比较少；往往只注重一时的言行，忽略以往一贯的表现，出现了很多不合理的选用现象。

（三）考核范围狭窄化

一般而言，考核评价的范围越大就越能体现出民意取向，其真实性也就越强。在实际干部德的状况考察中，组织评价的较多，群众评议的较少，缺乏广大群众的参与；并且，范围扩大的只是"干部之列"，"民意"所占比重不大。具体体现在以下三个方面。首先，缺少透明度。广大人民群众的知情权、参与权、表达权、选择权、监督权落实得不到位，没能真正让人民群众参与到考核中来。其次，缺少均衡度。考核结果过分重视考核对象的上级领导和主管部门的意见，考核过程带有强烈的感情色彩。最后，缺少覆盖度。考核范围仅限于工作圈，没有向更深层次的范围拓展，缺乏全面性和准确性。

（四）考核方式单一化

当代中国，对干部德的考核评价，主要是通过民主测评与个别谈话等方式进行。民主测评，有些过于笼统，流于形式，并不能实实在在地反映干部的实际德行状况。个别谈话，在一定程度上受外界环境等因素的制约和影响，接受谈话对象往往迫于各方压力而不能客观地讲真情、道实情，容易导致接受谈话对象对干部德的考核评价分析主观随意性较大，不负责任、不敢负责任反映的情况较多。此外，干部的德本身具有主观性、内在性和隐蔽性等特征，以及考核方式单一化，都容易导致考核评价失准失实。

（五）考核结果公式化

按照考核评价的不同等次，相应地赋予不同量化分值，对干部德的表现状况进行综合打分。根据得分情况，一般将干部的德划分为"优秀""良好""一般""较差"四个等次。这已在当代中国形成惯例，而这种结果公式化，既不能反映干部德的考核评价的真实状况，也不利于对考核评价结果的运用。在现行干部选任和考核评价体制中，干部德的考核评价，在一定程度上被认为是软指标，往往是流于形式而已，没有实际效用。在一定程度上、一定范围内，重才轻德、以才掩德、以绩掩德的现象还依然存在。对干部德的考核评价还缺乏具体的、有效的措施，导致考核评价结果的失真性和无效性，由此，考核结果公式化的弊端昭然若揭。

二 干部德的考核评价的基本原则

考核评价的基本原则关系到干部德的考核评价的规范性、准确性和权威性。主要包括扩大民主、客观公正、注重实绩、区分层次与突出重点。

（一）扩大民主

民主，狭义上说，"是一种国家形式，一种国家形态"；从广义上讲，"民主意味着在形式上承认公民一律平等"[1]，即指少数服从多数。推而广之，凡是遵循或体现这些原则、精神的政策、法令、制度、思想及各种行事，都可以说是民主的。在干部德的考核评价过程中，扩大民主不仅是民主集中制原则的客观要求，更是深化干部人事制度改革，努力建设高素质干部队伍的有效途径。改革开放以来，一些地区和单位在干部选用和监督等重点环节和公开选拔、竞争上岗、考察预告、差额考察、党委常委会或全委会投票表决任用干部、任前公示、用人失察失误责任追究等多项内容上进行了富有成效的探索。

首先，在广大人民群众的参与权和表达权上下功夫。健全和完善干部选拔任用工作制度，确保广大人民群众的参与权和表达权得以行使。其次，在广大人民群众的知情权上下功夫。不断创新干部考核评价工作

---

[1] 《列宁选集》第三卷，人民出版社1972年版，第257页。

程序，具体包括：第一，实施政绩公示公议制度。检验干部政绩的公信度和政绩值，努力做到"政绩"与"群众公认"并重。第二，实施"三公开"制度，即公开干部工作的相关政策法规，公开竞争性选拔任用干部信息，公开干部选拔任用工作的各个环节。第三，实施干部任前公示制度。"将拟任干部的基本情况和拟任职务面向社会公示，并公布举报电话，进一步拓宽干部群众对干部选拔任用情况的知晓面。"① 再次，在落实广大人民群众的监督权上下功夫。细化分解干部选拔任用工作程序，形成全程实录，将每个环节如实记录在案。最后，在干部选用公平竞争环节上下功夫。不断改进干部选用工作方式，深化探索改革，切实保障干部竞争竞聘公平公正。

（二）客观公正

所谓客观，就是指在意识之外，不依赖精神而存在，不以人的意志为转移，要反映事物的本来面貌；所谓公正，就是不偏私，不偏袒任何一方，想问题、办事情要坚持真理、出以公心。加快干部人事制度改革步伐，进一步改进干部考核的方法和措施，加大干部考核工作力度，使干部德的考核评价更加科学合理、客观公正，一直是中国组织人事部门不断探索和研究的问题。

对干部德的考核评价如何才能做到客观公正？主要包括以下几方面。一是细化考核德的内容，提高德的考核的针对性。如前所述，干部德的内涵与外延，需要在现有的基础上再进一步细化内容，真正达到有的放矢。二是严格把控考核评价的程序，提高干部德的考核的全面性与权威性。考核评价的程序不应是流于形式的，而是要依据事先确定好的程序和步骤，切实做好考核评价工作。三是不断健全和完善干部德的考核评价指标体系，提高干部德的考核评价的客观性。德的考核指标体系愈清晰明了，干部德的考核评价的客观性就愈强，就是说，主观因素愈少，干部德的考核评价就愈显客观公正。反之，则不然。

（三）注重实绩

所谓实绩，就是干部在履行岗位职责的实践中，运用自己的德才条件，通过正当途径所取得的实际成果。干部的工作实绩是干部德才的综

---

① 夏广泰：《创新机制扩大民主》，《党建研究》2011年第2期，第30—31页。

合反映，是考察和识别其德才的可靠依据，也是考察干部应坚持的重要原则。需要注意的是，"在量化工作实绩考核标准时，应紧紧围绕工作中心，从纷繁复杂的工作中确定最重要、最有代表性、足以反映领导班子和领导干部工作面貌、工作实效的若干重点工作，作为考核干部实绩的主要内容"①。一是对实绩进行量化考核。二是采取群众民主测评、群众满意度等方式，将实绩由抽象的变为具体的。三是对实绩的确认作辩证分析，真正让实绩考核评价做到客观公正。

"工作实绩既是客观存在的，又具有动态性，在其形成过程中还具有不可预见性。因此，在评价实绩时要克服主观臆断，要客观、综合而又有远见地评价。"② 如何才能做到注重实绩，对干部实绩考核评价做到客观公正呢？可以从"三个结合"入手，做好"结合"文章。一是坚持定性评价与定量考核相结合。只有定性分析，缺少定量考核，就很难客观、准确地反映问题。要建立科学的"结合"方法，避免出现考核方式单一化、主观臆断等不足。二是坚持组织考察与群众参与相结合。干部生活在群众之中，干部德的考核评价，群众最清楚。这表明，干部德的考核评价，不仅需要组织考察，更需要群众的积极参与，以保证把"好干部"选拔上来。三是坚持考核评价与选拔任用相结合。对干部的考核评价是方法、手段，对干部的选拔任用是目的、是宗旨，但选拔任用又对考核评价有很好的激励作用。所以，应该注重实绩考核评价结果运用的激励性，努力创造一个使每个干部都德当其位、功当其禄、能当其官的局面。

（四）区分层次

区分层次，就是指对不同层级的干部德的考核评价应有所不同、各有侧重。干部德的考核评价，不能简单地一概而论，而是要在考核评价之前严格区分好干部的层次和级别，即针对各个不同层级的干部要采用各不相同的考核评价标准。区分层次，所反映的是在综合考核评价干部德的基础上，根据不同层级、不同岗位的干部，分级分类指出德的考核评价重点，力争做到让考核评价具有针对性、科学性和准确性。

---

① 王建鸣：《注重实绩考核和凭实绩用干部》，《湖北日报》2002年10月16日，第B02版。
② 欧阳安民：《新时期干部考核工作必须坚持五项原则》，《西安社会科学》2011年第2期，第65—66页。

"由于对各类领导干部的特点和现状认识不足,目前对于以职位职责为基础的干部考核制和以目标责任为基础的实绩考核制的研究还不够深入,在考核主体、考核内容、考核方法、考核的组织实施等方面存在不少问题。"① 仅以对干部德的考核问题为例,具体又应该如何区分层次呢?《意见》给出了较明确的答案。对于中高级干部,干部德的考核评价要突出理想信念、政治立场、与党中央保持一致和贯彻落实科学发展观等方面的情况;对于高级干部,考核评价要根据政治家的标准来执行和要求;对于基层领导干部,特别是县乡领导干部,考核评价要突出宗旨意识、群众观念、办事公道和工作作风等方面的情况。而对于党政正职领导干部,要依据关键岗位重点管理的标准和要求,考核评价要突出党性和贯彻党的路线方针政策、执行民主集中制、坚持原则、履行廉政职责等方面的情况。此外,《意见》还特别指出,根据不同地区、不同部门和行业干部队伍的实际状况,确立各有侧重、各具特色的干部德的考核评价项目,突出针对性和侧重性。这充分说明,区分层次对于干部德的考核评价具有重要意义。

(五) 突出重点

突出重点,即对干部德的考核评价要抓重点,坚持"重点论"。马克思主义唯物辩证法告诉我们,想问题、办事情要抓主要矛盾,坚持"重点论";要抓矛盾的主要方面,分清矛盾的主流和支流。对干部德的考核评价,归结起来,主要包括两方面。一是考核评价干部的政治品质,突出体现在干部的政治觉悟和思想认识上。二是考核评价干部的道德品行,突出体现在干部的个人品行和道德操守上。两个方面互为补充、相辅相成,共同构成了干部德的考核评价的主要内容。

一方面,政治品质考核点主要在于干部的政治方向、立场、态度、纪律、党性原则等方面,重点突出理想信念,中国特色社会主义道路、理论体系和制度,对党、国家和人民忠诚,执行党的路线方针政策,树立正确的世界观、权力观、事业观和执行民主集中制等情况。另一方面,道德品行考核点主要在于干部的社会公德、职业道德、个人品德、家庭

---

① 罗中枢:《党政领导干部的分类选用、考核和管理探析》,《四川大学学报》(哲学社会科学版) 2012 年第 1 期,第 125—131 页。

美德四个方面,重点突出践行社会主义核心价值体系、遵守社会公德、抵制各种不文明行为等方面,还包括敬业奉献、公道正派、品行端正,遵守廉洁从政行为准则、秉公用权、清正廉洁等方面的表现。这说明,考核干部德的情况,并不是考核评价干部德的全部内涵和外延,而是有针对性、有重点地考核评价干部的政治品质和道德品行,达到"抓重点、抓主流"的考核评价效果。

构建干部德的考核评价体系要坚持扩大民主、客观公正、注重实绩、区分层次、突出重点等原则,这对于推进干部工作科学化、民主化、制度化,树立正确的选人用人导向,建设高素质干部队伍,具有重要理论价值和指导意义。

三 干部德的考核评价的多维视角

把在德才兼备基础上的以德为先这一用人标准落到干部工作实践,关键是要健全和完善干部德的考核评价标准和考察办法。这是一个具有重要价值和意义的理论课题,需要从多维视角来考量。而这个多维视角,主要可以从以下几方面展开。

(一) 时间维度

时间维度,主要是从哲学意义上的时间概念来阐释。所谓哲学意义上的"时间",是指"物质运动的持续性。这种持续性表现为:一事物存在和一种运动过程进行的久暂,一事物和另一事物、一种运动过程和另一种运动过程依次出现的先后顺序,它们之间间隔的长短"[1]。德国著名哲学家黑格尔则主张,"时间是这样一种存在者,它因其存在而不存在,因其不存在而存在。时间是被直观的变易"[2]。时间,无论是"物质运动的持续性",还是"被直观的变易",它作为一种"存在"、一把"标尺",对干部的德的考核评价无时无刻不发挥作用。干部德的考核评价,从其持续性上看,主要包括干部的过去和现在两个方面,在特殊情形下,甚至还包括干部德的将来状况(如各种德行承诺)。一般而言,干部德的

---

[1] 李秀林、王于、李淮春:《辩证唯物主义和历史唯物主义原理》(第四版),中国人民大学出版社1995年版,第43页。

[2] [德]黑格尔:《哲学全书》,纽约出版社1995年版,第257页。

考核评价，不仅要看干部现在的德的状况，还应看干部过去德的状况，二者是不可分离的统一体，不可偏执其一。这并不是意味着二者的地位和作用是等同的，因为对干部之德有个关联性的考察，只是说二者不可或缺。

对干部德的过去状况的考察，从考核评价时间范围看，至少应当延伸到干部上一个岗位德的表现。这方面考核评价，相对来讲比较简单，主要可以考察干部过去履职经历和一起共事过的同事，多听听共事者的群众意见。正所谓"政声人去后，雁过留名时"，干部离任后，群众对其既没有顾虑心理，又有冷静客观的心态，往往更能畅所欲言，评价意见会更公正全面，这样得到的考察结果会更准确、客观一些。对干部德的现状的考察，操作起来相对较难，因为干部正在履职过程中，考核评价很难得到真正答案，这就需要仔细观察干部履职过程中的特殊时期、关键时刻等历史节点所表现出来的德行情况，从而有针对性地考量干部德的现状。

针对干部德的现状的考核评价，党的十七届四中全会《决定》强调，要注重从干部完成急难险重任务、关键时刻表现中考察干部之德。一是在完成急难险重任务中。这方面注重看干部的胆识、意志品质和对群众的感情，尤其是在重大灾害和突发事件面前，干部能否冲在一线、沉着应对、坚忍不拔，品德能否经得起检验，最能在急难险重任务中表现出来。二是在关键时刻表现中。这方面注重看干部在大是大非问题面前，是否立场坚定、态度鲜明，是否坚持原则、勇于斗争，是否服从组织、顾全大局，这对一个干部的政治品德来讲，是极具深刻意义的检验。这两方面，尽管作为两个节点的形式来考核评价干部德的状况，但也恰恰反映了干部德的考核评价持续性的特殊状态，具有重要的考核评价意义。

（二）空间维度

空间维度，主要从干部德的考核评价中的空间范围来加以阐释。哲学意义上的"空间"，是指"运动着的物质的广延性。这种广延性表现为：物体彼此之间的并存关系和分离状态"①。另外，在近代空间认识中，"主要存在着实体论、属性论和关系论三种观念上的争论：实体论认为，空间是独立于物之外的绝对存在；属性论则认为，物质先于空间，空间依附物质存在；关系论的经验来源是，人的处所经验反映的是物与物之间的关系"②。现代人则认为，"空间是一种绝对存在，先于物质，是物质存在的绝对背景"。而干部德的考核评价的空间维度，主要是指干部考核评价工作中的"广延性"。这种空间的"广延性"，包括很多具体内容，如考核评价主体的扩大范围，履职中的工作动机、态度、作风与成效等，干部日常生活中的各种德行表现，以及在干部考核评价过程中突出德的要求，等等，这些内容在一定程度上为干部德的考核评价拓宽了视野，指明了方向。

一是扩大干部考核评价主体。"主体"，是指考评干部之主体，即考评人员。随着时代的快速发展和社会的日益进步，对干部德的状况的考核评价向着主体多元化倾向发展。首先，要推进考评主体扩大化、多元化，提高信息的覆盖率和有效性。其次，扩大广大人民群众的知情权、参与权和表达权，把群众公认作为重要考核评价原则，把扩大群众参与面和知情度作为健全和完善干部德的考核评价机制的主要环节。再次，要采取民意调查、民主测评、个别谈话等多种考核评价形式，广泛听取各方意见、建议，从群众口碑和知情人述说中了解和掌握干部德的真实状况。最后，积极探索社会评价。利用现代媒介手段，定期或不定期地公布干部相关信息，广泛征求对干部德行的评价和意见。

二是考量干部履职尽责的工作动机、态度、作风和成效等。要透过现象看本质，透过干部在履职中表现出的勤勉乐业、团结协作等，全面了解和掌握干部德的状况。干部德的状况，必然会在干部长期履职过程中表现出来。干部的德的状况需要一个具体空间来展现；干部的履职过程提供了一个考核评价干部德的状况的广阔空间。这两方面的相互联系，

---

① 李秀林、王于、李淮春：《辩证唯物主义和历史唯物主义原理》（第四版），中国人民大学出版社1995年版，第43页。
② 申绍杰：《空间体验的几何、物质和时间维度》，《福州大学学报》（自然科学版）2004年第6期，第715—719页。

构成了一幅考核评价干部德的状况的广阔画面。这一空间向度，反映了干部履职尽责的工作动机、态度、作风和成效等，具有一定的参考价值。可以说，从工作空间的向度上考量干部德的状况，更具有针对性和现实性。

三是掌握日常生活中干部所表现出的德行状况。这方面要注重考察干部在公共环境中的各种表现，主要在于干部是否具有孟子的"四心"和强烈的社会责任感，是否敢于坚持与不良社会现象做斗争等；生活中是否能够做到品行端正、情趣健康；等等。坚持"八小时"内外考核相结合的方法。强化对"八小时"以外干部德行的考察和约束，多层次、全方位把握干部特点、增强干部"识德"的准确性与科学性。坚持"八小时"之外的考核评价，既可以说是一种时间维度的考察，也可以归结为一种日常生活"空间"上的"广延"。从这个意义上讲，"八小时"之外的考核评价与履行岗位职责的考核评价互为补充，共同构成了干部德行表现的空间范围。

四是突出考核评价工作环节中德的要求。在考核评价各个环节中突出德的要求，即更深入地广延了干部德的考核评价的空间范围。对干部德的考核评价，不仅要靠主体考评，还要注重在干部个人述职中突出对德的自我评价，即述德，使干部对自身的德行情况有客观公正的自我评价；还要在开展民主测评中加强对干部德的状况的评测，即要通过民主测评来测德；还要在个别谈话中加强对干部德的状况的询问和了解，即问德；还要在民意调查和基层走访中，了解和掌握干部在群众中的口碑。要了解干部的事业观、权力观和政绩观以及在工作中表现出来的工作动机和作风等，努力做到综合、全面地分析和考量干部德的状况。

（三）价值维度

价值维度，主要是针对干部德的考核评价的科学性与价值性而言的。哲学意义上的"价值"，是指"事物（物质的和精神的现象）对人的需要而言的某种有用性，对个人、群体乃至整个社会的生活和活动所具有的积极意义"[①]。马克思主义价值观认为，价值首先来源于客体，或者说

---

① 李秀林、王于、李淮春：《辩证唯物主义和历史唯物主义原理》（第四版），中国人民大学出版社1995年版，第360页。

来源于外部世界。"外部世界可以满足人们生存和发展的需求，人们又把外部世界当作自己生存和发展的条件，这就构成了外部世界和人的主体需要之间的一种价值关系。这种价值关系以实践为基础和纽带。客观的外部世界不会自动地满足人们的需要，只有通过人的改造和创造才能实现。"[1] 干部德的考核评价的价值维度，就是指通过采用科学的手段和方法来考核评价干部之德，从而体现出干部之德的重要价值。从这个意义上讲，价值维度，即是干部之德考核评价的科学性向度。

第一，不断完善干部德的考核评价标准。《决定》指出："从政治品质和道德品行等方面完善干部德的评价标准，重点看是否忠于党、忠于国家、忠于人民，是否确立正确的世界观、权力观、事业观，是否真抓实干、敢于负责、锐意进取，是否作风正派、清正廉洁、情趣健康。"这是对新时期干部的德提出了具体的要求，进一步明晰了干部德的考核评价内容和标准。同时，还结合干部的岗位特点和要求，有针对性地提出德的评价标准，增强对干部德的考察的针对性和实效性。对于领导干部德的评价，要从大方向上去把握，如政治品德、大局意识等。对于基层干部，更多地体现在其社会公德、家庭美德、个人品德等方面的评价。对重点关键岗位、重要干部的德要进行重点考察，对一般干部则可以适当简化程序。

第二，增强考核评价的可操作性。一是区分考察类型和内容。干部换届考察要注重全面性，年度考核要注重干部的实际表现，干部任前考察必须确保质量。二是对干部德的考核评价指标进行细化、量化设计。设法确定权重和系数，争取变软指标为硬尺度、变不可比为可比。三是辅之以相应的技术手段，保证考核评价的科学性和实践性。

第三，创建综合性的监督机制。干部德的考核评价，由于受制于考核评价标准的笼统化和不具体性，干部德行表现在干部工作实践中往往显得比较模糊且难以把握。坚持以德为先的用人标准，需要拓宽干部德的考核评价渠道，以便全方位地了解和把握干部德的状况。干部德行的表现形式多种多样，仅凭借民主测评、个别谈话和民意调查等方式考核评价，往往难以了解和掌握干部德的真实情况。只有不断拓展信息来源、

---

[1] 董中锋：《从价值维度看先进文化的前进方向》，《理论月刊》2005年第3期，第42—44页。

增加信息数量,才能最大限度地了解和掌握干部在日常工作、生活中的德行情况,并据此进行综合评价,从而做出准确判断。因此,创建综合性的外部监督体系就显得尤为重要和迫切。近年来,随着网络运用的日益普及,网络舆情正在以其传播速度快、社会关注度高的特点成为综合考量干部德的状况的新型重要平台。这种平台,作为一种监督制约的手段,对干部之德的考核评价正发挥着不可替代的作用。

第四,采用系统思维来考核评价干部的德行状况。干部德的考核评价,是一项庞大的系统工程,需要采用系统思维方式来进行。所谓"系统思维",就是指"在确认事物普遍联系的基础上,具体揭示对象的系统存在、系统关系及其规律的观点和方法"[1]。系统思维要求人们着眼于整体,通过正确认识和处理系统中各要素之间的联系、系统内部不同层次的联系、系统与外部环境的联系,运用系统性的原则,揭示系统的特性,实现系统整体功能的优化。系统的整体性原则体现为系统整体与其组成要素之间的关系。干部德的考核评价,包括了很多具体环节和内容,这就要求在考核评价过程中体现整体性原则,在坚持各组成要素"重点论"的同时,充分把握各要素的"普遍联系",从而促进考核评价的整体化和最优化。

四 干部德的考核评价结果的运用

对干部的考核评价是干部管理、使用的基础和前提,应注重考核评价结果的运用,以此形成正确的激励、考核和用人导向。《意见》明确指出,"要将干部德的考核评价结果作为干部选拔任用、培养教育、管理监督的重要依据"。

一是作为干部选用的首要标准。选人用人要以"德"为先决条件。德行好的、能力强的干部,就应受到提拔和重用;德行差的,即使能力强的,也不能提拔重用;德出了问题的干部,即使在领导岗位也要坚决调整下来。通过有效运用考核评价结果,做到"有德有才提拔重用,有

---

[1] 中共中央宣传部理论局:《马克思主义哲学十讲(党员干部读本)》,党建读物出版社、学习出版社 2013 年版,第 62 页。

德无才培养使用,有才无德限制使用,无德无才坚决不用"[①]。

二是作为评优晋先的核心指标。根据干部德的不同状况,采取有针对性的措施。考核评价结果达不到一定要求的,取消其年度评优晋先资格,"德"政高、群众口碑好、公众形象佳的干部优先考虑其评优晋先资格。同时,要注重典型的示范引导和警示教育作用,积极宣传和表彰奖励先进模范,深刻剖析反面典型,努力营造重德、养德的良好氛围。

三是作为管理监督的重要内容。根据干部德的考核评价结果的不同情况,提出切实可行的监督教育整改措施。要充分发挥组织监督、群众监督和舆论监督在干部德的考核评价过程中的突出作用,通过鼓励先进、鞭策落后、带动中间,提高干部整体思想道德水平,形成长效监督和导向机制,从而促使干部自觉守德、律德。

[①] 谭福轩:《新形势下加强干部德的考核评价问题研究》,《现代人才》2010 年第 6 期,第 32—35 页。

第 五 章

以德为先用人思想的实践路径

马克思主义唯物辩证法认为，事物的普遍联系和永恒发展是内在统一的。规律的实现是从可能到现实的过程。研究以德为先用人思想的实现路径，就是把其放在系统的联系中加以把握，提示其发展中本身所固有的本质的、必然的、稳定的联系，探索新的时代背景和现实条件下以德为先用人思想实现的基本规律，包括选拔方式、教育方式、干部德的立法、监督方式和激励方式。

第一节 选拔方式

选拔，即挑选举拔。选拔方式则是实现选拔目标的手段。从广义上看，它泛指人事选拔、录用、任免的原则、方式、方法、程序等一系列制度的总和。从狭义上看，选拔方式是党政机关依据既定准则、途径、程序来选拔任用党政干部的制度规范。"选拔任用制度最为深刻的实质就是在依法治国条件下，人民当家做主的权利行使与党进行政治资源分配领导权的实现之间的关系。"[1] "广义来看，选拔方式是党政干部选拔任用的体制、机制、原则、规则、程序等的总和。选拔方式具体包括干部考试、考核、选拔、录用、竞争、晋升、任免、监督等方面的具体规章制度。"[2]

---

[1] 兰喜阳：《党政领导干部选拔任用制度改革与完善研究》，博士学位论文，中共中央党校，2004年，第25页。

[2] 刘再春：《党政领导干部选拔任用制度改革研究》，博士学位论文，华东师范大学，2012年，第28页。

一 干部选用制度的基本理论

(一) 干部选用制度基本概念界定

根据《党政领导干部选拔任用工作条例》,党政领导干部是指中共中央、全国人大常委会、国务院、全国政协、中央纪律检查委员会工作部门或者机关内设机构的领导成员,最高人民法院、最高人民检察院领导成员(不含正职)和内设机构的领导成员;县级以上地方各级党委、人大常委会、政府、政协、纪委、人民法院、人民检察院及其工作部门或者机关内设机构的领导成员;上列工作部门内设机构的领导成员。

选拔是从符合条件的人选中把最符合岗位要求的人挑选出来的过程。选拔的成败要在应选岗位的实践中逐步显现出来。成功的选拔,能够获得人与岗位的最佳匹配,使选拔单位达到岗位目标并实现期望值增值的目标;失败的选拔,则不但不能达到岗位目标,且偏离目标越远,利益受损程度越大,价值成本损失就越大。

中国党政领导干部选拔任用制度是中国共产党在党政干部产生方式上所遵守的办事规程或行动准则,是实现党政干部选拔任用构成和运作过程的一系列规范体系,是中国共产党以法律形式代表人民群众行使权利的依据,体现最广大人民群众根本利益的重要手段,其实质是人民行使当家做主权利和中国共产党实现政治领导权的重要形式。

(二) 干部选用的主要类型和基本原则

中国党政领导干部的选拔主要有四种方式,即选任制、考任制、委任制、聘任制。

选任制是根据宪法和党章的有关规定,通过民主推荐选举产生领导干部的一种任用制度。《中国共产党章程》规定:党的各级领导机关,除它们派出的代表机关和在非党组织中的党组外,都由选举产生。选举是定期的,对任期、任届都有明确的限制。实行选任制,有利于克服领导干部任用上的官僚主义和终身制等困难。

考任制是用人单位或主管部门根据职位的具体要求按照公布的范围条件和统一标准,通过考试择优产生领导干部的一种任用制度。考任制是中国古代最早使用的一种选拔方式,现已被世界各国采用。

委任制是由立法机关或其他任免机关严格遵循相关程序,按照干部管理权限直接委派干部行使职务的一种任免制度。委任制，亦称任命制，是目前中国使用最普遍的干部任用形式。

聘任制是用人单位采取招聘或竞聘的方法确定人选的一种任用制度。用人单位与聘任人是一种契约关系。按照《公务员法》第九十五条的规定："机关根据工作需要，经省级以上公务员主管部门批准，可以对专业性较强的职位和辅助性职位实行聘任制。"

近年来，随着领导干部的民主推荐、民主测评、差额考察、任前公示、公开选拔、竞争上岗、全委会投票表决、党政领导干部辞职等干部选拔任用制度的逐步完善，当前形成了以委任制为主体，选任制、考任制、聘任制并用的党政领导干部选任体制模式。

选拔任用原则是中国共产党选拔党政领导干部所必须遵循的行为准则。《党政领导干部选拔任用工作条例》规定了党管干部，五湖四海、任人唯贤，德才兼备、以德为先，群众公认、注重实绩，公开、平等、竞争、择优，民主集中制，依法办事等七项原则。"好干部"标准是：信念坚定、为民服务、勤政务实、敢于担当、清正廉洁。

二　干部选用制度的现状分析

中国共产党是社会主义中国的领导核心，干部是实现为人民执政的骨干力量，其行为体现着国家意志，其道德水平的高低直接影响到人民对于国家和执政党的政治信念和政治认同。新世纪以来，党政领导干部选拔任用制度改革已经成为中国干部制度改革的重点，成为政治体制改革的核心内容之一。虽然不同时期有不同的方式方法，但从总体来讲，任人唯贤始终是干部选拔遵循的原则。

（一）干部选用制度的路径演变

一是坚持任人唯贤干部路线。无论是新民主主义革命时期还是中华人民共和国成立初期，在干部选用标准上，始终坚持"任人唯贤""德才兼备""又红又专"，奠定了中国共产党领导干部政治伦理的价值取向。党的十一届三中全会以后，邓小平同志重新明确了干部选拔任用的路线、方针和原则，提出了"革命化、年轻化、知识化、专业化"的方针，强调干部选拔任用制度要坚持任人唯贤的干部路线和党管干部、德才兼备的原则。1986年，中共中央印发了《关于严格按照党的原则选拔干部的通知》，对选拔任用干部的工作提出了具体的要求，明确了必须坚持以德才兼备、任人唯贤的原则来选任干部。1995年，中共中央印发了《党政领导干部选拔任用工作暂行条例》，总则规定，选拔任用党政领导干部，必须坚持以下原则：党管干部的原则；德才兼备、任人唯贤的原则；群众公认、注重实绩的原则；公开、平等、竞争、择优的原则；民主集中制的原则；依法办事的原则。2009年，党的十七届四中全会通过的《决定》中，提出了一系列干部选拔任用需遵循的新的基本规章，强调"在新的历史条件下必须坚持德才兼备、以德为先用人标准，把各方面优秀人才集聚到党和国家事业中来"[①]。国家领导人胡锦涛、习近平着重强调干部选拔任用要坚持以德为先原则。2014年，中共中央新修订的《党政领导干部选拔任用工作条例》第二条规定的七项原则，把新时期任人唯贤的干部路线由"任人唯贤、德才兼备"细化为"五湖四海、任人唯贤，德才兼备、以德为先"。同时，将2013年全国组织工作会议提出的好干部标准："信念坚定、为民服务、勤政务实、敢于担当、清正廉洁"，写入总则第一条，并围绕有利于选准用好党和人民需要的好干部，提出了新要求。这20字标准，既坚定不移地体现着党对干部选拔任用一以贯之的德才兼备、以德为先标准，又充分体现出当前干部标准的时代内涵，体现了正确的用人导向。在最新的干部标准中，以德为先的导向性越来越鲜明，指导精神的操作性也越来越强。

二是坚持干部人事制度改革。中华人民共和国成立后，党政领导干部选拔任用制度在继承新民主主义革命时期委任制的基础上，又学习和改进了苏联的委任制。党的十一届三中全会后，邓小平同志打破了干部领导职务终身制，提出"要勇于改革不合时宜的组织制度、人事制度，大力培养、发现和破格使用优秀人才，坚决同一切压制和摧残人才的现象做斗争"。1982年，中共中央做出《关于建立老干部退休制度的决定》，国务院发布了《关于老干部离职休养制度的几项规定》。随后有大批老干部离休退休和退居二线，领导干部职务终身制被打破。1983年，中共中央制定了《关于改革干部管理体制若干问题的规定》，明确了干部管理原则和体制，提出了分级分类的管理办法。1987年，党的十三大指

[①] 胡锦涛：《在庆祝中国共产党成立90周年大会上的讲话》，人民出版社2011年版，第12页。

出,"进行干部人事制度的改革,就是要对'国家干部'进行合理分解,改革集中统一管理的现状,建立科学的分类管理体制;改变用党政干部的单一模式管理所有人员的现状,形成各具特色的管理制度;改变缺乏民主法制的现状,实现干部人事的依法管理和公开监督"。"当前干部人事制度改革的重点,是建立国家公务员制度",这奠定了中国干部人事制度走向科学化管理体制的基础。1997年,党的十五大提出:"要加快干部制度改革步伐,扩大民主,完善考核,推进交流,加强监督,使优秀人才脱颖而出,尤其要在干部能上能下方面取得明显进展。"1998年,中共中央下发了《关于党政机关推行竞争上岗的意见》。1999年,又下发了《关于进一步做好公开选拔领导干部工作的通知》。2000年,制定出台了第一个《深化干部人事制度改革纲要》。2002年,颁布了《党政领导干部选拔任用工作条例》。自党的十六大以来,围绕贯彻《干部任用条例》制定了一系列配套的法规性文件。2004年,中共中央出台了《公开选拔党政领导干部暂行规定》,对五种情形下的干部选任要求"一般应进行公开选拔",并确定了相应的程序。同步出台的《党的地方委员会全体会议对下一级党委、政府领导班子正职拟任人选和推荐人选表决办法》,将"全委会票决制"写入了规范性文件,还有《党政机关竞争上岗工作暂行规定》《党政领导干部辞职暂行规定》和《关于党政领导干部辞职从事经营活动有关问题的意见》等五个文件,连同之前中央纪委、中组部联合出台的《关于对党政领导干部在企业兼职进行清理的通知》,被称为"5+1"文件。这表明中国干部人事制度改革,已由局部改革、单项突破进入综合配套、整体推进的新阶段。2006年,《中华人民共和国公务员法》开始生效实施,这是中国干部人事管理第一部带有总章性质的法律;体现科学发展观要求的《地方党政领导班子和领导干部综合考核评价试行办法》印发实施;《党政领导干部职务任期暂行规定》《党政领导干部交流工作规定》《党政领导干部任职回避暂行规定》等3个法规文件也正式印发。[①] 党的十七大以后,对干部选拔任用制度更加重视,制定出台了《后备干部队伍建设规划》《2010—2020年深化干部人事制度改革规划纲要》《党政领导干部选拔任用工作有关事项报告办法(试行)》等,干部

[①] 黄海霞:《干部制度改革再显亮点》,《瞭望新闻周刊》2006年第33期,第15—17页。

选用工作走上了科学化、规范化、制度化的轨道。党的十八大以后，中国共产党把制度建设摆在了更加突出的位置，提出了形成系统完备、科学规范、有效管用、简便易行的制度机制的努力方向。

（二）干部选用制度改革经验

一是把制度建设作为干部选用的重要支撑。在干部选用实践中，如何真正做到公道正派，除了要靠党性、觉悟提高道德修养，更要靠制度来约束行为规范。制度具有全局性、法规性和稳定性，体现公正、公平、公开的原则。用制度建设实现积累经验、用制度演进体现发展规律、用制度改革凝聚群众智慧，健全和完善干部选拔任用制度是提高选人用人公信度的重要保障。

二是把以德为先作为用人标准的重要尺度。中国共产党在不同历史时期，培养和造就了一批又一批、一代又一代政治坚定、能力过硬、作风优良、奋发有为的干部队伍，并取得了辉煌成就和历史性进步，最重要、最根本的一条经验就是，坚持任人唯贤的干部路线和以德为先的用人标准。

三是把民主管理作为维护群众利益的重要体现。中国共产党在干部选用工作中注重扩大民主，充分尊重群众意愿和民主权利，把落实群众的知情权、参与权、选择权和监督权作为重要任务，维护了人民群众的根本利益，取得了人民群众的信任和支持。

三　干部选用存在的问题及分析

（一）当前存在的主要问题

一是暗箱操作。它主要是针对干部选用过程中透明度不高而言的。它是指某些部门或少数人采取故意隐瞒信息的方法，牟取不当利益。现在，"暗箱操作"或"黑箱操作"已被广泛用于政治生活、经济生活以至日常生活等多个领域。它的含义是十分明确的，即办理业务或处理事情的时候，不是公开地进行，而是背地里进行，私下里进行，甚至是偷偷地进行。一些地方或单位，在干部选拔任用工作中，以保密为幌子，停留在少数人、小范围运作，不但群众不知情，而且纪检监察部门也不知情。选用干部均未按规定履行民主推荐和组织考察等程序，此种行为与民主背道而驰，背离了公开公平公正原则，当然在社会上也造成了恶劣影响。

二是带病提拔。它主要是针对干部选用前的考察失真状况而言的。它是指干部在进入新的岗位或提拔到更高一级职务前，本身就存在着一定问题（如政治、经济、作风等方面），在没有得到纠正和处理的情况下，继续得到使用甚至提拔的一种现象。目前，虽然被"带病提拔"的领导干部只是极少数，但影响极坏，危害极大。随着我国改革开放的不断深入和市场经济建设步伐的加快，干部"带病提拔"问题在一些地方和部门有所滋长和蔓延，已是一个值得高度关注和重视的问题。胡锦涛同志在中央纪委第三次全体会议上的讲话中指出，"一个值得我们高度重视的问题是，有些人早就有不廉洁行为了，但我们在考察时却未能发现，结果导致其中一些人仍然继续得到提拔和重用。社会上有人把这种现象说成是'带病上岗'和'带病提拔'。干部群众对此反映强烈"。在中央纪委五次全会上，他再次强调，要防止和纠正干部考察失真、"带病提拔"问题。

三是火箭提拔。它主要是针对干部提拔的非常规速度和非常规时间而言的。它本意是指快速提拔，一些地方或单位在选拔任用干部上不讲原则讲关系，不讲党性讲人情。凭个人好恶、凭亲疏远近选用干部。它一般用来讽刺"官二代"或"富二代"年纪轻轻就身居要职，他们从工作到身居要职时间很短，每次被提拔或"重用"时间也很短，每次被提拔或"重用"的理由都是破格、年轻化或内部选拔等种种不合理的理由，被火箭提拔的官员中的多数官员的父母或者是亲属也都是身居要职的官员，火箭提拔中大都存在违规提拔现象。提拔不是乱来，破格不能出格。这种"火箭式"提拔干部，不但会增强群众对干部的不信任感，还会造成官员队伍自身的消极涣散。

四是买官卖官。它主要是针对在干部选用过程中出现的以钱买权和以权卖钱的赤裸裸的权力与利益的交换关系而言的。一些地方或单位把"不跑不送，降级使用；光跑不送，原地不动；又跑又送，提拔重用"当成官场心照不宣的"潜规则"，在选拔任用干部上搞权钱交易，从而达到买官卖官的目的。自古以来就有这样的现象存在，这种现象对社会危害极大，严重扰乱了国家正常的运转秩序。像这样道德败坏的人混入干部队伍中来，会导致买官卖官盛行，势必给社会带来严重危害。

五是拉票贿选。它主要是针对在干部选用过程中出现的一种非正当的竞争（竞聘）方式而言的。它是一种不法行为，是为了在选举中达到个人目的，在选举之前对投票人行贿的一种现象。一些地方的选举过度依赖票数、唯票取人，致使选票"增值"，拉票贿选盛行，认为"拉票是正常的，不拉票是不正常的，谁不拉谁吃亏"。从理论分析上看，我们基本可以得到以下几条结论：第一，有限的领导职位与少数人的需求愿望相矛盾为拉票贿选提供了存在的可能。第二，"潜规则"的普遍认同为拉票贿选提供了存在的土壤。所谓"潜规则"，就是贿选者认为，他们一旦在提名阶段被"封杀"，就意味着了丧失了被选举的机会，于是在选举未进行时，就产生了企望借助金钱的魔力来争取机会的强烈冲动，一些拉选票的非法行为便粉墨登场。第三，选举制度的缺陷为拉票贿选提供了存在的条件。一方面，正当的竞争途径不畅通；另一方面，对选举中不法行为的惩罚操作性不强。从拉票贿选的现实影响来看，它不但会让竞争变得不公正，打击其他人的积极性，更会导致组织部门对干部考察的失真，扰乱干部的选拔任用。

以上种种错误行为，不但暴露了选拔制度上的漏洞和缺失，更严重损害了政府的权威性和公信力；不但扰乱了社会公平公正秩序，更严重激化了社会矛盾，给整个社会造成了极大危害，这使我们不得不对干部选用过程进行认真深思和反省。

（二）问题分析

一是与党管干部原则相违背。传统计划经济体制下形成的干部选拔办法在社会主义市场经济体制新的历史条件和社会环境下遇到前所未有的挑战，其固有的"人治思想"虽然已不再适合新形势和新发展。但是由市场经济的利益机制诱发的利己主义和拜金主义又恰恰迎合了"人治思想"。认为党管干部就是"党定干部"，就是党组织一把手管干部，搞"家长制""一言堂"。名义上是集体决策，实质上却是以"官意"代替"民意"，体现了个别领导者特别是某些主要领导者的意志。

二是与群众公认原则相违背。民主政治是人类政治文明演进的产物，是人类社会进步的主要标志之一。能否把政治坚定、实绩突出、作风过硬、群众信任的人聚集到党和人民的事业上来，取决于选拔工作的民主程度的高低。而民主程度的高低却又受到选拔主体、方式、范围和途径等的制约。实践中，在民主推荐和民主测评上，一些地方过度依赖票数、唯票取人，就会导致群众或者人为授意参与投票，或者带框框搞推荐，造成拉票贿选盛行，这不但使那些因拉票或当老好人而得票高的人得到提拔重用，而且严重败坏了党风和社会风气。

三是与德才兼备、以德为先标准相违背。官本位思想助长了干部选用上的不正之风，认为只有做官才有权力，做官是实现自身价值的最佳途径。在这种情况下，一部分人的出发点和落脚点都是为了做官。"学而优则仕""唯官是才"，出现了重分数轻实践、重业绩轻道德的"政绩官"。实践中，一些地方和单位在竞争性选拔干部中大搞"一考定音"，唯分取人，善考者占尽先机，"考试专业户"大行其道，严重挫伤了在本职岗位踏实肯干、能力突出却不善考者的工作热情。还有一些地方或单位唯GDP论英雄，唯GDP取人，漠视百姓利益，盲目追求"政绩工程"，直接导致地方经济畸形发展，从而使德才兼备、以德为先用人标准被架空甚至被扭曲。

四　完善干部选用路径分析

把好干部选用起来，不仅需要坚持以"以德为先"为干部选用基本标准，还需要形成系统完备、科学规范、有效管用、简便易行的选人用人机制，坚持严格程序，保证动议、民主推荐、确定考察对象、讨论决定等环节实施得有效，以及根据干部实际情况，不断深化干部人事制度改革，解决唯票、唯分、唯GDP、唯年龄取人等问题，进而推进干部选拔任用工作的规范化、民主化、科学化进程，提高干部任用工作质量和选人用人公信度，形成"广纳群贤、人尽其才、能上能下、公平公正、充满活力"的良好局面。

（一）完善制度机制

2014年1月15日，中共中央新颁布实施了《干部选拔任用工作条例》。我们"要以实施新修订的干部选拔任用工作条例为契机，深化干部选拔任用制度改革，着力解决唯票、唯分、唯GDP等突出问题，推动形成有效管用、简便易行的选人用人机制。要坚决遏制选人用人不正之风和腐败现象，认真落实领导干部选拔任用责任追究制度，凡是违规违纪选用干部，凡是跑官要官、买官卖官、拉票贿选，凡是私自说情、打招呼干预选用干部,发现一起、查处一起"①。随即中共中央组织部又印发了《关于加强干部选拔任用工作监督的意见》,首次提出坚决制止"带病提拔",对违规使用干部"零容忍"一查到底,严厉惩处。对跑官要官的,一律不得提拔使用,并记录在案,视情节给予批评教育或组织处理。对买官卖官的,一律先停职或免职,移送执纪执法机关处理。② 可见,中共中央对整顿选人用人不正之风的决心和力度。由是观之,完善干部工作制度机制已经成为中国社会改革攻坚阶段和发展关键时期的迫切需要。

一是系统完备。这主要是针对干部选用制度机制本身而言的,它体现的是干部选用工作的系统性和整体性。构建选人用人机制是一项系统工程,涉及干部工作的方方面面,几个方面之间密切联系、相互衔接,是一个有机统一的整体,不能"自弹自唱""封闭运行"。其中,干部选用制度建设是中心环节。坚持与完善其他干部制度系统谋划、通盘考虑,在把握全局中明确干部制度建设的目标、任务、重点事项、优先顺序等,使干部"选、育、用、管"的各个环节改革齐头并进、健康发展。

二是科学规范。这主要是针对干部选用工作的过程性和规律性而言的,它体现的是干部选用工作的科学性和规范性。把握正确方向,认真贯彻执行新修订的《干部任用条例》,充分认识和把握事业发展对干部工作的新要求,以及干部工作的特点和规律,不断优化制度设计,减少制度漏洞,科学有序推进,使各个方面制度更加成熟、更加定型。科学谋划、精心设计,不能"一把抓""一刀切",要实施分类工作、差异化工作,坚持矛盾的特殊性,正确处理好矛盾特殊性和普遍性之间的关系,做到具体问题具体分析。要正确处理好继承与创新的关系,既要延续已有的干部工作的优良传统和行之有效的经验做法,保持制度的整体稳定性和连续性,又要充分尊重基层首创精神,及时将成熟的做法上升为新的制度规范,从而不断推进干部工作科学化、规范化。

三是有效管用。这主要针对的是完善干部选用工作制度机制的目的而言的,它体现的是制度机制的有效性。完善制度机制,最直接的也是

---

① 刘云山:《在全国组织部长会议上的讲话》,2014年1月21日。
② 孙雪梅:《湖南成违规用人重灾区火箭提拔多为官员子女》,新华网2014年1月26日第4版。

最重要的，就是其实际效用问题。制度机制如果大而化之、"牛栏关猫"，就是形式主义。要确保有效管用，就要切切实实解决实际问题，树立问题意识、强化问题导向，紧紧围绕干部选拔任用中急需紧迫、上下关注、带有根本性全局性的问题，在重点领域和关键环节上攻难点、求突破，在选人用人制度机制的研究方面更加注重其实际效果。只有通过有针对性地解决实际问题，才能使干部制度发挥作用、起到实效。

四是简便易行。这主要针对干部选用工作制度机制本身而言的，它体现的是制度机制的可操作性和效率。完善制度机制，要立足实际，力求简便易行。如果干部选拔任用制度过于繁密，程序过多，就会影响干部选用工作的效率和质量。要坚持于法周延、于事简便，贴近基层、贴近实际、贴近干部，既要坚持标准、严格程序，又要提高效率、降低成本，使制度机制便于操作、便于落实，防止制度制定和执行中出现"空对空""两张皮"现象，真正发挥制度的效能。然而，需要澄明的是，要求制度机制简便易行，并不是说可以简化工作、简单粗糙，更不是说可以降低标准、放松要求，而是要使制度制定和执行起来更加务实、有效、管用，努力做到简便不简化，易行出实效。

（二）坚持严格程序

坚持严格程序，把好选拔质量关。严格的程序是从严选拔任用干部的关键，是建设高素质干部队伍的有效途径。严格执行《干部任用条例》规定的程序，坚持党管干部原则，切实把干部选拔任用动议、民主推荐、考察、讨论决定等环节做严做细做实，不搞变通、做选择、走形式，切实用严格的程序和规范的操作保证干部选任工作的准确性。

动议是首要环节。在干部选拔程序中，新修订的《干部任用条例》新增了"动议"作为干部选任工作的第一环节，使在干部选任之前有一个初步的酝酿，但过去没有明确进入干部工作程序，因而导致存在暗箱操作、临时动议、突击提拔等不规范现象，现在把"动议"这一环节明确提了出来作为初始环节，使得干部任用的程序链条更完备、更透明。"动议"这个首要环节，是在制度设计上强化党委（党组）、分管领导和组织部门在干部选拔任用中的权重和干部考察识别的责任；是综合有关方面建议和平时掌握的情况，加强领导班子分析研判，在一定范围内提前进行酝酿。一是解决"由谁动议"的问题，确保集体决策。要畅通干部群众行使建议权渠道。根据本单位班子自身建设实际需要或领导班子建设实际，采取多种形式畅通多种渠道扩大干部群众建议权范围，让基层党组织和其他干部成员充分享有建议权。在动议权限、动议内容、动议时机、动议人次、动议条件上，做出制度性安排，明确行使动议权的工作原则和纪律，明确动议干部的可能情况，对不符合规定的不予以动议。二是解决"怎样动议"问题，确保程序规范。保证动议议题实现充分酝酿。组织（人事）部门提出选人用人初步建议，提交组织（人事）主要领导后必须酝酿并形成工作意见，向党委书记汇报，党委书记根据组织（人事）部门提出的动议建议，要在一定范围内进行充分酝酿协商。经修改后，会同党委副书记、组织部长进行再次酝酿讨论，达成共识。组织部门根据酝酿结果进行再次修改，正式确定干部任用启动工作方案，提交党委集体研究决定。要全面落实动议沟通报告制度。动议方案形成后，及时向上一级组织（人事）部门进行沟通报告。对不符合动议条件但因特殊原因确实需要动议的要以书面形式向上级组织（人事）部门进行报告，报告内容要包括动议干部的原因、原则、幅度、实施的时间、选拔干部采用的方式、方法及其他需要报告的情况。

民主推荐是重要环节。民主推荐是扩大干部工作民主的改革措施，是干部选用工作的基础环节，充分让群众参与推荐是保证选好用准干部的基础。加大信息公开，防止信息不对称，让干部群众充分"知情"。组织部门对干部任用动议的相关信息，要适时向群众公开，特别是上级的有关政策规定、空缺岗位、选配原则、标准条件，选人用人的思想等，该让群众知道的一定要让群众及时知道，情况介绍得应尽量详细、客观具体。把民主推荐作为选任干部的必经程序，把同级组织推荐与下级组织推荐、领导推荐与群众推荐结合起来，把选择权真正交给群众，充分听取群众对干部选用的意愿和呼声，真正落实群众在干部选拔任用中的知情权、参与权、选择权和监督权，真正维护人民群众的根本利益，真正取得人民群众的信任和支持。不能以情况特殊为借口逃避民主推荐，或以民主测评代替民主推荐。在选人用人工作中，民主是手段不是目的，并且只是把人选准用好的手段之一。干部工作中发扬民主，不是只有民主推荐投票一种方式，还有个人谈话、实地调查、广泛听取各方面意见等多种方式，要正确对待民主推荐票，不能唯票取人，要根据具体情况灵活运用推荐方式。选用干部当然要广泛听取意见，但必须把加强党的领导和充分发扬民主结合起来，有效发挥党组织在干部选拔任用工作中的领导和把关作用。

确定考察对象是核心环节。新《干部任用条例》专门对确定考察对象做出了规定，明确了六种不得列为考察对象的情况，把不符合好干部标准的干部挡在了提拔任用的门槛之外。《条例》还要求加大对人选政治品质和道德品行、科学发展实绩、作风表现、廉政情况的考察，加强对人选的综合分析，全面历史辩证地考察评价干部。在确定考察对象之前，要对考察对象进行全面的考察评价，要与民意调查挂钩，在调查载体上，充分运用信息网络技术实现民意调查的随机性、广泛性、时效性；在调查范围上，不能仅局限于主管部门、工作单位的干部群众，尽可能多地扩大和增加个别谈话的范围和数量，把考察的触角延伸到干部的生活圈和社交圈，延伸到干部工作所服务的对象，以及家属所在单位；在调查内容上，做到细化和量化，避免简单地肯定和否定。要注意结合平时的表现，特别是完成急难险重任务时的表现。要注意区分实施考察标准，德、能、勤、绩、廉是考察干部的总体标准，但对不同层次级别的干部来说，各方面标准的"度"不好把握。因为层次不同、行业不同、时期不同，各个岗位对任职干部的要求也不同。所以必须设立科学合理、行之有效的具体岗位标准和指标规范。要重视"确定考察对象"这个核心环节，根据工作需要和干部德才条件，将民主推荐与平时考核、年度考核、一贯表现和用其所长、人岗相适等情况综合考虑、充分酝酿，不能把推荐票等同于选举票，简单地以推荐票取人。

讨论决定是关键环节。坚持五湖四海、任人唯贤，坚持德才兼备、以德为先，重党性、重品行、重实绩、重公认，强化集体讨论把关。讨论决定环节具体包括：选拔任用干部，应该按照干部管理权限由党委集体讨论，做出任免决定或提出推荐提名的意见。在党组织讨论决定任免事项时，必须有 2/3 以上的成员到会，并要保证参会成员有足够的时间听取情况介绍，充分发表意见，表决时以党组织应到会人员过半数同意形成决定。"讨论决定"这个关键环节，组织部门要坚持民主集中制，不能"一言堂"，要从事业需要出发，认真负责地介绍拟任人选情况，为党组织充分讨论、集体决定提供准确依据。

(三) 深化干部人事制度改革

深化干部人事制度改革，是"组织工作改革创新的核心任务，是加强领导班子建设和干部队伍建设的根本之举，也是防止和克服用人上不正之风和腐败现象、提高选人用人公信度的治本之策"①。干部人事制度改革的方向和目标是着眼于多出党和人民需要的好干部，紧紧围绕"怎样是好干部""怎样成长为好干部""怎样把好干部用起来"，努力形成系统完备、科学规范、有效管用、简便易行的制度机制，建设一支宏大的高素质干部队伍。正确认识和处理干部人事制度改革中出现的新情况、新问题，坚持改革措施与改革目标相一致。深化干部人事制度改革要突出针对性、协调性和实效性。改革是为了把人选准用好，推动事业发展。不论怎么改，"四个坚持"不能丢，促进科学发展、服务人民群众的用人导向不能偏，要真正从根本上解决唯票取人、唯分取人、唯GDP和唯年龄等问题，从而不断推动干部人事制度改革科学健康有序发展。

一是解决唯票取人问题。实际上就是如何提高干部工作民主质量的问题。近年来，在推荐选拔干部中，一些地方和单位片面理解、机械执行政策，出现"唯票取人"的现象，背离干部工作民主的初衷和本意。唯票取人关键在一个"唯"字，可以将"唯票取人"理解为过度依赖票数、机械看待票数、片面运用票数。有的机械地"唯票取人"，把得票多少作为选人的唯一标准，谁得票高就用谁；有的片面地"唯票取人"，对干部得票情况不作具体分析，片面运用得票结果；有的变通地"唯票取人"，符合组织意图就看票，不符合组织意图就变通。扭曲了选人用人导向，歪曲了干部工作民主，破坏了党管干部原则，致使那些因拉票或当老好人而得票高的人得到提拔重用。更为严重的是，唯票取人使得拉票或者当老好人的不良风气愈演愈烈，拉票行为花样百出、屡禁不止，严重败坏了党风和社会风气，一定程度上导致了"公论不公"的现象，必须坚决予以纠正。要纠正这种现象，就要切实提高民主推荐和民主测评的科学性和真实性，对推荐得票情况进行深入的、科学的分析，全面把握票数得来情况。在推荐票数相差不大的情况下，优先考虑那些坚持原

---

① 郝会龙：《树立正确选用理念完善干部选拔制度》，《黑龙江日报》2008年12月15日，第6版。

则、敢抓善管的干部，还可以将日常干部表现、年度考核和重点工作考察情况等结合起来，进行全面的辩证的分析，做出客观公正的评价，从而真正地把群众公认、德才兼备、政绩突出的干部选拔上来。纠正唯票取人，也不是要抑制干部工作中的民主，也不是要无所遵循，又回到少数人选人的路子，而要对民主推荐、民主测评中好的做法，该坚持的继续坚持，对其中出现的"唯票取人""拉票贿选"等问题，要进一步研究制定有效措施，进而不断完善制度机制。

二是解决唯分取人的问题。实际上就是如何在竞争性选拔中科学衡量干部综合素质能力的问题。"坚决纠正唯票取人、唯分取人的现象"，是《中共中央关于全面深化改革若干重大问题的决定》中突出强调的一个问题。唯分取人是与唯票取人相类似的一种干部选用方式，很显然，同样有着严重的片面性和非科学性特征。近些年唯分取人的"突出表现"是：一些单位不是按照个人述职、民主测评、个别谈话、实绩分析、综合评定的程序科学实施考评，而是过度依赖"民主测评"、极端削弱"综合评定"；不顾干部所在党组织的推荐意见、不顾干部的实际表现、简单片面地"唯分是从"。依"分"为干部排名、看"分"给干部定性、凭"分"把干部否决。一些会当"老好人"和善于拉分的干部屡屡得到提拔，一些有志有为、勇于担当而不善拉分的干部被"淘汰出局"。更有甚者，一些有立场、有忧患、有血性、有担当、有贡献的干部，只因"零点几分之差"就被无情否决，就被取消已有的"后备干部"资格，就被长期扣上"不优秀干部"的帽子。"唯分取人"的做法，是"形式主义、官僚主义在干部工作上的突出表现，背离了实事求是的思想路线，削减了干部工作的正能量，损害了党的凝聚力"[①]。对此，必须"零容忍"，坚决予以纠正。要纠正此现象，必须按照《中共中央关于全面深化改革若干重大问题的决定》精神，对现行干部政策进行"废、改、立"，从全面清理和修订完善相关制度机制入手，对干部考评、选拔任用中的形式主义和官僚主义来一次大冲洗，尽快调整、改进、完善干部考评任用机制，坚持全面、历史、辩证地看干部，切实增强干部工作的正能量。

三是解决唯GDP取人问题。实际上就是如何引导干部树立正确政绩

---

① 郑生：《唯票取人唯分取人是对干部最大的伤害》，光明网2013年12月8日。

观的问题。GDP 是国内生产总值（Gross Domestic Product）的简称，指在一定时期内（一个季度或一年），一个国家或地区的经济中所生产出的全部最终产品和劳务的价值，常被公认为衡量国家经济状况的最佳指标。它不但可以反映一个国家的经济表现，还可以反映一国的国力与财富。"唯 GDP 论英雄"是指中国共产党过去选人用人、特别是在干部选拔问题上，单纯地以一个地方的国内生产总值增长率来论"英雄"，并且作为一个重要的提拔条件来考察干部，致使一大部分干部为了个人的乌纱帽和政绩工程弄虚作假，违反客观规律，不顾百姓呼声、民生问题、环保问题，大肆地推行所谓的"面子工程""形象工程"。2013 年 6 月，习近平在全国组织工作会议上，谈到选人用人问题时，他说，"要改进考核方法手段，既看发展又看基础，既看显绩又看潜绩，把民生改善、社会进步、生态效益等指标和实绩作为重要考核内容，再也不能简单以国内生产总值增长率来论英雄了"。同年 11 月，中共中央出台了《关于开展"四风"突出问题专项整治和加强制度建设的通知》，提出了"坚决纠正唯国内生产总值用干部问题"。无论是从何种意义上讲，当代中国都需要的是以人为本、有质量有效益的可持续的增长。要坚决纠正"唯 GDP 论英雄"，建立科学、合理的干部政绩评价体系，尽管难度很大，但需要逐步摸索和完善。在此过程中，干部的一贯表现、跟踪考核、群众满意度测评等，仍不能丢失，否则不但没有纠正好反而容易导致唯 GDP 政绩观再次出现。要充分发挥考核的"指挥棒"作用，纠正单纯以经济增长速度评定政绩的偏向，促使干部树立正确的政绩观，保持"功成不必在我"的境界。

四是解决唯年龄取人问题。实际上就是如何调动各个年龄段干部工作积极性的问题。唯年龄取人，实际上是对干部使用的一种年龄的限制和规约，具有明显的狭隘性和主观性。显然，干部使用不应唯年龄取人，不应搞任职年龄层层递减，不应搞"一刀切"，既要激励年轻干部奋发进取，又要让其他年龄段的干部有想头、有奔头，充分调动整个干部队伍的积极性。推动事业不断发展和进步，既要大力选拔优秀年轻干部，同时也要注重发挥各个年龄段干部的作用。历史和现实都表明，不论哪个年龄段的干部，都是宝贵的人才资源，都应珍惜使用。历史上，既有"甘罗十二岁拜相"的美谈，也有"姜子牙八十岁遇文王"的佳话。各个年龄段的干部都有其优点和长处，年轻者思维开阔、闯劲十足，年长者稳重老成、经验丰富，都是干事创业不可或缺的重要力量。一个好的领导班子，需要做到老中青相结合，实现梯次配备，形成合理的年龄结构，这样才能增强班子的整体功能。不唯年龄取人，要完整准确地理解和执行党的干部政策，坚持德才兼备、以德为先，坚持民主、公开、竞争、择优方针，妥善处理培养选拔优秀年轻干部和合理使用其他年龄段干部的关系。要坚持看年龄而不唯年龄，敢为事业发展用干部，既要大胆使用新人，又要适当保留骨干。不唯年龄取人，要严格落实中央关于"优化领导班子年龄结构，形成老中青梯次配备"的政策要求。坚持统筹兼顾、通盘考虑、动态调整，根据岗位特点和工作需要梯次配备干部，形成不同年龄段的最佳组合，增强干部系统的整体功能。

第二节 教育方式

教育方式，是指教育者将教育内容作用于受教育者所借助的各种形式与条件的总和。广义来说，凡是增进人们的知识技能、影响人们的思想品德的活动，就是教育。中国最早使用"教育"一词的人是孟子。《孟子·尽心上》："君子有三乐，而王天下不与存焉。父母俱存，兄弟无故，一乐也；仰不愧于天，俯不怍于人，二乐也；得天下英才而教育之，三乐也。"许慎在《说文解字》中解释，"教，上所施，下所效也"；"育，养子使作善也"。在西方世界，"教育"一词源于拉丁文 educate，意思就是通过一定的手段，把某种本来潜在身体和心灵内部的东西引发出来。

一 干部道德教育的经验借鉴
（一）官德教育的传统资源

一是注重道德教化。官德教育是传统道德文化的重要内容。以孔子为代表的儒家提出了兴教化以正风俗思想。如"君君、臣臣、父父、子子"，教育君要当好君，臣要当好臣，父要当好父，子要当好子，要求不同社会地位、不同社会角色的人，都要遵守各自相应的道德准则。《礼记·礼运》中，"大道之行也，天下为公"，把"为公"视为"大道"，强调为国以"公"、为政以"公"。以韩非子为代表的法家学派提出了吏治的关键在于"为公"的首要原则。如"公私不可不明,法禁不可不审",都从为政之道、为政之德的角度诠释了官德教育理念。古代统治者把为官所必须遵循的道德准则编辑成书,对官员的道德行为给予指导和告诫,做到"为政以德"。最为典型的是"官箴"。在唐代之前,官箴主要是针对帝王的,如周武王时,太史(帝甲)"命百官,官箴王阙"。自唐代以后官箴从针对帝王延展到文武百官。如唐太宗李世民《帝范》表面上是对帝王的道德规范和行为准则提出了12个方面内容,但实际上主要针对的是官员。如武则天组织人编写的《臣轨》,很明显是教育官员的书,为"发挥言行,熔范身心,为事上之轨模,为臣下之德绳"[1]。到了宋元时期,官箴的内容更加丰富,如南宋循良之吏的典范吕本中在官箴的开篇就提到"当官之德,唯有三事,曰清、曰慎、曰勤"。后来"清、慎、勤"这三字箴言被确定为古代官德教育的核心内容广为传颂。明代薛曾的《为官镜鉴》提出谨慎、隐忍、低调、慎言。清代官箴著作已经发展到比较成熟的程度,有偏重于理论的如陈弘谋的《从政遗规》,曾成为官德教育的教科书,有偏重于实务的如袁守定的《图民录》,对为官者的官德教育具有很强的指导意义。

二是注重道德自省。中国古代非常注重自身道德修养,尤其讲究在官德上的自我修行、自我反省,讲究从点点滴滴做起,持之以恒。修身齐家治国平天下,修身排在第一位。《论语·子路》中有"其身正,不令而行;其身不正,虽令不从"。《礼记·中庸》中有"好学近乎知,力行近乎仁,知耻近乎勇。知斯三者,则知所以修身;知所以修身,则知所以治人;知所以治人,则知所以治天下国家矣"。《荀子·荣辱》中有"荣辱之大分,安危利害之常体"。《管子·牧民》中有"礼、义、廉、耻,国之四维;四维不张,国乃灭亡"。可见,"士皆知有耻,则国家永无耻矣"。为官者如果不能知耻明辱,危害的不仅仅是自己,而是一方百姓、国家社稷。汉代以后,封建统治阶级更加注重官德修养,董仲舒在《汉书·董仲舒传》中强调"古者修教训之官,务以德善化民"。王允则提出"治国之道,所养有二:一曰养德,二曰养力"。《贞观政要·君德》中有"若安天下,必须先正其身,未有身正而影曲,上治而下乱者"。北

---

[1] 徐梓:《官箴》,中央民族大学出版社1996年版,第68页。

宋王安石的《上龚舍人书》中"在上不骄,在下不谄,此进退之中道也"。明代刘基的《诚意伯文集》中"弱不可陵,愚不可欺,刚不可畏,媚不可随"。清代曾国藩的《曾国藩家书》中"胸怀广大,宜从'平淡'二字用功。凡人我之际,须看得平;功名之际,须看得淡",等等。古代官吏还通过定期瞻拜先贤祠堂等活动达到修身的目的。古代建筑中有很多祠堂,里面都供奉着有功德的圣人先贤。古代官吏把他们作为自己的从政偶像,定期瞻拜,以此激励自己要以先贤为榜样,做一个品德高尚的清官。不仅如此,古代官吏常常自撰楹联、座右铭或格言等,以此来表明心志,鞭策和约束自己的言行。比如,"作汾阳一行吏,春温秋肃;受暮夜半文钱,地灭天诛""受一文分外钱,远报儿孙近报身;做半点亏心事,幽有鬼神明有天""苟利国家生死以,岂因祸福避趋之""清心为治本,直道是身谋。秀干终成栋,精钢不作钩。仓充鼠雀喜,草尽狐兔愁。史册有遗训,毋遗来者羞"等,以此对照个人反躬自省,提高官德水平。可能看出,历朝历代官员无不重视自身的官德修养。

三是注重道德自修。"慎独"是古代儒家的重要思想,最早见于《礼记·中庸》中"道也者不可须臾离也,可离非道也。是故君子戒慎乎其所不睹,恐惧乎其所不闻。莫见乎隐,莫显乎微,故君子慎其独也"。《大学》中"所谓诚其意者,毋自欺也。如恶恶臭,如好好色,此之谓自谦,故君子必慎其独也"。"曹鼎不可"的故事堪称"慎独"典范。"曹鼎为泰和典史,因捕盗,获一女子,甚美,目之心动。辄以片纸书'曹鼎不可'四字火之,已复书,火之。如是者数十次,终夕竟不及乱。"[①]"曹鼎不可"通过对道德意志和道德修养的自我控制,防止了有违道德的欲念和行为的发生。古人倡导"吾日三省吾身""君子以恐惧修省",始终保持"如履薄冰""如临深渊"的谨慎和警醒。明清时期盛行通过记功过格来进行个人修养和道德自省。如清代最著名的绍兴师爷汪辉祖,幕宾生涯三十四载,每天翻阅功过格。功过格最初是指道士逐日登记个人善恶功过以求自勉自省的簿格,善言善行为"功",记"功格";恶言恶行为"过",记"过格",后来流传到民间。一些清正的官吏为达到修身的目的,每夜自省,将每天的所作所为对照打分,分别记入功格或过格。

---

① 焦竑:《玉堂丛语》(卷一),中华书局1981年版,第56页。

一月一小比，一年一大比，功过相抵，累积之功或过，转入下月或下年。

四是注重道德示范。古代官德教育非常重视道德示范作用，也树立了许多官德榜样。最早追溯到原始社会，如尧、舜、禹是勤勉治国的典范被后人尊奉为圣贤。"握发吐哺"的周公是官员修德重贤的典范。到了春秋时期提倡"仁政"，历朝历代乃至今日仍备受推崇的孔圣人——孔子更是道德的化身。三国时期"内无余帛，外无盈财""鞠躬尽瘁，死而后已"的诸葛亮。东晋以"酌贪泉以明志"著称的广州刺史吴隐之。唐代有"不面誉以求亲，不愉悦以苟合"的著名谏臣魏征，有被人赞誉为"河曲之明珠，东南之遗宝"、以民为忧、体恤百姓的封建社会道德楷模狄仁杰。北宋有以清廉公正闻名于世、素有"包青天"、拥有"包公"之名的包拯，有"先天下之忧而忧，后天下之乐而乐"的范仲淹。南宋有"直捣黄龙府，与诸君痛饮耳！"被尊为"武圣"的抗金英雄岳飞，有"人生自古谁无死，留取丹心照汗青"的文天祥，有"位卑未敢忘忧国，事定犹须待阖棺"的陆游。明代有被后人称为"海青天"、与宋代包拯齐名的海瑞，有"清风两袖去朝天，不带江南一寸棉"的况钟。清代有勤政恤民、不畏权贵的汤斌，有"苟利国家生死以，岂因祸福避趋之"的林则徐，等等。这些典型被世代传颂，成为官员的道德良心。

（二）中国共产党干部道德教育的宝贵经验

一是注重理论指导。中国共产党是马克思主义政党，其干部道德教育的指导思想必然是以马克思主义理论为基础。毛泽东说，"中国共产党是建立在马克思主义基础上的政党，中国革命建设的过程就是马克思主义基本原理同中国具体实践相结合的过程。在职干部的教育和干部学校的教育，应确立以研究中国革命实际问题为中心，以马克思列宁主义基本原则为指导的方针"[①]。新民主主义革命时期，中共一大确立了《中国共产党纲领》，这是中国共产党建设史上第一个马克思主义光辉文献。中共二大提出了最高纲领与最低纲领。中共三大根据马克思列宁主义的策略原则，提出了中国共产党建设所面临的问题，明确了中国共产党思想道德教育的指导纲领。中共四大提出了无产阶级在民主革命中的领导权问题，主张"在思想上、组织上和民众宣传上扩大左派，争取中派，反

[①] 毛泽东：《改造我们的学习》，人民出版社1953年版，第15页。

对右派",自觉运用马克思主义理论解决党内思想道德教育遇到的实际问题。党的五大之后,中国共产党更加重视以马克思主义理论为指导,做好党内思想政治教育工作,如毛泽东的《论联合政府》、周恩来的《抗战军队的政治工作》、张闻天的《党的宣传鼓动工作提纲》等著作,为做好党员干部教育工作提供了理论参照,为干部道德教育奠定了坚实的理论基础。中华人民共和国成立以后,中国共产党以马克思主义为行动纲领,更加强调理想信念教育,在抓好干部思想政治教育的同时,提出了坚持群众路线、反对官僚主义,坚持实事求是、大兴调研之风等主张。尤其是在改革开放和社会主义现代化建设时期,中国共产党坚持马克思主义的指导地位,主张新时期干部德育的中心内容,是学习和传播马克思主义中国化的最新成果,突出马克思主义基本理论教育和党性党风教育等重点,提出破解中国实际难题,必须坚持马克思主义立场,运用马克思主义观点和方法,从战略高度,以发展的眼光来观察和分析,着眼于新的实践和新的发展进行理论思考,形成了具有中国特色的社会主义理论体系。

二是注重理论学习。在干部道德教育上,中国共产党始终坚持把理论学习作为重要内容。中国共产党成立之初,组建了"农讲所""夜校"等对工人先进分子进行专门培训。随着干部队伍不断壮大,中国共产党更加注重党员干部的理论学习,尤其把军官和一线干部列为进行理论学习的重点对象。通过举办各类培训班、集训班,开设干部教育系统机构,如中央党校、马列学院、陕北公学等,坚持集中学习与个别学习相结合,批评与自我批评相结合,加强干部对党报党刊的阅读、政治文件的学习以及对无产阶级革命理论知识的认识。中华人民共和国成立以后,中共中央把提高党员领导干部特别是高级领导干部理论水平作为重要工作,要求党员领导干部必须系统学习马克思主义理论,认真学习党的章程。如1964年,中共中央要求党内高级干部集中学习马克思、恩格斯、列宁、斯大林和毛泽东著作,并同时下发了《干部选读马克思、恩格斯、列宁、斯大林著作目录(草案)》,列书目30册,要求各地在一定时间内组织地委以上干部进行阅读。改革开放以后,中国共产党按照建设学习型、服务型、创新型马克思主义执政党的总体要求,充分发挥党委(党组)中心组作用,分专题有步骤按计划组织各级党组织开展理论学习活动。

1987年，中共中央下发《关于学习〈邓小平文选〉的通知》，学习对象为县团级以上的领导干部。之后在各级干部中又开展了学习邓小平的社会主义初级阶段理论和"一个中心、两个基本点"的基本路线等内容的相关著作的活动。1998年，中共中央下发《关于在县级以上党政领导班子、领导干部中深入开展以"讲学习、讲政治、讲正气"为主要内容的党性党风教育的意见》的文件精神。2004年，党的十六届四中全会通过《中共中央关于加强党的执政能力建设的决定》提出"重点抓好领导干部的理论和业务学习，带动全党的学习，努力建设学习型政党"。2007年，党的十七大提出，"要按照建设学习型政党的要求"推进党的建设。2009年，党的十七届四中全会提出，"建设马克思主义学习型政党，提高全党思想政治水平"等，扎实推进学习型党组织建设。

三是注重专题教育。专题教育是中国共产党开展干部道德教育的重要手段。新民主主义革命时期，为加强干部马克思主义理论教育和提升道德修养，中国共产党先后多次开展整风运动。其中延安整风运动是影响较大的一次。延安整风运动实质是一场以延安为中心，在全党范围内开展的一场马克思列宁主义教育运动，是针对当时在党内存在的主观主义、宗派主义、党八股等非无产阶级思想而进行的一次思想教育。毛泽东的《改造我们的学习》《整顿党的作风》《反对党八股》《在延安文艺座谈会上的讲话》，刘少奇的《论共产党员的修养》等著作成为整风运动中党员干部提高思想觉悟和理论水平的理论教材。显然，整风运动取得了很好的实际效果。土地革命时期，中国共产党开展"反贪污反浪费"运动，倡导勤俭节约、艰苦奋斗，把一批腐败分子从党内清除出去。抗日战争时期，中国共产党开展生产自救运动，倡导群众意识、劳动意识、纪律意识，大大增强了党员干部的革命信念。解放战争时期，中国共产党开展整党运动，以整顿党员干部思想作风为内容等，这些运动的开展为干部队伍建设注入了不竭的精神动力。中华人民共和国成立初期，为及时纠正党员干部在思想上居功自傲的自满情绪，坚决抵制资产阶级思想。1950年，中国共产党针对各级负有领导责任的党员干部开展了一场整风运动。1951年，中共中央作出《关于实行精兵简政、增产节约、反对贪污、反对浪费和反对官僚主义的决定》《关于反贪污斗争必须大张旗鼓地去进行的指示》。"三反""五反"运动在全国范围内展开。党员干部在运动中经历了一次精神洗礼。改革开放和社会主义现代化建设时期,中国共产党注重在党内开展系列教育活动,并把开展专题教育活动作为中国共产党建设的经常性工作。1998年,中共中央决定在县级以上党政领导班子、领导干部中开展"三讲"教育,活动以讲学习、讲政治、讲正气为主要内容,采取自上而下方式,分期分批开展,为期三年。2005年开始,中国共产党在全党开展了以实践"三个代表"重要思想为主要内容的保持共产党员先进性教育活动,历时一年半左右。2008年,中国共产党用一年半的时间在全党开展了深入实践科学发展观活动。继科学发展观活动之后,2010年,中共中央决定在党的基层组织和党员中深入开展创先争优活动,创建先进基层党组织、争当优秀共产党员活动。2013年下半年开始,中国共产党在全党深入开展以"为民、务实、清廉"为主要内容的党的群众路线教育实践活动,活动自上而下分两批开展教育实践活动,每批大体安排半年时间,于2014年7月基本完成。活动全过程贯穿"照镜子、正衣冠、洗洗澡、治治病"总要求,主要任务是教育引导党员、干部树立群众观点,重点抓好县处级以上领导机关、领导班子和领导干部。这些活动旨在着力提高干部的理想情操、理论水平和道德修养。

四是注重典型示范。先进典型人物所彰显的精神内涵,实质上是一定社会历史时期价值观念的人格化体现,先进典型人物的思想行为承载着社会所倡导的世界观、人生观、价值观要求。马克思主义理论经典论著中虽然没有对典型示范教育进行过系统论述,但革命导师们的论著中却多次肯定了典型示范教育的可行性。马克思指出:"人的本质不是单个人所固有的抽象物,在其现实性上,它是一切社会关系的总和。"[①]这一论述奠定了典型示范教育的理论基础。列宁进一步肯定了典型示范教育的价值,指出"多用行动少用言语来进行宣传。要知道,现在用言语既不能说服工人,也不能说服农民,只有用榜样才能说服他们"[②]。中国共产党继承和发扬了这一传统,注重在干部道德教育过程中充分运用典型示范教育,涌现出一批批先进人物。如新民主主义革命时期,中国共产主

---

① 《马克思恩格斯文集》第一卷,人民出版社2009年版,第505页。
② 《列宁专题文集论无产阶级政党》,人民出版社2009年版,第352页。

义的革命先驱李大钊，提出帝国主义是"纸老虎"观点的蔡和森，中国共产党早期主要领导人之一瞿秋白，等等。社会主义建设时期，全心全意为人民服务的典范张思德，伟大的共产主义战士、爱国主义精神的写照雷锋，党的好干部人民的好公仆焦裕禄，等等。改革开放时期，领导干部的楷模、民族团结的典范孔繁森，敬业奉献模范杨善洲，全国道德模范郭明义，等等。面对救国救民之路的探索，他们高瞻远瞩、立场坚定、勇于牺牲；面对经历战火洗礼、满目疮痍、百废待兴的国家，他们为了人民利益义无反顾、无怨无悔、艰苦创业；面对社会经济发展带来的种种诱惑，他们以"做官先做人，万事民为先"的实际行动在人民心里树立起一座座公正廉洁、为民服务的丰碑。他们传承了中华民族的优秀品质，弘扬了中华民族的文化精髓，提升了中华民族的精神高度，丰富和引领了时代精神。他们的革命思想对历史产生了深远影响，他们以光辉人生的真实写照激励着一代又一代中国共产党人前仆后继为党的事业奋斗终生。他们对无产阶级革命道路探索前行的强烈进取精神以及"牺牲永远是成功的代价"的崇高道德操守，永远定格为一切革命者的光辉典范。实践证明，典型示范教育是中国共产党干部道德教育的有效途径。

五是注重党性修养。中国共产党历届领导人始终把干部党性修养作为干部道德教育的必修课程。新民主主义革命时期，中国共产党时刻不忘教育党员干部在恶劣、艰苦的环境中要能够自觉履行党的宗旨，率先垂范。毛泽东《在延安文艺座谈会上的讲话》一文中特别强调党员干部要为人民大众服务，做无产阶级和人民群众的勤务兵。社会主义现代化建设时期，面临复杂多变的社会形势，中国共产党更加重视干部宗旨教育，胡锦涛指出"领导干部要自重、自省、自警、自励，讲党性、重品行、作表率，做到立身不忘做人之本、为政不移公仆之心、用权不谋一己之私，永葆共产党人政治本色"[①]。习近平强调"老实做人、做老实人，是共产党员先进性的内在要求，是领导干部'官德'的外在表现，也是我们党的一贯主张。我们所说的'老实人'，就是思想务实、生活朴实、作风扎实的人，就是尊重科学、尊重实践、尊重规律的人，就是诚实守

[①] 胡锦涛：《在庆祝建党90周年大会上的讲话》，2011年7月1日。

信、言行一致、表里如一的人,就是勤勤恳恳工作、努力进取创造、任劳任怨奉献的人。领导干部老老实实做人,既是一种高尚的人生态度,更是一种严谨的道德实践,要从平凡小事做起,在点点滴滴中体现,特别要在对党和人民忠心耿耿、对工作尽职尽责、对群众满怀真情、对成绩谦虚谨慎上下功夫"①,这既是对干部的殷切希望,也是对干部的真诚爱护。中国共产党还把社会主义荣辱观作为公民道德教育的重要内容,尤其强调干部要"坚持以热爱祖国为荣、以危害祖国为耻,以服务人民为荣、以背离人民为耻,以崇尚科学为荣、以愚昧无知为耻,以辛勤劳动为荣、以好逸恶劳为耻,以团结互助为荣、以损人利己为耻,以诚实守信为荣、以见利忘义为耻,以遵纪守法为荣、以违法乱纪为耻,以艰苦奋斗为荣、以骄奢淫逸为耻",群众看党员,党员看干部,对干部来说,如果不能做到知耻明辱、当率先垂范的表率,那么他的地位越高,国家所蒙受的耻辱也就会越大。干部是非、善恶、美丑的界限绝对不能混淆,坚持什么、反对什么,倡导什么、抵制什么,都必须旗帜鲜明。

二 国外公务员道德教育

公务员道德教育就是指国家公务员培训机构依据一定的道德准则和要求,为培养、树立和强化公务员在开展公共行政活动、提供公共服务过程中所必须具备的道德观念、行政能力和应该遵循的行政伦理规范所进行的有序教育。公务员道德教育是一种职业道德教育。公务员职业道德水平是衡量一个社会整体道德水平的重要标尺。

公务员道德教育对培养良好的公务员职业道德,充分发挥政府效能和推动国家经济社会的稳定发展有着重大影响,也对引导良好的社会道德风尚具有重大意义。因此,公务员道德建设是世界各国公务员制度建设的重要组成部分。尽管世界各国政治、经济、文化背景不同,制度发展水平有差异,在公务员职业道德建设方面各自采取的具体形式和方法也不尽相同,但在公务员职业道德观念教育、道德立法和监督机制等方面仍有不少共通之处。因此,借鉴国外的有益经验,对推进我国公务员

---

① 习近平:《在中央党校2008年春季学期第二批进修班暨师资班开学典礼上的讲话》,2008年5月29日。

职业道德建设的进程具有重要意义。

(一) 国外公务员道德教育的主要内容

当代西方国家公务员职业道德建设的内容主要涵盖公务员履行职责、执行公务和社会生活等领域，明确规定了公务员必须遵守的基本行为准则和道德法则，具体包括以下几个方面：

一是公务员必须忠于宪法和国家。对于宪法和国家的忠诚是西方国家公务员职业道德的第一要求。行使公共权力时必须维护国家利益，必须坚持宪法原则。公务员"政治中立"原则意味着公务员必须越过党派和政治团体利益，把国家利益和宪法要求置于最高位置。美国在《美国政府部门伦理规则》中规定：包括政府官员在内的所有的政府雇员"对最高原则和国家的忠诚高于对个人、政党或政府部门的忠诚"；法国要求全体公务员必须绝对效忠国家，"国家至上"是其首要的道德义务；日本、德国要求公务员在就职前进行就职宣誓，通过具体的仪式，在赋予公务员职业神圣性的同时，灌输公务员职业道德的核心价值。

二是公务员必须恪尽职守，履行职责。公务员的工作态度和能力关系到政府的权威和效能。为了保证政府工作的高效和赢得公众的信任和支持，西方各国都要求公务员做到恪尽职守、忠于职责。各国在相关法律中都有明确规定，凡不能有效及时地完成职责范围内工作者，都被视为对本职工作的不忠实或渎职，将被追究法律或行政责任。《美国政府部门伦理准则》规定："应尽职尽责地工作，尽最大努力履行其义务；在规定的办公时间内，看报、吸烟、聊天等都是不允许的。"瑞士规定："公务员应忠于职守，尽职尽责。""公务员执行公务不得操办私事，应将全部劳动投入公务。"

三是公务员必须廉洁奉公。廉洁奉公是公务员权力公正行使的根本保证，也是培养公务员道德的核心内容，其规定也最为详尽。公务员法规基本包括四个方面的内容：第一，公务员不得参加营利性的组织及经商。第二，对公务员接受礼品有严格的限制。第三，公务员必须进行财产申报。第四，绝不使用任何因履行其政府职责而获取的别人难以取得的信息作为个人谋取私利的手段。

四是公务员必须坚持终身学习。西方国家对公务员终身学习的要求主要体现在有关公务员培训的法律法规中。培训内容以强化公务员职业能力和职业道德意识为主，涉及公务员工作能力、管理能力、道德判断能力以及应对重大突发事件的分析和处理能力等。为了有效树立公务员终身学习的理念，将公务员培训作为考核、晋升等的重要要求和基本条件，形成较为完备的培训激励机制。

五是公务员必须品貌端正。公务员在公众眼中是政府的代表、公共权力的行使者和公共利益的服务者，所以他们的品行、言谈、举止等均关系到国家和政府的尊严和威信，影响公众是否支持政府和对政府的信任度。因此，近年来良好的品行和形象逐渐成为西方对公务员精神风貌的一项要求。如日本《国家公务员伦理规程》规定，公务员要以身作则，要时刻注意到自己的行为，不要给公务员形象带来不良的影响。英国规定，公务员在办公期间服饰要符合礼仪，朴素整洁而大方，态度庄重，言行不得有违公务员的身份和体制。

（二）国外公务员道德教育的具体做法

很多国家经过上百年公务员制度发展经验的积累，形成了一套比较好的公务员职业道德教育和建设体系。

一是加强道德价值观教育，做到务实、诚信、廉洁、自律。

新加坡公务员的道德价值观主要以廉洁不贪污、精英治国和平等公正为核心。其中，廉洁不贪污是公务员道德价值观的首要内容，并把公务员道德价值观教育渗透他们的日常工作中，加强自律。

瑞士、德国等国的精英教育是建立在务实的国民教育基础上，从小学到公务员入职前的大学教育，国家对国民的教育不是纯粹的知识灌输，而是在学习理论的同时重视实践能力锻炼。比如，在中学教育中要修完一定的职业教育学分，除要学到一些实用技术外，还要学习这些行业的从业规则、规范，让中学生深刻认识到这些行业规则、规范的重要性。

英国人非常重视诚实守信，因此更加重视对公务员进行诚信教育以规范行为，培养廉洁奉公的道德风尚，使之养成自警、自律的良好习惯。同时注重开展大众化、公开化和规范化的廉政教育，强调普及性、通俗性和针对性。通过将诚信教育与廉政教育紧密结合地开展，为公务员职业道德教育奠定了坚实的基础。

二是加强道德立法、完善制度体系。

第一，立法明确。公务员职业道德，作为一种有效的自我内在约束机制,对加强公务员廉洁自律和提高行政效能具有不可替代的作用。当前各国加强公务员职业道德建设的一个重要措施和共同取向是实行公务员职业道德建设的法制化。

近年来各国制定的加强公务员职业道德建设的法规很多,除公务员总法外,还相继制定了一系列公务员道德规范,并以法律的形式予以强化。美国的行政道德立法方面在世界上居于领先地位。1978年,美国国会通过了《政府道德法》,该法案对换届交接、官员任命、游说、募捐、选举等诸多行为都制定了规范。

2006年英国政府制定了新的《公务员守则》,在明确公务员基本价值观的基础上,细化了公务员的道德行为规范。

第二,制度严明。国外在注重公务员职业道德法制建设的同时,非常重视公务员职业道德制度建设,不仅在公务员制度中加以明确,而且较充分地体现了法律保障机制。这些制度建设主要有诚信制度、财产和礼品申报制度、任用考核制度和回避制度几个方面。

三是设立公务员道德监督机构。

制定公务员的道德规范并将其法制化、制度化只是公务员职业道德行政伦理建设的一个环节,最重要的是还要设立相应的管理与监督机构来保证公务员职业道德规范与各项规定的实施。

美国政府伦理办公室是一个非常重要的行政伦理的管理部门。在美国的许多州和市的议会和政府,都设有伦理办公室或伦理委员会。

瑞典是最早实行议会监察专员制度的国家之一。瑞典的这一制度于"二战"后被很多西方国家学习。议会监察专员职责是监督政府机构及其工作人员,督促他们依法合理地行使权力,防止其不正当活动侵害公民的合法权益,以及保证受到政府侵害的公民得到政府的赔偿。

四是加强惩处力度,严惩公务员违规行为。

国外对违背公务员职业道德行为有许多严格的惩戒措施,特别是对公务员贪污受贿、以权谋私等行为进行严惩是许多发达国家的普遍做法。对于公务员违反有关法律而贪污受贿、以权谋私的行为,在各国的公务员法中,都明确规定了惩戒措施,这也是公务员法中的重要内容。各国对公务员贪污贿赂行为惩罚尤为严厉,一般除了规定比较重的剥夺人身自由权利的刑罚外,同时还要在经济上给予严厉处罚,另外还要剥夺其担任公职的权利。

英国对公务员违纪违规行为处理更为严格，实行"零容忍"，即存在违纪行为的绝不容忍，根据英国有关法律的规定，公务员滥用公共权力，存在如贪污受贿等行为，将会受到开除职务的处罚，并被取消退休金领取资格。情节严重构成犯罪的要追究其相应的法律责任。

（三）国外公务员职业道德建设对我国的启示

许多国家在公务员道德教育方面积累了丰富的经验，尽管与我国在经济、政治、文化等方面有所差异，但在某些方面仍有借鉴意义。概括说来，就是通过"内省"与"外约"相结合、自律与他律相统一的方法来实现。

一要培养公务员的公共精神。"公共精神是孕育于公民社会之中的位于最深的基本道德和政治价值层面的以公民和社会为依归的价值取向，它包含民主、平等、自由、秩序、公共利益和负责任等一系列最基本的价值命题。"[①] 公务员的公共精神是公务员在行使公共权力时应具备的公共意识、公共思维活动和职业心理状态，是一种经过学习和培养可以内化的行为准则，是引导公务员更清楚地进行职业认知，规范遵循职业道德，为积极高效完成公共管理任务而塑造的高尚情操和为人民服务的精神。公务员的公共精神包括五个方面内容，即民主精神、法治精神、公正精神、公共服务精神和责任精神。

培养公务员的公共精神能从根本上提高公务员自身的道德素养，加强道德自律，并把这种素养融入个人生活与职业中，以达到道德的内化。

二要为公务员道德立法。以立法的形式将涉及公务员伦理道德的规范确定下来，用国家的强制力来保证贯彻实施，这样就保证了公务员在行政过程中一般情况下能坚持以法律为依据。美国、英国、法国、意大利、日本等国家，都对公务员的道德问题进行了立法。到1999年，美国已有30个州颁布了自己的政府道德法规。日本则于1999年8月通过了《国家公务员道德法》，并于2000年4月开始实施。鉴于经验，我国在公务员道德领域必须尽快从立法方面加强管理，细化公务员的行政权力，明确公务员的权利和义务，以及明确违反法律法规之后应有的惩罚。

[①] [美]帕特南：《使民主运转起来》，王列、赖海榕译，江西人民出版社2001年版，第57页。

三要加大对公务员道德的监督。西方国家的公务人员已经形成了接受来自社会各界的监督的习惯。在人民强烈的参政意识以及民主、平等传统的作用下，社会对官方的监督、批评往往比较直率，并且能得到比较好的效果。这种监督既有行政系统内部的监督，也有来自社会方面的行政系统外部的监督。法国、瑞典、联邦德国等国家地区还设立了监察专员制度实施监督，直接受理原告提起的申诉。美国独立战争胜利后，为了防止行政官员的政治专制和不道德的行为产生，采取加强新闻媒介对政府各级行政人员职业道德实行监督的方法。尼克松总统的"水门事件"和克林顿总统的"莱温斯基丑闻"充分显示了新闻媒介在揭露政府官员各种不法的行为和不道德的行为方面的监督作用。

我国《公务员法》规定，对于公务员考核主要是德、能、勤、绩、廉五个方面，通过考核形成对公务员有效的监督约束机制。要想达到预期的效果，就必须充分发挥党政、社团、新闻媒体、人民群众作为监督主体的作用。

四要加大惩处力度。公务员违反职业道德的不良行为，会对公务员整体形象和政府公信力产生严重的负面影响，所以必须加大对于公务员违规违纪行为的惩处力度。首先，严厉惩处腐败分子，真正落实并严格实行责任追究制度，建立警示制度，严格执行公务员辞职、辞退制度，以威慑和警示来增强公务员的危机意识和自律意识。其次，要注重道德惩处，对那些违规违纪的公务员除了行政、经济乃至法律上的处罚外，还应从道德上进行谴责。最后，要完善反腐领导体制和工作机制。加强纪检、司法、审计、监察机关之间的协作，完善职能部门与新闻媒体之间有效的工作协作机制。

五要加强道德教育培训工作。加强公务员职业道德教育是提升公务员职业道德素质的根本措施。公务员职业道德教育是一个长期的过程，职业道德要求内化为公务员的道德自律是一个持续的过程。因此，需要加大教育培训的力度，不断改进培训的方式和方法。要做到：加快培训的立法；拓宽培训渠道；改革传统的培训方法；不断更新培训的内容；加强培训的国际交流；等等。

三　新的历史条件下干部道德教育的问题分析

当前，中国干部道德教育已经形成了完善的制度体系，取得了丰硕成果。但也存在教育实效性不高的问题。近年来，一些干部失德败德问题严重、道德失范行为屡禁不止，查找问题、剖析原因，发现在干部道德教育上还存在诸多薄弱环节。

一是教育目标好高骛远。习惯于把目标定高、定大，把干部道德教育神化，认为其无所不能。"一直以来，道德教育原则一直深受'完人'理念的影响，总是以培育'圣人''完人''君子'而不是'常人'为目标。可以说，这种道德教育其实质是超道德教育，这种有违人之常情，有违常人能力和义务的英雄式道德教育方式，势必会导致这种道德教育本身归于无效。"①

二是教育内容定位模糊。总是把道德教育政治化，把政治教育道德化，不能很好地区分两者。提到教育就不由自主与政治挂钩，"道德即政治""教育即政治"，学习上把干部道德教育等同于政治教育，只讲阶级性，不讲个人修养；行动上又把政治立场等同于道德水平。干部道德教育的内容往往是跟着形势走，随着形势变。认为"上面有精神、下面有学习"就是政治教育。

三是教育标准缺少层次。把超道德与道德混为一谈，在教育中没有区分层次，一谈到道德教育标准就会想到任劳任怨、甘于奉献、严于律己、宽以待人等，每个人都有自己的标准，但到底怎么做才是奉献，如何做才是律己，则是一千个人眼中有一千个哈姆雷特，众说纷纭、无一定论。习惯做表面文章，以为"加强"就是"落实"。

四是教育方法脱离实践。把工作学习与教育分割成两个不同的体系，不懂得相融。不注重工作学习与道德学习相结合，认为工作学习就是强化专业技能、钻研科学技术、提升专业能力；道德学习就是理论研讨、政治教育。把道德教育与工作学习人为地割裂开来。其实道德无处不在，学习的过程也就是接受教育的过程，只有把道德学习渗透于工作、学习、

---

① 周升普：《建立分层次的道德评价体系和有重点的道德教育原则——"见义勇为"稀缺的道德因探微》，《中国德育》2010 年第 1 期，第 26—28 页。

生活的整个过程，才能避免只知道德之学，不知道德之行、道德之情和道德之信的情况发生。

五是教育者存在局限性。教育者的道德立场和道德观念受时空限制，不能很好地破解道德难题。教育的方法是否得当、教育的内容是否实际、教育的认识是否深刻，以及自身的道德修养如何，都会影响教育者的教育效果。所以教育者自身要充分认识学习的重要性，"照本宣科""人云亦云"不但不能解决实际问题，取得应有的实际效果，还会影响受教育者对道德教育的看法，教育还不如不教育，甚至出现反其道而行之的行为。

四　干部道德教育的基本原则

干部道德教育原则，就是干部道德教育者从事教育活动时所必须遵循的基本准则。

（一）干部道德教育原则确立的依据

干部道德教育原则是经过长期干部道德教育实践，在深厚实践基础和坚实理论支撑的基础上，逐步形成、发展和确立起来的。

第一，干部道德教育原则是国家路线方针政策的直接体现。在阶级社会，经济决定政治，政治是经济的集中体现。教育属于意识形态范畴，教育受制于政权性质和政治体制，同时又通过发挥教育功能为政治服务，实现相应政治目的。在中国，干部道德教育是中国共产党实现全心全意为人民服务为宗旨的重要条件和有力工具，具有鲜明的政治性。因此，中国共产党干部道德教育原则应以马克思主义为指导，以国家路线、方针、政策为依据，符合社会主义发展客观规律和社会历史发展规律要求。

第二，干部道德教育原则是教育客观规律的主观反映。教育规律同其他规律一样，是不以人的主观意志为转移的客观存在。教育内部各要素如教育主体、教育对象、教育内容、教育目标之间的本质性联系，教育外部如教育发展程度与国家生产力发展水平、社会性质之间的客观矛盾或内在联系等，都是教育本身所固有的规律，决定了教育的发展趋势。换言之，作为干部道德教育原则的内在依据，这些不以人的意志为转移的客观规律决定了干部道德教育的原则。

第三，干部道德教育原则是对干部道德教育实践的经验总结。干部道德的实践本质决定了干部道德教育具有强烈的实践性特征。干部道德教育是理论与实践的结合、知与行的统一。干部道德教育有着古今中外丰富的教育实践经验,是经过长期教育实践,被反复总结和创新的过程,其中具有本质性和普遍性指导意义的经验和启示逐步成为干部道德教育活动的标准和依据,用以指导干部道德教育实践。

(二) 干部道德教育的基本原则

一是方向性原则。方向性就是明确的政治信念和政治追求,是干部道德教育的最根本原则。第一,坚持马克思主义理论教育。胡锦涛指出:"对马克思主义的信仰,对社会主义和共产主义的信念,是共产党人的政治灵魂,是共产党人经受住任何考验的精神支柱。"[①] 坚持马克思主义在意识形态的指导地位,是巩固中国共产党团结全国各族人民共同奋斗的思想道德基础。马克思主义是干部道德建设的理论基础和指导思想,必须把马克思主义基本理论作为重要教育内容,把马克思主义经典著作中所蕴含的具有恒久生命力和永恒思想魅力的伦理思想的精神内核和道德价值观挖掘出来,掌握辩证法唯物主义和历史唯物主义世界观方法论,提高并运用马克思主义立场观点方法分析和解决问题的能力。第二,坚持中国特色社会主义理论教育。由邓小平理论、"三个代表"重要思想、科学发展观等重大战略思想构成的中国特色社会主义理论体系,是中国共产党在改革开放和现代化建设的伟大实践中进行的理论创新,深刻反映了中国特色社会主义发展的客观规律,内容丰富,博大精深。干部道德教育要保持对马克思主义的坚定信仰,对中国特色社会主义的坚定信念,对改革开放和社会主义现代化建设的坚定信心,做到道路自决、理论自觉、制度自信。第三,坚持社会主义核心价值观教育。社会主义核心价值观体现的是一种思想导向和遵循原则,任何国家、社会为确保国家的稳固、社会的稳定,都必定建设一个需要人们共同遵循的核心价值体系。社会主义核心价值体系具有社会主义性质,代表社会主义发展方向。中共十八大提出培养社会主义核心价值观,将24字核心价值观分成国家、社会、公民三个层面:富强、民主、文明、和谐,属于国家层面

[①] 胡锦涛:《坚定不移沿着中国特色社会主义道路前进 为全面建成小康社会而奋斗》,新华网2012年11月8日。

价值目标要求；自由、平等、公正、法治，属于社会层面价值取向要求；爱国、敬业、诚信、友善，属于公民个人层面价值准则要求。这是对社会主义核心价值观的最新概括。习近平指出："核心价值观，其实就是一种德，既是个人的德，也是一种大德，就是国家的德、社会的德。"① 可见，核心价值观也是干部道德教育所应包含的必要内容。

二是主导性原则。围绕干部道德教育所进行的一切活动都是为了达到转变人的思想的目的。干部道德教育要坚持正确思想导向，在目标、内容、任务等方面不偏离的情况下，做到因时、因地、因人不同，实现教育特色化、个性化。第一，坚持时效性。干部道德教育者的教育内容一定要注意结合国内国际新形势，顺应时代需要，符合时代要求，如中国共产党新民主主义革命时期和社会主义现代化建设时期，干部工作任务不同，对干部的要求标准也不同，道德教育的内容和标准也就不尽相同。第二，坚持针对性。干部道德教育者要注意结合教育对象的个体差异，对教育主客观因素进行科学分析和整体把握，制定行之有效的干部道德教育学习方案和教育对策。干部道德教育要根据总结分析干部所面临的具有共性的、普遍存在的问题，有针对性地选用合适的教育内容、教育方法。干部道德教育者要能够在教育活动中起引领示范作用，充分调动干部道德教育对象的积极性和主动性等。做到入耳、入脑、入心，真学、真用，最终达到转变思想的目的。从而，形成干部道德教育的最大合力，是在寓教于乐中凝聚、传承干部道德教育的正能量。

三是实践性原则。干部道德教育的实践性原则强调教育必须立足于现实，坚持一切从客观实际出发，边学习边实践，通过实践来检验教育成果，做到教育环节不脱离实践。第一，教育方法要注重典型示范。好的典型远远比理论说教来得实在，要发挥榜样作用，在干部队伍中多树典型、树好典型，不仅使干部道德教育学习有参照，而且会大大激励和鼓舞更多干部形成科学的世界观、人生观和价值观。第二，教育过程要坚持理论与实践相结合。要通过有目的、有计划的社会实践活动，培养高尚道德情操，形成良好行为习惯，通过亲身实践体验，明确真、善、美与假、恶、丑的标准，增强受教育者认识世界和改造世界的能力，提

---

① 习近平：《在北京大学师生座谈会上的讲话》，教育部门户网站 2014 年 5 月 4 日。

高思想觉悟。第三，教育成效要通过实践来检验。在实践中，干部把对科学理论的理性认知和感性认知逐步转化为分析解决问题的立场、观点和方法，凭借此改变可以实现对教育成效的检验。

五　干部道德教育的重点

干部的德既是干部职业道德、个人品德和政治操守等德行素质的综合展现，也是其必须遵循的行为规范和道德准则，是整个干部队伍素质高低的"试金石"。干部道德建设是一项综合工程，要明确内涵、把握规律、厘清思路、突出重点。

（一）理想信念教育

理想是人们在社会实践中对未来可能实现的目标寄予的一种价值追求和人生关切。它是人们集政治立场、人生态度、价值观念等基础上的一种精神预测和精神研判。理想可分为政治理想、道德理想、生活理想和职业理想。信念是人们对实现个体动机目标的认知过程和情绪体验，是人们心理动能的外在表现。信念主要表现为对某一现象和做法的持续态度，一旦这种持续态度表现为总体性、普遍性就会成为人们的习惯而被固定下来。此时，这种因被激发的意志力而形成的信念就转化成了信仰。科学信仰不同于宗教信仰，它是立足于对人类社会及其发展规律经过长期反复实践基础上的正确认识，这种正确认识是经过对于客观真理的理性分析和深刻理解，达到理性确信后付诸行动的一种精神状态。在不同的历史时期、不同的社会环境中，理想信念的内涵也不尽相同。坚定理想信念，坚守共产党人精神追求，始终是共产党人安身立命的根本。对马克思主义的信仰，对社会主义和共产主义的信念，是共产党人的政治灵魂，是共产党人经受住任何考验的精神支柱。形象地说，理想信念就是共产党人精神上的"钙"，没有理想信念，理想信念不坚定，精神上就会"缺钙"，就会得"软骨病"。现实生活中，一些党员、干部出这样那样的问题，说到底都是信仰迷茫、精神迷失。当代中国正处于社会主义初级阶段，建设有中国特色的社会主义是把马克思主义同中国实际相结合的基础上，中国共产党对现阶段的科学总结和高度概括。实质上就是坚持马克思主义在意识形态的指导地位，坚定共产主义理想和中国特色社会主义信念，这就是通常意义上的理想信念，实质上就是坚持马克思主义信仰。马克思主义基本理论是被人们广泛认同和信服的唯物主义哲学，马克思主义信仰是被实践无数次证明的符合人类社会发展客观规律的理论信仰，最具有科学性和真理性。

理想信念教育是干部道德教育的重要组成部分。理想信念教育是以共产主义理想信念教育为核心的教育活动。江泽民说："理想信念教育，是党的思想政治工作的核心内容。只有在全党同志和全体人民中牢固树立正确的理想信念，才能不断增强凝聚力和战斗力，我们的事业才能不断取得成功。"①可以说，干部理想信念教育是中国共产党一切工作的生命线，关系着中国共产党事业的成败。理想信念教育一直被中国共产党高度重视。2006年3月29日发布的《干部教育培训工作条例（试行）》第十七条规定："政治理论培训重点进行马克思列宁主义、毛泽东思想、邓小平理论和'三个代表'重要思想的教育，树立和落实科学发展观、正确政绩观的教育，党的历史、党的优良传统作风、党的纪律的教育，国情和形势的教育，引导干部坚定共产主义理想和中国特色社会主义信念，坚持马克思主义的世界观、人生观、价值观和正确的权力观、地位观、利益观，夯实理论基础、开阔世界眼光、培养战略思维、增强党性修养。"新时期中国共产党坚持德才兼备、以德为先的思想，并把政治理论培训作为工作重点，说到底是强调干部坚定理想信念的目的性。当前，理想信念教育的主要内容是马克思主义信仰教育、社会主义信念教育、对社会主义现代化建设事业的信心教育和对党和政府的信任教育等"四信"教育。

第一，马克思主义信仰教育是理想信念教育的出发点。马克思主义信仰是最高层次理想信念的统一，坚持马克思主义信仰就是坚持共产主义远大理想信念，是中国特色社会主义共同理想信念的理论基础和行动指南。坚定的马克思主义信仰是中国共产党在中国革命和建设中始终立于不败之地的法宝。新时期社会意识形态领域的多样化和多元化，要求中国共产党要始终坚持和巩固马克思主义的指导地位，就必须坚持马克思主义信仰教育不动摇，通过深入学习马列主义、毛泽东思想和中国特

---

① 江泽民：《在中央思想政治工作会议上的讲话》，《江泽民文选》第三卷，人民出版社2006年版，第74—100页。

色社会社会主义理论,把马克思主义转为内化的信仰。

第二,中国特色社会主义信念是理想信念教育的着力点。中国特色社会主义信念是共产主义远大理想信念的初起阶段,是共产主义远大理想信念在中国现阶段的集中表现,社会主义信念集中体现了马克思主义信仰的理论定位与实践智慧,是马克思主义在中国的实践和发展。党的十七大报告中说:"改革开放以来我们取得的一切成绩和进步的根本原因,归结起来就是:开辟了中国特色社会主义道路,形成了中国特色社会主义理论体系。高举中国特色社会主义伟大旗帜,最根本的就是要坚持这条道路和这个理论体系。"可见,中国特色社会主义信念教育就是要以中国特色社会主义理论体系为主要内容,引导广大干部群众深刻认识高举中国特色社会主义伟大旗帜,坚定不移地走中国特色社会主义道路的重要意义,不断坚定中国特色社会主义的道路自信、理论自信和制度自信。

第三,对社会主义现代化建设事业的信心教育是理想信念教育的关键点。"十月革命"一声炮响给中国带来了马克思主义,自此,坚定的中国马克思主义者开始了坚苦卓绝的理论探索和道路实践,并取得了一系列伟大成果。中国特色社会主义道路是以马克思主义为理论指导并被中国特色社会主义实践反复证明的完全正确的理论指导。中国社会主义的道路选择是马克思主义与中国实践相结合的结果,是符合中国国情的正确选择。马克思主义初级阶段理论已经表明,中国处于社会主义初级阶段并将长期处于社会主义初级阶段的国情,中国特色社会主义道路阶段是最终实现共产主义社会的必经阶段。为此,在当代中国马克思主义的理论指导地位不可动摇,中国特色社会主义现代化建设要牢固其理论指导地位,发挥其指导作用,为中国社会主义经济体制改革和社会主义现代化建设提供充分的理论依据,中国共产党要自觉运用马克思主义指导实践,带领广大人民群众投身于社会主义现代化建设的伟大征程,实现中华民族的伟大复兴。

第四,对党和政府的信任教育是理想信念教育的落脚点。中国共产党自诞生之日起就勇敢担当起带领中国人民创造幸福生活、实现中华民族伟大复兴的历史使命。江泽民说,"要使广大人民群众正确认识国家和自己的根本利益,树立正确的世界观、人生观、价值观,把个人的理想融入全体人民的共同理想当中,把个人的奋斗融入为祖国社会主义现代化建设的奋斗当中,坚定对建设有中国特色社会主义的信念、对改革开放和现代化建设的信心、对党和政府的信任"[①]。由此可见,不但中国共产党和政府需要人民群众的信任与支持,人民群众也同样需要给予中国共产党和政府充分信任。

(二) 底线意识教育

所谓"底线",本意是指一些球类场地两端的边线,后来引申为伦理学术语,指人们在社会生活、人际交往等某些社会活动中内心所能承受或认可的最低限度或最大极限。如政治底线、道德底线、职业底线、法律底线等。世界上万事万物都有其内在规定性,都有其不可逾越的底线。一旦底线被突破,就会发生质的改变。对于个人而言,或者受到道德的谴责,或者受到法律的制裁。对于一个政党或是一个集团而言,其成员任何一个操守上的失于防范,都会引发"破窗"效应。"千里之堤,溃于蚁穴",最终导致整体利益的土崩瓦解。归根结底,这个底线就是生死线,突破它,贻害无穷。底线意识是以底线为基础,对所处社会环境以及自身行为的一种认知能力和觉察能力。它以"防患于未然"为前提,以风险成本为前瞻,始终保持心态上或思维上的警醒。

底线意识主要呈现四个方面特点:一是保持忧患。对事物保持一种审慎的态度,对事态的发展保持预见性,尤其注重对事物存在的隐性危机、风险保持一种警惕和防范。二是计算成本。对事物的不利因素进行底线的界定和权重分析,有明晰的风险指数预测。三是舍得放弃。坚持底线原则,把底线作为一道不可逾越的生命红线,有所为有所不为,不能为的坚决不为。四是把握全局。保持底线意识的最大意义就在于敢于预见后果、正视困境,在困境中始终坚守一种坚韧不拔的精神和勇气,在突破重围时能够达到开放的思维和高超的智慧,在具有前瞻性的科学预判中变被动为主动,扭转时局、把握全局。

正所谓"守乎其低而得乎其高",对于新时期中国共产党的干部来说,要具备底线意识,在分析问题解决问题时要注意把握好这个"底",这个"底"是做人、处事、用权、交友不能逾越的红线。不论是政治底

---

① 《江泽民文选》第三卷,人民出版社2006年版,第89页。

线、政绩底线，还是道德底线、法律底线，等等，越雷池一步，都将面对无法逃避的最坏结果。所以，作为一名干部，立场坚定、道德高尚、作风淳朴、遵纪守法是最起码的职业要求和最基本的做人准则，是每一名领导干部都必须坚守的。

第一，坚守政治底线。早在20世纪80年代，中国共产党提出了"讲学习，讲政治，讲正气"的口号，讲政治是一名干部最起码和最基本要求，也是方向性和根本性问题。在任何历史时期，它都涉关政治立场、政治观点、政治原则、政治纪律及政治素质等诸多方面。但不同时期不同政党政治的具体内容不同，如新时期中国共产党的政治讲的是坚持中国特色社会主义道路不动摇，把实现好、维护好和发展好人民群众根本利益作为最大的政治，这个政治不仅要讲，更重要的是如何落实。因此，在干部道德教育中必须立足于如何在错综复杂的市场经济条件下始终保持政治敏锐力和政治鉴别力，自觉划清"四个重大界限"，即"自觉划清马克思主义同反马克思主义的界限，社会主义公有制为主体、多种所有制经济共同发展的基本经济制度同私有化和单一公有制的界限，中国特色社会主义民主同西方资本主义民主的界限，社会主义思想文化同封建主义、资本主义腐朽思想文化的界限，坚决抵制各种错误思想影响，始终保持立场坚定、头脑清醒"[①]。在思想上和工作中始终保持政治忠诚，明辨是非，自觉抵制错误思潮、澄清模糊认识，严守政治底线。

第二，坚守道德底线。干部道德不同于一般意义上的道德，干部身份的特殊性，决定了对干部道德的要求除了具有普通公民所应当具备的道德外，还应该有更高标准的道德要求，即政治性、示范性、导向性、责任性和激励性的要求。尤其是面临当前复杂多变的国际形势和社会转型期的巨大变化。新时期的干部不但要有过硬的专业素质还要有坚定的道德素质，始终保持道德底线。干部要把加强道德修养放在突出位置，把道德修养作为终身不变的价值追求和努力方向，并不断内化为自觉行为，在道德践履中焕发出强大的意志力和感召力，永葆共产党人的先进本色。要纯洁工作圈，要始终保持如临深渊、如履薄冰、战战兢兢的精神状态，谨慎为官，勤奋敬业，廉洁从政，做到权为民所用，利为民所

---

① 《中共中央关于加强和改进新形势下党的建设若干重大问题的决定》，2009年9月27日。

谋，情为民所系。要纯洁交友圈，要始终保持慎言慎独慎行，按章程办事，不违规操作，不打擦边球，不该吃的不吃、不该要的不要，不该做的不做，做到谨慎交友。要纯洁娱乐圈，要始终保持自重、自省、自警、自励，要守得住清贫、耐得住寂寞、抵得住诱惑，经得起考验，做到生活正派、情趣健康。

第三，坚守政绩底线。没有底线的政绩必然损害人民利益，败坏社会风气，影响国家形象。能否坚持政绩底线，是衡量干部党性修养的重要标准。当前，干部错误的政绩观主要表现为：不从实际出发，不按客观规律办事，习惯于做表面文章，急功近利，好大喜功，劳民伤财，大搞形象工程；不从群众利益出发，局部利益或个人利益代替整体利益，阳奉阴违，欺上瞒下，唯利是图，大开敛财之门；宗旨意识淡薄，不深入调查研究，消极保守不作为，独断专行，推诿扯皮，简单粗暴，官僚主义大行其道。新时期干部树立正确的政绩观，就要坚决反对一切形式主义、官僚主义、享乐主义和奢靡之风。树立正确的政绩观，就要以科学发展观为核心，大力弘扬求真务实精神，大兴求真务实之风，坚持一切从客观实际出发，按客观规律办事。树立正确的政绩观，就要立足当前利益和长远利益，把理论分析与调查研究相结合，把工作作风与密切群众相结合，把抓好发展与改善民生相结合。树立正确的政绩观，就要老老实实做人，干干净净做事，踏踏实实为民，努力创造出经得起实践、人民和历史检验的政绩，始终保持政绩底线。

（三）敬畏意识教育

敬畏，顾名思义，就是既敬重又畏惧。敬畏是人类对待事物的一种态度，敬畏意识是外在神圣性在内心发出的对其事物既尊敬而不敢逾越的真实情感。常言道"无知者无畏"，敬畏是道德的深层约束，只有从深层次上认清事物，看清事物的本质，才能由害怕和恐惧进入真正的道德境界。否则，道德就是以对别人的不道德为代价，就是对别人的侵犯。因而，干部要有敬畏意识：要敬畏历史，一切工作都要经得起历史的检验；要敬畏人生，社会实践是人生价值的体现；要敬畏人民，一切依靠群众，一切为了人民。

第一，敬畏历史。"历史就是历史，历史不能任意选择，一个民族的历史是一个民族安身立命的基础。"一部国家和民族的历史，就是一部血脉传承的精神文化史，每个人都是历史的继承者。不懂得敬畏历史，就割裂了文明传承的延续。"以史为镜，可以知兴替"，中国共产党始终坚持人民是历史的真正创造者，沿着正确的政治方向，用辩证唯物主义和历史唯物主义观来探究历史发展全过程，始终站在推动历史发展的最前沿，以居安思危的忧患意识肩负起振兴中华的历史使命，带领广大人民为更好地实现"中国梦"而努力奋斗，走出了一条具有中国特色的社会主义发展之路，这是一条被历史和实践反复证明了的符合中国发展规律的唯一正确的道路。新时期的干部要敬畏历史，学习和总结中国历史文化，要了解中华民族的灿烂文明史，善于从不断地传承和发扬中吸纳文化精髓，大力弘扬和培育中华民族精神。善于从不断地学习和总结中发现历史发展规律，掌握中国共产党不同于其他政党，能够领导中国革命不断取得胜利，带领和团结中国人民实现国家繁荣富强的历史经验，从中获取有益于干部修身处事、从政为官的智慧和营养，不断提升精神境界和工作水平。

第二，敬畏人生。人生就是人体验生命的旅程，人的一生，真正能有所作为，实现自身价值的不过数十载。子曰："吾十有五而志于学，三十而立，四十而不惑，五十而知天命，六十而耳顺，七十而从心所欲，不逾矩。"干部作为人民眼中的佼佼者，应该对人生有所"计算"，虽然控制不了人生的长度，但可以改变人生的宽度和深度。正如雷锋所说："人的生命是有限的，可是，为人民服务是无限的，我要把有限的生命，投入无限的为人民服务之中去。"作为人民的干部就应当具有这种珍视、敬畏人生的态度。如焦裕禄、郑培民、任长霞、牛玉儒、祁爱群等具有新时期干部道德建设标本价值和典型意义的先进人物，用热血和生命谱写了他们奋斗与奉献的人生之歌，他们伟大的人格魅力和崇高精神追求永远为人所景仰和传颂。而另一些如全国第一个因腐败案"落马"的在任省级组织部部长，中共江苏省委原常委、组织部部长徐国健，中国腐败官员中一个最为典型的代表文强，有"安徽第一权力家族"之称的安徽省委原副书记王昭耀等，虽然享尽一时"风光无限""威风八面"，最终却以或锒铛入狱，或被判极刑早早终结了他们的罪恶人生。正反两方面的典型事例说明，干部为官一任，就应当造福一方，要常怀敬畏之心，在利益面前保持自醒，在荣誉面前保持自励，在诱惑面前保持自警，时刻做到慎权、慎欲、慎初、慎微、慎独、慎交；要常怀感恩之情，正确认识党，定准人生方位，不管世界风云如何变幻莫测，始终忠于国家、忠于党、忠于人民，以为党建功立业为己任，为中国共产党的事业奋斗终生；要永葆奋斗激情，正确对待公与私、得与失、荣与辱的考验，在工作中身先士卒、率先垂范、胸怀大局、淡泊名利，时刻保持积极进取、为社会主义事业奉献一切的精神境界和崇高追求。

第三，敬畏人民。马克思主义认为，在人类社会历史发展的伟大进程中，人民群众始终是社会变革的主体，是推动历史不断前进和经济社会发展的决定性力量。正是在这种马克思主义认识论和历史唯物主义观的理解基础上，中国共产党自成立以来，团结带领中国各族人民在长期的探索实践中逐步丰富和发展了马克思主义群众观。中国共产党能够领导全国各族人民在反对帝国主义、反对封建主义、反对官僚资本主义的新民主主义革命斗争中取得彻底胜利，并在领导社会主义革命、建设和改革发展中取得伟大成就，其重要法宝就是始终坚持走群众路线。这是中国共产党一贯的宗旨和作风，更是区别于其他任何政党的一个根本标志，坚持群众路线就能够始终代表最广大人民的根本利益，诚心诚意为人民谋利益，全心全意为人民服务。干部是中国特色社会主义的组织者和建设者，承担着带领各个地区、各个行业、各个单位广大人民群众全面建设小康社会的重任。一名合格的干部只有牢固树立正确的世界观、事业观、权力观和政绩观，认清社会责任和历史使命，永葆党的先进性和纯洁性，才能更好地承担起党和人民赋予的重任。干部的公信度是人民群众满意度和信任度的集中体现，是凝聚党心民心的关键所在。说到底，衡量干部工作水平高低、素质优劣，关键要看群众满意不满意、认可不认可。可见，在任何时候，干部都要对人民心存敬畏。

（四）公仆意识教育

新时期的中国在不断取得经济社会大发展的同时，也面临着改革发展关键期的一系列困难和矛盾。国际形势复杂多变，广大人民对享受生活充满新期待，对行使权利充满新希望。如何适应新格局，如何应对新变化，归根结底，应该确保马克思主义的政治立场不能变，全心全意为人民服务的根本宗旨不能变，走群众路线的工作方法不能变。干部要牢固树立公仆意识，把群众呼声作为第一信号，把群众需要作为第一选择，把群众满意作为第一标准。自觉做到除了工人阶级和最广大人民群众的利益，没有自己的特殊利益。只有如此，才能做到心中有人民，才能视人民为衣食父母，才能亲民爱民，才能牢记群众观点、站稳群众立场，切实解决好"依靠谁"的问题。

第一，坚定人民至上的信念。领导的本质工作是服务，干部的权力、责任和义务，归根结底是要践行中国共产党全心全意为人民服务的宗旨。干部要真正在思想上尊重群众，政治上代表群众，感情上贴近群众，行动上深入群众，工作上为了群众，赢得人民群众的信任，做合格的人民公仆；要永葆为民情怀，人民的利益高于一切，作为中国共产党的干部，无论职务高低，无论何时何地，都要始终坚持立党为公、执政为民，把人民放在心中最高位置，把为人民服务作为全部工作的出发点和归宿；要永葆公仆本色，全心全意为人民服务，把实现好、维护好、发展好最广大人民的根本利益作为检验自己工作和言行的最高标准；要始终把人民放在心中最高位置，踏踏实实地做人民的公仆。

第二，树立正确的权力观。干部手中的权力是人民赋予的，一切属于人民，一切为了人民，一切依靠人民，一切归功于人民。检验干部是否正确使用权力的标准就是要看干部是否真正做到了"权为民所用、情为民所系、利为民所谋"。《中国共产党的章程》中明确规定，"党的干部是党的事业的骨干，是人民的公仆"，要在敬畏之中坚定为民信念、升华爱民情怀，增强为民服务的公仆意识，坚持"从群众中来、到群众中去"；要深入基层接地气，与民为友、与民为师，晓民情、集民意、汇民智，做实事、办好事、解难事，出实招、重实干、见实效，清正为人、清廉为官，在责任面前勇于担当，在困难时刻百折不挠，在危急关头挺身而出，做到立身不忘做人之本、为政不移公仆之心、用权不谋一己之私，以实际行动来树立在人民心中的良好形象，成为群众信得过的"主心骨"。

公仆意识是具体而生动的，它外之于举止，见之于言行。有了公仆意识，就能坚持深入实际，主动问计于民，不会脱离群众，高高在上；有了公仆意识，就能耐心倾听群众意见，真心欢迎群众监督，不会言者谆谆，听者藐藐，心生厌烦，置若罔闻；有了公仆意识，就能热心帮贫扶困，尽心排忧解难，不会置群众冷暖、民生疾苦于不顾；有了公仆意识，就能全心全意为群众办实事，办好事，不会好大喜功，追名逐利，热衷"作秀"；有了公仆意识，就能做人清正，执政廉洁，不会公权私用，以权谋私。总而言之，有了公仆意识，才能时刻摆正自己和人民群众的位置，做到为民、务实、清廉。

（五）平等意识教育

"作为一种具体的社会和政治的要求，平等是拉开现代社会序幕的一系列重大革命的产儿。"[①]恩格斯认为，平等是一切人，或至少是一个国家的一切公民，或一个社会的一切成员，都应该有平等的政治地位和社会地位。现代社会平等观主要强调人们在政治、经济、法律及其他社会活动领域，要求在基本权利、人格尊严和价值理念等方面享有同等待遇，人人生而平等。但是道德不然，人不是一生下来就懂得道德，高尚的道德是后来修炼的结果。有了高尚的道德情操才能保障人生而平等的权利。干部的特殊身份注定了干部不仅没有道德豁免权，还必须具备基于公民道德之上的更高层次的道德。然而，一些干部讲排场、摆阔气，腐化堕落、威风八面……昭然若揭的一个事实就是：当前社会存在着政治地位不平等、经济地位不平等、社会地位不平等的现象。这种不平等是忽略道德的特权主义，享受了人为的道德豁免权。这种不平等势必导致社会的不公、人民的不满。因而，干部要有平等意识：要政治平等，人人享有公正合法的政治权利。要经济平等，人人享有合法占有对等财富的自由。要社会平等，人人享有在法律上平等的地位。这种平等意识要内化于心、固化于制、外化于行。

第一，政治平等意识。政治平等主要表现为选举权的平等。选举权是公民依据国家法律规定程序和方式，享有推举产生国家民意机关代表或国家公职人员的权利。选举权的平等是中国特色社会主义民主政治的集中表现。中国特色社会主义民主是新型的民主，是绝大多数人享有的民主，其根本目的是实现人民当家做主，人民民主是社会主义的生命所系。所以，公民享有平等的选举权是真正落实人民在参与国家公共事务管理中的知情权、参与权、选择权和监督权，真正维护人民的根本利益，

[①] [美] 亚历克斯·卡里尼克斯：《平等》，徐朝友译，江苏人民出版社 2003 年版，第 25 页。

真正取得人民群众的信任和支持。那些表现在干部身上的特权思想、等级观念和官僚作风是与中国特色社会主义的本质属性背道而驰的，是某些干部滋生腐败的思想推手，严重影响国家形象、败坏社会风气，严重破坏社会秩序、阻碍国家建设。广大干部必须筑牢思想防线，自觉与封建主义、资本主义腐朽思想划清界限。

第二，经济平等意识。中国特色社会主义市场经济体制鼓励一部分地区和一部分人先富起来，是基于打破计划经济体制下的制度壁垒，消除"大锅饭"思想，以此激发人们通过诚实劳动、公平竞争实现勤劳致富的热情和斗志。从而达到先富带动后富，实现人们的共同富裕。实现共同富裕是当代马克思主义的本质要求，即社会主义的本质属性，是共产主义理想目标。党的十八大强调"建立公平开放透明的市场规则"。干部要为实现人民共同富裕提供政治保障，保障人民在经济领域中有平等的机会，保障他们享有平等的财产权，要保障他们公平竞争，就要正确把握中国市场经济所面临的新形势，自觉营造和维护公平竞争、公开透明的市场环境。某些干部利用手中权力，以低买高卖或委托理财等交易方式坐收渔人之利等谋取不正当利益的违法行为，实际上就是利用职务之便非法占有了人民的财产权，给人民的经济利益带来了损失，造成了人民经济上的不平等。势必引起人民对不能享有公正、合法权利的抗拒。作为一名干部，一定要"为官一任，造一方福，安一方民，兴一方业"，以身作则，审慎用权，建立和健全相对公平的外在机制，着力确保人民获得平等竞争的机会。

第三，社会平等意识。社会平等主要是指人民在法律面前享有平等身份和尊严，即通常意义上的"法律面前人人平等"。这也正是对社会主义法制的基本要求。社会主义法制就是指社会主义民主实现法律化、制度化。平等是实现社会主义法制的前提条件和必要准备，平等的根本出发点和落脚点是维护最广大人民的根本利益，即保障人权。人权是在一定社会历史条件下每个人按其本质和尊严享有或应该享有的基本权利和自由。"自由""平等"是人权的最本质特征。党的十八大把"人权得到切实尊重和保障"确立为全面建成小康社会的一个重要目标，就是"要把人权保障贯彻到立法、执法、司法和社会管理等领域，充分体现人的主体性，重视程序的独立价值，完善人权保障的法律机制，建立约束权力、权利救济、权利抗衡、弱势群体人文关怀的常态机制"。对于任何以言代法、以权压法、徇私枉法的行为绝不能姑息和容忍。作为国家干部，一定要模范地遵守党纪国法，在法律范围内行使权力，以消除不平等、不公正现象为己任，维护社会公平、正义，促进社会权利公平、规则公正、机会平等，以保障社会成员在社会生活的各个方面、各个领域都享有平等和广泛的人权，实现人的全面发展。

（六）现代技术教育

当前以多媒体、互联网为核心的现代科学技术异军突起，带来了现代信息技术的突飞猛进。网络时代扑面而来，并以迅雷不及掩耳之势席卷了人们的工作、学习、生活领域。传播学原理认为，教育是利用一定的传播手段为达到预期教育目的，而进行的一种文化信息传播活动。以多媒体应用技术和网络通信技术为核心的现代信息技术必然会引起教育领域的深刻变革，传统教育模式、教育手段必然会受到严重挑战。新形势下的干部道德教育迫切需要通过更新教育观念、改进教育方法、提升教育管理水平来建立一套行之有效的现代干部道德教育体系。

第一，实现干部道德教育内容由单一型向复合型转变。任何一种教育都不是单一的和孤立的。"头痛医头，脚痛医脚"不见得就能医好病。干部道德教育，同样是一个系统的教育工程，加之时代的变化，干部道德教育的内容无论在广度上还是深度上都在随之发生变化。新形势下，高效运转的现代信息社会为整合干部道德教育资源提供了契机。所以要充分发挥现代信息技术，尤其是网络技术优势，充分整合网络资源，使之能够实现合理组织和有效利用。一要整合网络热点。借助网站、博客、播客、网络QQ群等对群众反应热烈、呼声较高的社会热点问题进行调查研究、甄别梳理、总结分析干部道德教育所面临的新情况、新问题。二要整合思政热点。关注国家政策法规、重大政治事件及党建热点等的官方解读、专家指导、网民评议等，对这些进行搜集、筛选、归纳。三要整合知识热点。根据不同级别干部应知、应会的知识储备的需要，分门别类地进行选编。四要整合技术热点。要实现干部道德教育现代化、信息化，前提是干部必须能够了解、掌握、使用相关网络技术。所以有必要集中对干部进行培训使他们能够获取一些必备的网络技术培训资源。现代信息技术的发展使各类学习资源实现了有效组织、传递和共享，也有效推动了各类教育资源数字化、网络化、智能化的信息库建设。

第二，实现干部道德教育方法由灌输型向渗透型转变。长期以来干部道德教育局限于搞活动、作报告、造舆论，往往声势很大，收效甚微，单一的教育方法成为干部道德教育的瓶颈。新时期的干部道德教育工作，要求教育者既要适应利用传统教育方法又要有效运用现代化传播媒介。一要打造网络教育阵地。通过开通干部道德教育专题网站，开设"干部道德教育讲堂"、开发"干部道德教育学习平台"、开办干部道德教育数字报刊等，为干部道德教育营造良好的学习氛围。二要打造远程教育阵地。组建计算机、多媒体与远程通信技术相结合的现代远程教育，打破时空界限，让干部更广泛地参与到教育活动中来，既能节约成本又能提升效果。同时，也使教育活动由被动地组织逐步转向自主、自觉接受教育的层面上来，也会为激发干部自觉接受教育、心理上真正接受教育、把道德教育作为必修课提供可能性。三要打造移动教育阵地。借助官方微博、手机微信等传播平台，可以为学习者提供更加丰富的学习选择，实现零距离学习和随时随地学习。借助现代化教育传播手段，实现干部道德教育进手机、进网络、进生活，实现干部道德教育入耳、入脑、入心，逐步实现干部道德教育成为干部的自觉行动，使干部成为真正的学习者。

第三，实现干部道德教育管理由被动型向主动型转变。干部道德教育既不同于学校教育，也不同于培训机构，在管理上浮于行政化、模式化，很少被量化考核。信息化网络条件下，应以建设网络平台为契机，把干部道德教育管理工作全方位覆盖到每名干部。一要建立干部道德教育网络互动平台。以干部性别、年龄、职业、地区等开通网上活动区，发挥网络平台的桥梁和纽带作用，促进干部之间的交流与对话，增加干部网络组织生活的感染力、凝聚力和向心力，从而不断提升干部从政道德的自觉性和坚定性。二要建立干部道德教育网络服务平台。定期为干部做心理调查研究，形成个人心理档案，制订个人心理健康辅导方案，及时了解和疏导干部的心理状况，化解干部的不良情绪和矛盾，提供干部心理健康的预防、调整、维护等网络服务。三要建立干部道德教育信息化平台。网络平台实行班主任负责制，对干部在所有网络平台的活动进行跟踪记录、辅导答疑或督促检查。形成个人干部道德教育电子档案，实现对干部集中学习、日常学习、重点学习以及学习成效等的有效管理和有效鉴定。

第三节 干部德的立法

"立法",一般又称法律制定,通常指特定国家机关依照一定程序,制定或者认可反映统治阶级意志,并以国家强制力保证实施的行为规范的活动。干部德的立法,就是要将干部的道德标准法律化,形成一种硬性的约束机制,以国家政权的力量来推动干部的道德建设,提升干部的道德水平。

在马克思看来,"道德的基础是人类精神的自律"。但自律不能天然生成,在这其中有一个外在道德规范内化的过程,可见,自律是后天才有的。干部的德也是自律和他律的统一体。英国经济学家哈耶克认为,"制度决定官员的变形与扭曲":一个好的制度,可以让无德干部不敢轻易作恶;而一个坏的制度,却能让天使变成魔鬼,将人性的恶无限放大。当下一些干部失德败德,归根结底是制度出了问题。为此,法律和制度建设才是根本。要把干部德中基本的、重要的道德规范上升为法律规范,实现道德法律化。

一 干部道德立法的必要性与可行性

常言说,好的道德让有道德的人成为好人,好的制度让所有的人成为好人。正是道德与法律有着这种千丝万缕的联系,决定了道德立法的必要性与可行性。

(一)道德与法律的区别与联系

道德与法律作为两种最重要的社会调控手段,它们之间既有着明显的区别,又有着密切的联系。

一是道德与法律的区别。

在生成方式上表现为非建构性与建构性。道德是人们依靠社会舆论、传统习俗和内心信念,自觉形成的一种善恶评价标准和行为准则。道德是自然、自发形成的。法律是由国家制定或认可的人们的社会权利与义务,依靠国家强制力(军队、警察、法庭、监狱等)保证实施。法律是人为制定的，即法律具有建构性，而道德没有。

在行为标准上表现为模糊性与确定性。道德是以善恶为评价原则和衡量标准，对人们的思想和行为的善与恶、荣誉与耻辱、正义与非正义、公正与偏私、诚实与虚伪等做出主观判断。法律有一系列的规则，明确规定人们的权利与义务，而且有一套制度来保障其落实，它有行为模式的确定性和违反规则所必须承担的法律后果，而对道德来说就很难提供这种确定性的行为标准。

在存在形态上表现为多元性与一元性。道德从属于人们的主观认同，有多少不同的人就有多少不同的道德。法律则是国家按照统治阶级的利益和意志制定或认可的，并由国家强制力保证其实施，人人都必须严格遵守，不受主观随意性支配。

在调整方式上表现为内在关注与外在侧重。道德表现为一种善恶规范、心理意识和行为活动，它适用于社会生活的各个方面，如社会公德、家庭美德、职业道德等，属于自觉意识范畴，侧重于内心的精神修养，是基于人性的善而设置的各种社会规范。法律侧重于对人的外在行为的强制约束，是基于人性的恶而建设的基本的制度架构。

在运作机制上表现为非程序性与程序性。道德的施行是一种软约束，具有主观随意性，强调的是良知和信念的自由，因而强制是内在的，主要靠舆论压力和谴责。法律的施行是一种硬约束，具有客观规定性。强调的是法律的实体、程序的设置、行为针对性的确定，因而强制是外在的，主要靠专门机构、暴力后盾和物质结果实现为人的行为的约束。

在解决方式上表现为不可诉性与可诉性。道德的舆论评价或褒奖或谴责是多元而不确定的，不具有可诉性。法律则不同，它有其完备的确定性规定和程序性设置，具有通过启动诉讼程序维持公正性和统一性的条件。

二是道德与法律的联系。

从社会性质上来分析具有稳定性。社会主流道德从本质上来讲是与其统治阶级利益相适应的道德。法律是统治阶级整体意志的体现。它们是属于同一社会经济基础之上的上层建筑，它们被同一社会经济基础决定并为其服务。

从社会使命上来分析具有统一性。道德与法律都具有社会性和约束性，都是社会规则的一种，服务于一定的政治制度和经济制度。都是通过约束人们的相互关系和个人行为来调节社会关系，对社会生活的正常秩序起保障作用，从而实现对社会的控制。

从社会对象上来分析具有相似性。道德与法律的着眼点和落脚点都是要调整人们在社会关系中的行为规范，规定人们应该做什么、不应该做什么，人们应该怎样做、不应该怎样做，为人们的行为规范提供外在或内在的行为模式和标准。

从社会作用上来分析具有互助性。正所谓"法中有德、德中有法"，法律以道德为基础，道德以法律为动力，共同发挥维护社会秩序的作用。道德要发挥应有的作用，离不开制度规范和法律协助。而依靠法律来规范道德，虽然一开始人们会出于惧怕法律的威严，避免受到法律惩处而不敢有所逾越，但慢慢就会促使人们在不自觉中养成规范的行为方式，并成为一种自觉意识和行为习惯，道德水平就会随之得到真正意义上的提升。制度好可以使坏人无法任意横行，制度不好可以使好人无法充分做好事，甚至走向反面。与此同理，国家法律的实施也离不开道德准则的辅助和约束。法律的制定，往往依据社会主流道德原则，并将其法定化为法律责任固定下来。

(二) 道德立法的合理性

中国共产党高度重视民主法制建设。党的十五大将"依法治国，建设社会主义法治国家"作为党和国家的治国方略和奋斗目标。党的十六大把依法治国和以德治国提到战略意义上来。中国共产党选择法治与德治相结合的治国方略，就可以知道党对德治在建设中国特色社会主义事业中的重要意义和战略地位已达成了广泛共识。但是就如何提高广大人民群众和干部道德水准问题，党强调的仍是道德建设的自觉性，仍然是与法治并行的两条线，党对道德是否该立法问题还存在争议。

法治建设是人们道德规范的最后一道防线，如果不实现道德立法，社会矛盾激化、人际关系紧张、社会风气腐败、违法犯罪率高等种种问题就不能从根本上解决。道德立法绝不是法治的泛化，关键问题在于要明确"立什么法""如何立"。从某种意义上讲，"道德是高尚的法律，法律是底线的道德"。道德立法正是社会公众对失德行为用法律来调整和规范的讨论。

道德立法正是基于道德不足以调整社会关系而需要更强有力的调整工具的体现。所以，道德立法要强调在道德领域，把人们行为中一些带有根本性和普遍性的规范上升为法律规范，把道德或不道德行为纳入法律化轨道，用法律手段加以约束和推行。可以说，道德立法把道德的内化从最初提倡的道德楷模到普遍的行为约束发展为法律规范，充分说明了道德立法是社会发展到一定历史阶段的必然趋势和客观要求。道德立法虽然不是一个规范的学术名词，却为规范道德行为提供了法律援助，为重塑道德文化吹响了号角，道德立法应该进入实质性阶段。

实现道德立法，首先应尝试从干部道德法律化做起。干部是社会行为的典范，是示范性的文化，干部道德法律化，就是把干部的道德行为规范上升为国家意志，把干部的道德行为上升为法律规范，实现干部道德从自觉到自为、从内化控制到外在控制的过程。通过法律强制性手段，把干部道德行为中所必需的规范纳入法律体系，以法律形式表现出来，使之具有法律的强制性与权威性，从而真正增强道德的教化作用和保障道德的约束作用，以良好的道德取信于民，带动广大群众道德素养的提升。

（三）干部道德立法的必要性与可行性

一是干部道德立法的必要性。

第一，是实现干部道德自律与他律相统一的客观需要。干部的道德行为实质上是一种道德上的自我约束。约束的程度取决于个人的价值观念、道德修养和精神境界，是内在精神品质的客观反映。而建立在法律基础之上的道德，通过运用国家政权的力量为干部如何为官设定了一条不可逾越的红线，使干部的道德行为底线看得见、摸得着，从而实现自我约束和刚性约束相统一，即自律与他律相统一。

第二，是推动干部队伍道德建设的迫切需要。当前中国正处于经济发展和社会转型的关键时期，关系复杂，思想多样，利益多元，诚信缺失，道德滑坡，尤其是干部失德败德现象严重，致使各领域腐败频发，成为影响社会和谐的重要因素。干部是管理者、是领头人，对构建社会和谐、促进社会发展进步具有十分重要的意义。所以，首先应该建立与市场经济相适应的官德规范体系，逐步使有关干部道德要求法规化，实现干部道德立法，并使其具有可操作性。

二是干部道德立法的可行性。

第一，干部道德规范可以通过法律来实现。道德和法律都不是抽象的规范，没有违背法律的道德，也没有缺少道德的法律。干部的道德行为规范一定在法律允许范围之内，绝不会超越法律而独立存在。凌驾于法律之上或不受法律约束的道德行为一定是失德行为或者说是违法行为。加强干部道德建设意义在于减少对他人的恶意行为以及社会生活中其他影响社会秩序和稳定的因素，促进社会公平正义。说到底是对社会秩序起保障作用，而法律亦如此。"法律面前人人平等"这一原则，就贯彻了这一平等、公正的道德观。这足以表明道德与法律有共通性，道德立法是可能的，也是可行的。

第二，干部道德缺陷可以通过法律来克服。干部身居要职、手握重权，其道德行为的偏差所带来的危害较普通群众要严重得多。其道德行为除了自身行为约束的随意性和模糊性外，不为人所知的隐蔽性更是单纯的劝导、舆论等软性措施所鞭长莫及的。为此，要保证每名干部对立党为公、执政为公、执法为民的认识不停留在口号上，只靠道德教化是远远不够的。唯有实现道德立法，使道德获得法律的外在优势，才能克服道德的天然缺陷，有效弥补道德调控力量的不足。

二 道德立法的国外经验

从一定意义上来讲，腐败是国家权力尤其是不受限制的国家权力的孪生兄弟，是社会健康快速发展的主要障碍之一，危害性极大。"当权力与金钱一样上市流通之后，即刻产生威力无比的社会腐蚀剂，当军队将财神像奉为战旗时，腐败已不可逆转。世界上有一万种罪恶而安然无事，唯有一种足以致命：执法犯法。"[1] 因而，政府公务员的腐败与道德沦丧现象，就成为当今世界各国所面临且困扰各国执政党的共同问题。如何摆脱这一问题的羁绊，许多国家进行了诸多努力与尝试，其中从道德立法方面加强职业道德建设，更是做出了许多成功的探索和实践，积累了宝贵的经验。他山之石，可以攻玉。在这里，拟就一些国家公务员职业

---

[1] 茅海建：《天朝的崩溃：鸦片战争再研究》，北京生活·读书·新知三联书店2005年版，第71页。

道德立法方面的基本做法进行简单梳理和考证，以期对我国的道德立法工作得出一些借鉴和启示。

（一）道德立法在国外发展的历史进程

针对政府官员的道德与腐败问题，制定从政道德法律规范，设立相关的监督和执行机构，已经成为各国加强道德立法建设的主要手段和普遍做法，具体而言主要具有以下三个方面的特点。

一是有一套比较完备且互为补充的法制体系。

"职业道德是指从事一定职业的人们在其特定的工作或劳动过程中应遵循的道德规范和行为准则。公务员职业道德就是公务员在行政管理工作中应遵循的道德规范和行为准则。它是在反映公务员的职业性质、职业地位、活动方式等特征和要求基础上所形成的特殊的行为规范和准则。"[1] 国外尤其是西方发达国家，很早就开始关注到了政府官员的道德完善与从政腐败问题。而且，西方国家法治意识比较浓厚，非常重视政府运行的法制体系建设，"由于社会公约，我们就赋予了政治体以生存和生命；现在就需要由立法来赋予它以行动和意志了。因为使政治体得以形成与结合的这一原始行为，并不能就决定它为了保存自己还应该做些什么事情"[2]。因此，从立法的角度予以规范和解决道德立法问题也就成为题中应有之义。

早在1883年，美国国会审议通过并颁布实施《彭德尔顿法》，该法案授权总统组成专门的道德委员会，负责制定委任联邦领导干部的程序规则。"1961年5月，肯尼迪总统颁布第10939号行政令，提出政府领导干部的道德标准指南。1965年年初，约翰逊总统在此基础上提出了更为完善的道德行为标准令——11222号行政令。1978年美国颁布了《政府领导干部行为道德法》（1989年修订后改名《道德改革法》），其主要规范了政府雇员财产申报制度，比较严格和周密地对政治腐败形成了制约。"[3] 英国在确立文官制度之初便注重防腐作用，在英国文官守则的总纲中即明确规定，文官必须效忠国家，诚实正直，不得将个人利益置于

---

[1] 宋光周：《行政管理学》，东华大学出版社2015年版，第148页。
[2] ［法］卢梭：《社会契约论》，李平沤译，商务印书馆2003年版，第44页。
[3] 杨曙光：《从政道德立法：美国治腐的杀手锏》，《中国改革》2007年第6期。

职责之上,不得以权谋私,并作了具体规定来保证这一要求落到实处。"20世纪之初,英国政府为进一步预防职务犯罪还制定颁布了专门法律即《防止贪污法》,并于1916年作了补充。对公务员在合同签订,参加招待会、午餐会、鸡尾酒会等应酬活动提出了明确规范和要求。所有这些法律的出台,为英国政府力图根除腐败,使其能够成为一个比较廉洁的国家发挥了重要作用。"[1] 其他国家如新加坡,对规范公务员行为有一套完整、具体、有效的管理制度和办法,这些法规包括《公务员法》《公务员行为准则》《公务员纪律条例》《防止贪污法》《财产申报法》及《公务员指导手册》等对公务员的仪容仪表、行为举止都有详细的规定。还有加拿大的《公职人员利益冲突与离职行为法》、法国的《资金透明法》、韩国的《公职人员道德法》、日本的《国家公务员道德法》等都以立法形式对道德规范进行了严格的法律规定。而且,各国对公务员在道德方面的行为规范内容方面基本相似。如英、美、法三国均规定公务员要"廉洁奉公,不以权谋私,不贪赃枉法,禁止公职活动以外的一切盈利活动;忠于职守,尽职尽责;保守公务秘密"。德国、瑞士、奥地利等国要求公务员要"正确使用职权,认真履行职责;廉洁奉公,为国为民服务,不谋私利"等。日本则要求公务员"不得为政党或政治目的谋求或接受捐款及其他利益,也不以任何方式参与这些行为;不做政党和其他政治团体的负责人、政治顾问或有同样作用的其他成员;克己奉公,廉洁从政"[2] 等。

值得注意的是,国外在道德立法方面不但体系完备,而且还在其他法律法规中做了明文规定,获得了互为补充、相得益彰的效果。如关于公务员的职业道德问题,大部分国家首先是进行综合立法,即在宪法等综合性法律法规中作出了宏观要求。美国宪法即规定:"凡在合众国政府担任有俸给或有责任之职务者,未经国会许可,不得接受任何国王、王子或外国的任何礼物、薪酬、职务或爵位。""合众国总统、副总统及其

---

[1] 许道敏:《英国:伴随"道德回归"的反腐行动》,《中国监察》2002年第20期,第54—55页。

[2] 《公务员行为规范培训教材》编写组:《公务员行为规范培训教材》,中国言实出版社2015年版,第20—21页。

他所有文官，因叛国、贿赂或其他重罪和轻罪，被弹劾而判罪者，均应免职。"①《法国新刑法典》对履行公职之人员收贿受贿罪有明确规定："行使公安司法权力的人、负责公共事业服务任务的人或者由公众选举受任职务的人，任何时候索要或无权而同意、认可直接或间接给予奉送、许诺、赔礼、馈赠或其他任何好处，以期实现下列目的的，处 10 年监禁并科 150000 欧元罚金。"② 西方国家也非常重视公务员执法的诚信原则，"如果可能的话，他还是不要背离善良之道，但是如果必需的话，他就要懂得怎样走上为非作恶之途"③，因此非常注重在诚信方面进行立法。《日本民法典》在第一编总则第一条中即明确规定："私权应服从公共福利；行政权利及履行义务时，应恪守信义，诚实实行；禁止滥用权利。"④《德国民法典》中第 242 条规定：债务人须依诚实与信用，并照顾交易惯例，履行其给付。《瑞士民法典》第 2 条规定：无论何人行使权利义务，均应依诚实信用为之。并且在《意大利刑法典》《德国刑法典》《西班牙刑法典》等法律法规中，对公务员不讲诚信、违反职业道德的行为做出了明确的制裁细则。⑤

其次是对公务员的职业道德进行专门立法。对于公务员职业道德规范进行综合性立法虽然发挥了一定作用，但由于其"技术简单、规范简约、线条粗犷，操作性不强"等弱点，亟须制定相关的专门法律法规以补其不足。以英国为例，很早即通过《荣誉法典》在实践中基本形成了"中立、公正无私和缄默"等职业道德原则；1916 年颁行的《防腐化法》即对公务员职业道德开始有了具体明确的规定。1995 年制定的《公务员守则》，在一定意义上是英国真正的公务员职业道德专门立法。2006 年，"英国政府与公务员委员会共同研究制定新的《公务员守则》，对公务员的核心价值和行为准则进行了详尽规定，进一步使得英国公务员职业道

---

① 彭昕、刘正妙：《西方国家公务员职业道德立法及其对我国的启示》，《内蒙古财经学院学报》2011 年第 4 期，第 79—83 页。
② 参见《法国新刑法典》，罗结珍译，中国法制出版社 2003 年版，第 151—152 页。
③ ［意］尼科洛·马基雅维里：《君主论》，潘汉典译，商务印书馆 1985 年版，第 85 页。
④ 王书江：《日本民法典》，中国法制出版社 2000 年版，第 3 页。
⑤ 彭昕、刘正妙：《西方国家公务员职业道德立法及其对我国的启示》，《内蒙古财经学院学报》2011 年第 4 期，第 79—83 页。

德的专门立法趋于完善"。① 日本在1999年颁布实施了《国家公务员伦理法》，目的在于"维护与国家公务员职务相关的伦理道德，通过采取必要的措施，防止国家公务员在执行公务时，因不正当的行为招致国民对职务执行的公正性产生疑惑或者不信任感，确保国民对国家公务员的依赖"。因此规定公务员"要时刻清楚公私有别，不可以侥幸地利用职务和地位为自己或者自己所属的组织牟取私利"。公务员"依法行政权限的时候，不可以接受该权限行使对象所施与的馈赠等将招致国民的疑惑和不信任感的行为"②。此外，日本还制定实施了《日本关于整顿经济关系罚则的法律》《日本职员的惩戒》《日本国家公务员伦理规章》等系列专门针对公务员职业道德的法规，对公务员职业道德的管辖和约束之严昭然若揭。其他国家在公务员职业道德方面也有专门的法律法规出台，如《美国行政部门雇员道德行为准则》、意大利的《公务员道德法典》、菲律宾的《国家官员和雇员的行为守则和道德规范》等。

最后是建立健全的公务员职业道德配套法律法规体系。如韩国在1981年颁布实施了《公职人员伦理法》，其宗旨是"把公职人员、公职候选人的财产登记和登记财产的公开予以制度化，通过制定利用公职取得财产的规定、公职人员礼品申报、退职公职人员就业限制等制度，防止公职人员通过非正当途径增加财产，从而确保公务执行的公正性，确立公职人员服务于国民的伦理规范"③。为保障该部法规更有效实施，1993年韩国又以总统令形式颁行《公职人员伦理法施行令》，"目的是规定《公职人员伦理法》中委任的事项及其施行所必要的事项"④。以及《公共服务道德法》《公职人员财产没收特例法》等法律法规，从而形成了健全的公务员职业道德法律体系。

二是有一套比较严格且操作性较强的管理体系。

从总的趋势来看，公务员道德立法是各国在加强廉洁政府建设方面

---

① 吕廷君：《对公务员职业道德进行专门立法》，《中国社会科学学报》2013年5月22日，第A07版。
② 郭永运：《国家反腐败法律文献大典》上卷，中国检察出版社2006年版，第300—301页。
③ 中央纪律法规室、监察部法规司：《国外防治腐败与公职人员财产申报法律选编》，中国方正出版社2012年版，第471页。
④ 王伟：《中国韩国行政伦理与廉政建设研究》，国家行政学院出版社1998年版，第361页。

的一条必由之路。而且，立法体系将会越来越严格与严密。但法律法规能否在实践中起到应有的作用，还需要一定的保障条件。"法律需要一种高尚的传统和强大家族的野心，这种野心不满足于财富的积聚，而是要求超越和凌驾于一切金钱势力之上的真正的统治权。"① 在这方面，西方各国政府虽然做法不尽相同，但总体内容较为相似，即公务员道德立法体系不但严格且具有较强的可操作性。

首先，对公务员的职业道德要求进行宏观上的法律界定。"即将'政治坚定、忠于国家、勤政为民、依法行政、务实创新、清正廉洁、团结协作、品行端正'等先以法律的形式固定下来。"② 如《菲律宾国家官员和雇员的行为守则和道德规范》（共和国法令第6713号1989年2月20日批准）即对公务员的职业道德作了宏观而又不失具体的规定："国家官员和雇员应永远坚持公众利益高于个人利益。须高效、实在、诚实、经济地使用所有政府资源及各自官署的权力，特别是防止公款、收入的浪费。国家官员和雇员应以最高程度的美德、职业精神、智慧和技能履行职责。应以至诚致力于公务员事业并献身于职责。国家官员和雇员应努力克服把自己当作分配者或小贩的错误观念。国家官员和雇员应永远忠于人民。他们须行事正直、真诚，不得歧视任何人，尤其是贫穷者。他们应随时尊重别人的权利，不做违反法律、良好道德、习俗、公共政策、公共秩序、公共安全及公众利益的行为。他们不得因其职务向其血亲或姻亲给予或提供偏袒，但如果任命该等亲戚被视为严格保密或作为与其条件相同的私人雇员则除外。国家官员和雇员应为所有人服务，不得歧视任何人，无论其从属何党派或倾向如何。"③

其次，国外对职业道德立法方面"着重从内涵和外延上明确公务员职业道德的概念，在内容和标准上力图使之达到量化从而实现其可操作

---

① ［德］奥斯瓦尔德·斯宾格勒：《西方的没落》，张兰平译，上海三联书店2006年版，第470页。
② 彭昕、刘正妙：《西方国家公务员职业道德立法及其对我国的启示》，《内蒙古财经学院学报》2011年第4期，第79—83页。
③ 《国外公务员惩戒规定精编》编写组：《国外公务员惩戒规定精编》，中国方正出版社2006年版，第3—4页。

性"①。即对国家公务员日常行为规定得更为详细和规范,可操作性更强。以财产申报方面的制度为例,"财产申报是各国一项重要的廉政立法,由于各国的法律制度不同,财产申报的立法形式也不相同,有的制定专门财产申报法,有的则在从政道德法中对此作出规定"。但"各国财产申报法都坚持了全部、真实、公开的原则。即列入申报范围的各类申报人员必须及时申报,不得遗漏;申报时必须按照规定如实填写不得隐瞒作假;申报材料如无特殊情况应通过规定程序向社会公众公开"②等,使财产申报这项廉政制度不但被严格执行,而且内容规范且具体,具有很强的可操作性。

比如,美国政府官员是要接受审计的,每个官员在竞选的时候要被民众翻个底朝天,履职的时候也要公开财产收入,加上美国的税收政策法,形成官员财产公布体系,美国官员财产公布体系是美国惩治腐败的利器。从1978年开始,美国实行财产申报制度,不少美国高官都因此受到惩处。1978年,美国政府颁布了《政府领导干部行为道德法》,1989年,又修订为《道德改革法》。这一法律是美国财产申报制度的蓝本。法律规定:"对拒不申报、谎报、漏报、无故拖延的申报者,各单位可对当事人直接进行处罚。司法部门也可对当事人提出民事诉讼,法院将酌情判处1万美元以下的罚款。对故意提供虚假信息的人,司法部可提出刑事诉讼,判处最高25万美元的罚款或5年监禁。廉政署负责监管财产申报。"③财产申报制度在国外所关涉的范围非常广泛,即凡在国家立法、行政、司法、军事等机关或国营企事业单位具有一定职级的现职人员,上至国家最高元首,下至普通企事业单位的一般职员均在申报主体之列。如《韩国公职人员伦理法》(法律第3520号 1981年12月31日)即规定,"总统、国务总理、国务委员、国会议员等国家政务职的公职人员,地方自治团体的负责人和地方议会议员,四级以上的担任一般国家和地方公务员及报酬与此相当的其他专业技术公务员等均为申

---

① 彭昕、刘正妙:《西方国家公务员职业道德立法及其对我国的启示》,《内蒙古财经学院学报》2011年第4期,第79—83页。
② 薛木铎、崔扬:《国外从政道德立法的趋势和内容》,《外国法译评》1996年第4期,第32—39页。
③ 王忻:《反腐败——世界性的课题》,《文史月刊》2010年第6期,第13页。

义务者，需要根据该法进行财产申报"①。

此外，西方各国包括新加坡等国，在财产申报制度方面规范、具体，形成了较为成熟的制度体系，具有较强的可操作性。如新加坡公务员财产申报一般分为家庭财产申报、财务困窘申报和礼品申报三种；申报分入职申报、定期申报和随时申报三种。入职申报一般是指公务员新入职时需要填写财产清单，到法院公证处接受审查并由指定的宣誓官签名。②而定期申报和随时申报则是指公务员除在初任时要填写财产清单以外，此后每年都必须如实申报自己的财务状况，申报内容包括自己所拥有的股票、房地产、存款和其他方面所获得的利息收入，以及配偶和依靠他抚养的子女名下的产业和投资。"如果公务员家庭财产发生变化，应自动填写变动财产申报清单。如果发现有财产来源违法问题，就立即交送反贪污调查局调查。"③

三是有一套健全的监督体系。

权力需要监督，法律也需要监督，需要建立完善的监督体系。"监督体系是指国家机关，社会团体和公民依法对权力、法律、自由实施监督的有机联系的系统整体。"④ 为了确保相关法律的有效实施，便于对政府官员进行立法监督，大多数国家都有独立的管理机构，并在此基础上引入社会团体和公民对道德立法的监督机制。如美国根据政府公务员行为道德法而设立的廉政署，是美国政府中的实权机构，它由总统直接领导，向总统和国会汇报工作。"廉政署的主要职责就是管理政府各级官员的财产申报事务和监督政府官员的道德行为。一旦发现谁有违法收入，廉政署将立即对其进行处理。正是由于政府直接监督和社会舆论监督双管齐下，美国政府官员才不敢轻易以身试法，绝大多数官员都会老老实实申报自己的财产。"⑤ 同时，美国政府各部门也要设立道德官员办公室，并

---

① 郭永运：《国家反腐败法律文献大典》上卷，中国检察出版社 2006 年版，第 355 页。
② 廖晓明、邱安民：《我国官员财产申报制度影响因素及实现路径探索》，社会科学文献出版社 2014 年版，第 5—6 页。
③ 中央纪委驻中国社科院纪检组：《新加坡财产申报制度威慑力强》，人民网 2010 年 10 月 26 日。
④ 刘金国：《论法与自由》，中国政法大学出版社 1991 年版，第 84 页。
⑤ 王忻：《美国官员财产公开：按月报本人配偶子女各种收益》，《环球时报》2004 年 12 月 31 日。

针对这些专门机构的职能、职权和具体运作程序做出的明确规定，从而使执法主体、执法内容和监督对象三位一体统一于一部法律之中。"这种立法与执法的统一、法律体系与监察体系的配套一致，即使廉政监察机构的存在有法律依据，其针对性、专业性和权威性更强，也使法律法规的执行有了组织保证。"[1] 其他国家如意大利有"审议庭"，日本有"行政监理委员会"，新加坡有"公共服务委员会"和"贪污调查局"等，都有高层次的独立机构和高角度的监督机制，保证了权力监控的有效性。

（二）各国道德建设法制化的启示

综合各国道德立法经验来看，在体制和制度设计中体现道德要求，对于加强官员道德建设是非常必要的。认真加以条分缕析我们会发现，各国道德建设法制化都具有较为鲜明的特色，能给我们很多重要的启示。具体而言，主要有以下几个方面。

第一，各国道德建设法制化进程多源自领导层的推动和推进。西方各国在立法过程中，国家或政府领导人非常重视公务员职业道德方面的立法工作，不但推动立法机关制定相关法律法规，而且通过特定的机构设置来重点关注公务员的职业道德立法工作，是保证道德建设法制化进程顺利推进的主要力量。如美国政府为了改善行政官员的道德水准，"历任总统先后颁布行政令，制定和修改了大量的针对公务员廉洁从政的道德规范。主要包括：《政府道德法》《政府道德改革法》《行政部门雇员道德行为准则》"[2]。1973年，加拿大联邦议会在总理皮埃尔·埃利奥特·特鲁多的倡议和指导下，首次通过了约束政府行政官员的行为的《利益冲突章程》。而到了1985年，"马尔罗尼任总理时为了进一步提高公务员的职业道德水准，又对这个章程进行了补充和提出了修改意见，拟通过对政府官员的职业行为提出更为严格的要求，来达到促进政府廉洁、高效的目的"[3]。

第二，各国道德立法的另一个显著特点就是预防性规定多于处罚性

---

[1] 左秋明：《20世纪美国公务员道德立法研究：经验与启示》，《甘肃行政学院学报》2016年第6期，第104—114页。
[2] 蔡立：《美国公务员道德立法的启示》，《特区实践与理论》2008年第3期，第68—71页。
[3] 彭昕、刘正妙：《西方国家公务员职业道德立法及其对我国的启示》，《内蒙古财经学院学报》2011年第4期，第79—83页。

规定。各国有关职业道德法律条款中，不仅严格规定了违法犯罪后的处罚，更多的是注重对国家公职人员应该做什么，不应该做什么，应该怎么做、不应该怎么做，何为合法、何为非法进行规定，条分缕析，缜密周详。显而易见，这是立法者基于"人性本恶"、防患于未然的考虑，立法目的不在于处罚多少违法者、抓住多少犯罪分子，而在于立规矩、明戒律、树形象，使领导者能够肩负使命、履行职责，为国家谋利益，为人民造福祉。事实证明，建立制度化、法制化的道德规范是可靠可行的。

第三，更注重以法律规定来提升官员的职业道德水准。中国儒家思想对传统法制观念的影响深远。儒家思想是建立在"人性本善"的基础上，修身思想是儒家思想的重要组织部分，其基本精神在于"仁义礼智信"，讲求为政之道，要求官员要有很高的道德境界，以道德代替法律，如"道之以政，齐之以刑，民免而无耻；道之以德，齐之以礼，有耻且格"。显然，儒家讲求的就是仁政与德政以及礼的树立，实际上是一种"以德限权"。当然，讲"仁政与德政"没什么不对，但过分忽略了法的约束力来讲道德是不现实的，是妄谈空论。官员不是道德的化身，权力不但是一种容易造成伤害的强制力，更是一种容易获得利益的工具，没有法制约束的权力就是不道德。况且，倡导良好的德行与道德立法不但不冲突，二者还有相辅相成的作用。"私人伦理以幸福为本身目的，立法也不可能有任何别的目的。私人伦理关系到每个成员，即关系到所能设想的任何共同体内每个成员的幸福及其行为。因而，私人伦理和立法艺术至此是并行不悖的。它们的目的，或被期望应有的目的，在性质上相同。"[①] 所以，必须对官德提出更高、更严要求，必须赋予职业道德以刚性约束机制，而不只是停留在道德的培训或训诫上。

第四，形成了较为完善的道德建设法制化体系。西方各国道德立法不但体现在宪法等根本大法中，而且在其他一些法律法规中对宪法中的内容进行了补充，甚至是制定有针对性的专门法律。几个方面规定不但不重复而且不冲突，更多时候是起到相互补充的作用。另外，无论多么完善、优秀的法制体系，缺少必要的执行和监督力度，也会使法律法规在实际发挥效力方面大打折扣。在这些方面，西方各国的做法非常值得

---

① ［英］边沁：《道德与立法原理导论》，殷弘译，商务印书馆2000年版，第352页。

我们借鉴和学习。

(三) 道德建设法制化的借鉴方法

借鉴国外尤其是发达国家道德法制化的经验和成熟做法，对于加快中国干部道德建设法制化进程，提升民族道德素养，具有重要而深远的意义。借鉴国外道德建设经验应遵循"以我为主、为我所用"的基本原则，而法的移植是借鉴国外道德建设经验的有效方法，法律移植对于中国法制现代化具有特殊意义。

一是法律移植的概念。"法的移植是指在鉴别、认同、调适、整合的基础上，通过引进、吸收、采纳、摄取、同化外国法律（包括体系、内容、形式或理论），使之成为本国法律体系的有机组成部分，予以贯彻实施。"[①] 法律移植可以归纳为三类：第一类是水平相当国家之间"互补"式的法律移植；第二类是落后国家或发展中国家对发达国家"完全采纳"式的法律移植；第三类是法律移植的最高形式，即区域性法律统一运动和世界性法律统一运动的"同化或合成"式法律移植。根据本国国情的需要，选择适合的法律移植类型。

二是实现法律移植的必要性。从哲学角度来看，联系通常是指事物与现象之间以及事物内部要素之间相互联结、相互依赖、相互影响、相互作用、相互转化等关系。任何事物都不能孤立存在，都同其他事物有着联系。法律也不例外，法律作为社会规则的一种，是社会发展的产物，各国都要依照法律治理国家和管理社会。法律所经历的历史阶段和所要解决的问题是各国都需要面临的共同问题。一国移植他国法律有利于国家之间在立法方面互相借鉴、互相补充，所以法律移植是行得通的。从社会学角度来看，所谓法律现代化就是要使法律反映客观经济规律的要求，跟上社会现代化的时代步伐。法律现代化既是社会现代化的基本内容，也是社会现代化的不竭动力，建设一个民主和法治的现代化国家必须用法律的现代化来保证。而与国际接轨是中国法律现代化的必由之路。法的移植是实现法律现代化的一个有效途径。

三是法律移植中应该注意的问题。法律移植是一项十分复杂的工作，在法律移植问题上应坚持具体问题具体分析，在分析比较的基础上进行

[①] 刘宏宇：《论法律移植与本土资源》，《江苏警官学院学报》2001年第6期，第21—28页。

有选择的移植，避免不加选择地盲目移植。首先要研究输入国的法律现状是否有必要进行移植以及应该采取何种移植方式，移植何种类型的法律。其次要研究输出国该法律的形成过程、社会环境及社会效果。最后要研究输出国与输入国实施该法律的社会背景，论证其在移植之后能否适合输入国环境，再决定是否进行移植。

毋庸置疑，道德立法通过明确的、法律化的道德规范，可以进一步完善社会转型期新型道德规范体系，有效补偿现代市场经济给传统道德方式下的社会条件带来的破坏，这正是社会转型期道德建设所要实现的目标。道德立法是已经被各国充分实践的成功之路，值得我们借鉴。

三　干部道德法制化的路径选择

现代社会制度、现代法律制度的一个立法基础是，为防范和减少社会中出现更多的强制性约束，使整个社会中的强制性约束降低到最低限度。干部道德建设的法制化就是要通过强制性手段，确保干部德行观念和德行操守不偏离轨道，从而维护社会的良性发展。当然，干部道德建设的法制化不是一蹴而就的事情，必然要经历一个长期建设过程。加强干部道德建设法制化，必须找准关键点和突破口，切中要害。干部腐败的本质是不择手段实现利益的最大利己。而利益的最大利己最直接表现无非是实现经济的最大收益。为此，要想把制度建设好，最紧要的措施是建立从政道德法。

（一）中国干部道德建设现状

一是道德规范过于空泛。在传统观念中，"父母官"具有高尚的道德情操和勇于牺牲的献身精神，有着天然的道德光环。全心全意为人民服务、毫不利己、专门利人成为不成文的职责要求。干部的道德程度取决于自身隐于内心的抽象约束和公众权利与义务主观权衡的内心期待。一旦主体双方建立在精神基础之上的义务与建立在物质基础之上的权利失衡，势必会造成干部"为人民服务"的宗旨意识大打折扣，更会增加人们对干部职业道德和干部管理体制的不信任感和失望情绪。

二是道德监督机制不够权威。在干部的考察和任用上，潜在"小节无害论"思想，认为"大干部看大节"。只重业绩不看道德。在道德考察上，一般只是口头告诫甚至被忽略不计，德行评价也仅仅流于形式。此外，在反腐斗争中存在某种程度上"重经济犯罪，轻道德违规"现象，少数干部为力求自保，甚至以生活问题掩盖经济犯罪。虽然党纪政纪规范不断出台，但是这些约束多限于道德范畴，而且没有专门的道德监督机构，难以形成监督合力，或者职责不清或者职能交叉或者受等级特权现象的侵扰，使道德监督成了"真空地带"。

三是干部道德规范体系不够完善。2005年1月，中共中央颁发的《建立健全教育、制度、监督并重的惩治和预防腐败体系实施纲要》明确指出："完善反腐倡廉相关法律和规范国家工作人员从政行为的制度。加快廉政立法进程，研究制定反腐败方面的专门法律。修订和完善刑法、刑事诉讼法等相关法律制度。抓紧制定公务员法。探索制定公务员从政道德方面的法律法规。完善领导干部重大事项报告和收入申报制度。"2011年中国国家公务员局相继出台《公务员职业道德培训大纲》《关于加强对干部德的考核意见》，明确把加强公务员职业道德建设作为一项战略任务，但是相关法律法规还只限于一些原则性规定，缺乏可操作性的实施细则，实际效果有限。

（二）中外官德建设法制化的社会背景比照

一是从政治背景上来比较。

在代议制度上：现代国家普遍实行代议制。中国的代议机关是人民代表大会，是无产阶级专政的代议制，是新型的代议制。西方国家的代议机关是议会，大多是资产阶级代议制。代议机关都是由选举产生行使立法职能，都具有民主的特点。

在法治管理上：中国是社会主义宪法国家，"实行依法治国，建设社会主义法治国家"已被写入宪法，体现了社会主义政治建设的目标和治国方略。西方国家大多是法治国家，如英、美、法等都是资本主义宪法国家，确立了相应的资本主义基本的政治、经济制度。实现现代法治国家目标已成为普遍趋势和社会发展的共同追求。

在参政议政上：中国共产党领导的多党合作和政治协商制度，是具有中国特色的社会主义政党制度，共产党与民主党派在国家政权建设和政府工作中发挥不同作用，共同推进和实现人民当家做主。西方政党体制是竞争性政党体制，是以竞选和组阁为中心的执政模式，通过竞选获胜来掌握国家行政最高权力是政党执政的唯一途径。

二是从文化背景上来比较。

在价值取向上：中国儒家文化耻言利，而喜言义。中华民族传统美德强调建立一种和谐的人伦关系。主张"义以为上""以义统利""先义后利"，要求"见利思义""见得思义"。西方国家强调个人奋斗，以自我为中心，有强烈的独立意识，个人的生存方式及生存质量取决于自己的能力，不允许别人侵犯自己的权利。

在思想观念上：中国受传统的君臣、父子等级观念影响，信奉熟人哲学，人情社会，社会人脉，家庭背景对个人成长起着相当重要的作用。西方在弱肉强食的社会中，没有贫富等级、亲疏远近之别，有着强烈的平等意识，无论贫富，人人都会尊重自己，人人都能尊重他人，人际交往凭借的是契约式信任。

三是从管理体制上来比较。

在选拔任用上：中国实行公共部门体制内逐级晋升，是一种阶梯式晋升方式。职务晋升条件除要求具备规定任职年限外，还有岗位轮换、基层挂职、培训等经历要求，而且干部调动不受地区、行业、类别限制。西方国家实行"两官分途"，一类是政务官，主要通过政治选举产生或政治渠道任命，侧重于政策主张、社会威望、个人品行和魅力。政务官实行任期制，任期年限和连任届数有严格的法律限制。另一类是事务官，通常实行职业阶梯式发展通道，即侧重于政府官僚体制内逐级晋升，其职位等级在公务员法律中有严格规定。事务官实行常任制，一直干到法定退休年龄为止。

在素质能力上：中国要求干部必须既具备政治家的视野、胸怀与魄力，又要具备专业领域所需要具备的素养和技能。在西方，政务官不要求具备事务官所应具备的专业素质，甚至刻意避免事务官出身的政治家出现。事务官则强调专业知识和技能，属于典型的技术官僚。

在监督管理上：西方的政治体制是利益驱动，不同的利益格局促成了监督的彻底性，依靠法律的监督恰恰制衡着各个权力体系。中国政治体制是良知驱动，当权者要克己奉公、全心全意为人民服务，是靠良知、凭忠诚行使职责，思想政治工作是维护干部良知的重要手段。

（三）道德法制化的措施——《从政道德法》

党的十八届三中全会指出，坚持用制度管权、管事、管人，让人民监督权力，让权力在阳光下运行，是把权力关进制度笼子的根本之策。目前，中国已进入改革的深水区、法制进程的关键期，"触动利益往往比触及灵魂还难"，如何"触动利益"？要"建立和完善不能贪、不敢贪的反腐机制，让腐败行为、腐败分子依法受到严惩，决不手软。更重要的是，要让权力在公开透明的环境中运行，使人民能够更为充分和有效地进行监督，这也是把权力涂上防腐剂，只能为公，不能私用"[①]。当务之急，应当借鉴其他法治国家的成熟做法，通过制定《从政道德法》，实现干部道德法律化，使干部道德建设有较系统、分层分类的法律法规体系，形成对干部比较严格和周密的法制制约。

一是建立一套分层次、分类别的干部职业道德法律体系。干部道德应按政治品德、社会公德、职业道德、家庭美德、个人品德五个类别进行整体设计、有效衔接和配套建设，使其既具有规范性，又具操作性。目前中国针对公民社会公德建设的有《宪法》《刑法》《民法通则》等法律规定，针对家庭美德的有《婚姻法》《继承法》《赡养法》等法律规定，针对职业道德的有《教师法》《检察官法》《人民警察法》等法律规定，从干部公民道德的一般属性来讲，有其法律约束。但从干部道德的特殊属性来讲，目前现有的规章制度如《中国共产党党员领导干部廉洁从政若干准则》《党内监督条例》《党纪处分条例》，甚至中华人民共和国成立50多年来中国第一部干部人事管理的综合性法律《公务员法》都不足以对其构成约束机制。为此，当前最重要的是立足于干部职业道德建设，与制度建设相结合，重点围绕干部应具备的政治品德和个人品德进行法律规范。在这一点上最具有典型借鉴意义的是英国，它是世界上最早建立公务员制度的国家，也是开展公务员职业道德建设最早的国家，它有体系完备的公务员行为准则。如《公务员行为准则》《议员行为准则》《部长行为准则》等分层面实现对公务员行为的有效约束机制。不仅如此，还在公务员守则总纲中特别规定，公务员必须效忠国家，不得将个人利益置于职责之上，不得利用职权牟取私利，必须诚实正直。中国建立《从政道德法》，可先从现有《中国共产党章程》《党政领导干部选

[①] 李克强：《在十二届全国人大一次会议胜利后与中外记者见面回答记者提问》，2013年3月17日。

拔任用工作条例》等，尤其是从《公务员法》入手，把散见于干部各规章制度里的条款等按政治品德、社会公德、职业道德、家庭美德、个人品德标准分别进行重新整合归纳，分类别细化到干部职业道德的框架之中。并按照职务层次，即国家级正职、国家级副职、省部级正职、省部级副职、厅局级正职、厅局级副职、县处级正职、县处级副职、乡科级正职、乡科级副职等细化干部职业道德标准和规范。此外，在执行环节上要建立党员干部道德准入机制、道德操守激励机制、公开承诺机制、诚信评议机制、预警谈话机制、岗位问责机制等管理办法，形成完善的制度体系。

二是建立一套系列配套法规和实施细则。"把权力关进制度的笼子"，实现从政道德立法，当下中国正是需要这样一种好笼子的时候。"但要让这个笼子起作用，最迫切的就是，把笼子做得更密实一些，让看管笼子的人更尽责一些。"① 党的十八届三中全会《决定》的"强化权力运行制约和监督体系"章节提出，"健全反腐倡廉法规制度体系，完善惩治和预防腐败、防控廉政风险、防止利益冲突、领导干部报告个人有关事项、任职回避等方面法律法规，推行新提任领导干部有关事项公开制度试点。健全民主监督、法律监督、舆论监督机制，运用和规范互联网监督"。如何落实中共中央三中全会的上述反腐举措，中纪委监察部发布的解读文章阐述了其立法思路："一要把那些经过实践检验、适应形势发展的党纪政纪规定和行政规章上升为法律法规。二要不断完善惩治和预防腐败的各项专门法律法规。""从长远看，反腐倡廉法律法规应当由反腐败法这样的廉政基本法和有关单行法律、配套法规组成。从近期看，应重点做好反腐败单行法律和配套法规的立法工作。"解读文章称，"采取先易后难的方法，切实加强党内法规制度体系建设和反腐败国家立法，成熟一个出台一个"②。说到底，再缜密的干部职业道德法律体系如果没有一系列可操作性和具有执行力的配套法规和实施细则，一切都是妄谈空论。为此，必须下大决心，敢于触动一些干部的"奶酪"。下面仅以建立干部

---

① 梁发芾：《预算制度是关住权力的好笼子》，《甘肃日报》2013 年 12 月 4 日，第 3 版。
② 王姝：《新提任官员试点财产公开反腐立法成熟一个出台一个》，《新京报》2013 年 11 月 30 日，第 A01 版。

财产申报法为例进行论述。

第一，干部财产申报法的历史沿革。干部财产申报制度作为防止腐败发生的有效手段，最早起源于 240 多年前瑞典的家庭财产收入申报制度。在西方，官员财产申报制度被称为"阳光法案"或"终端反腐"，许多国家都已建立了比较完备的制度。目前，全世界有近 100 个国家和地区将"官员财产申报制"入法。在欧美，官员财产申报公示作为一项最基本的制度已经实践了很多年。作为有效防止腐败，降低反腐成本的"阳光法案"，官员财产公示制度也的确取得了很大成果。

第二，中国干部财产申报制度的现状。中国在 1987 年全国人大首次提出："中国建立申报财产制度问题，要在有关法律中研究解决。" 1988 年，国务院监察部与法制局起草了《国家行政工作人员报告财产和收入的规定草案》。2000 年，中纪委决定在省部级现职领导干部中首先实行家庭财产报告制度。2001 年，中纪委和中组部联合发布《关于省部级现职领导干部报告家庭财产的规定（试行）》。2005 年，十届全国人大通过且将财产申报制度写入《中华人民共和国公务员法》，并于 2006 年实行。2008 年，多位退休高官和学者联名，向全国人大、全国政协等国家机关提出"关于尽快制定《县处级以上公职人员财产申报公布法》的建议书"。2009 年，新疆阿勒泰地区率先在全国试行领导干部财产申报制度。"2010 年，中办国办印发《关于领导干部报告个人有关事项的规定》，要求县处级副职以上干部，每年 1 月 31 日前集中报告家庭财产、本人婚姻变化和配偶子女移居国外等事项，并明确规定瞒报谎报将受纪律处分。"① 2014 年《关于进一步规范党政领导干部在企业兼职（任职）问题的意见》规定，现职和不担任现职但未办理退（离）休手续的党政领导干部不得在企业兼职（任职）。凡按规定经批准在企业兼职的党政领导干部，不得在企业领取薪酬、奖金、津贴等报酬，不得获取股权和其他额外利益。凡按规定经批准到企业任职的党政领导干部，不再保留公务员身份，不再保留党政机关的各种待遇。仅 2013 年至 2014 年年初，中共中央就先后出台了 15 个文件通知，以"严禁""严查"公务员的"灰色利益"。

---

① 《财产申报制度的历史轨迹和发展》，2011 年 9 月，新浪博客（http://blog.sina.com.cn/zhypxl0916）。

但目前，中国干部财产申报制度还存在许多问题。在申报环节，申报主体不够广泛，申报种类不够严密，申报内容不够全面，受理机构缺乏监管权威，与设立财产申报制度的初衷相去甚远。在公示环节，公示局限于单位内部和党内部门，外界无法知晓真实数据从而影响公示效果，缺乏群众和媒体参与监督的有效途径和有效制裁手段，导致难以对体制内不申报或者申报不实等情况进行有效监督。在问责环节，对于申报人不申报或者不如实申报收入的责任追究过于温和，难以保障财产申报制度的有力实施。在技术环节，财产认定和有效审核上存在技术障碍。

第三，建立完善的干部财产申报法。财产申报制度法制化涉及若干具体问题。在立法过程中，应考虑先从如何破解干部收入申报和财产报告的体制障碍、制度缺陷和技术瓶颈等方面来分析。在申报环节，对于财产申报的内容，从西方国家提供的一些借鉴性先例来看，财产申报公示并非简单"一刀切"，谁需要公开、向谁公开、公开什么，都有其合理有度的边界和范围，如美国财产申报等级分明、英国保护官员配偶隐私等。所以在财产申报内容上可以根据本国国情来定。一是逐步扩大申报财产主体范围。财产申报主体范围可以逐步扩大到所有国家工作人员及其家属，申报人不仅要申报本人财产，还应申报其近亲属财产。二是明确界定申报财产内容。财产收入有显形的，可能还有很多隐形的，要特别对这些隐形收入的财产构成进行监督，所以申报者所申报的财产，不仅仅限于收入，还包括因继承、受赠、偶然所得及股票、证券等风险投资所得；不仅包括工资收入，而且包括消费卡、礼品、实物、福利、临时性补贴；不仅包括汽车、金银首饰、古董等动产，而且包括房产等不动产；不仅包括债权，而且包括债务。在公示环节，在申报的方式上一定要采取内部和外部相结合的方法，在系统内部进行申报的同时实现对社会公开。实行有效的党内监督和国家监督相结合，充分发挥现有的纪检监察部门的监督职能，有效完善体制内监督。实行有效的群众监督和舆论媒体监督相结合，充分发挥网络民众和舆论媒体作用，创设并畅通民众监督渠道，真正实现在阳光下运行监督。可以借鉴国际通行做法，如在西方国家官员财产是完全公开的，如美国官员的申报材料可供大众查阅，导致美国政府官员轻易不敢以身试法。法国总统家产网上"示众"，这种"不近人情"的制度有力地杜绝了腐败。这一"治官之术"被世界多国仿效。在问责环节，政府要有彻底治理腐败的恒心和决心。增加干部信用档案的严肃性，详细记录个人申报情况，对于不如实申报收入或瞒报、漏报、谎报者给予党纪、政纪等处分或免去领导职务处罚。增加法律的执行力，建立有效的刚性责任追究制度，在有关法律条款中明确申报主体违反规定所应承担的法律后果。增加监督机构的权威性，学习和借鉴西方监督机构执法权的高层次、高角度运用。在技术环节，设立财产申报的专门受理机构，并以现有的个人身份证号码为基础，落实银行账户实名制，如实反映干部财产增量并对财产收入情况实施有效监控。这是财产申报的难点，但有的西方国家已经破解这一技术难题，可以依照其成果接着进行探索。

三是建立独立且权威的干部道德规范执行机构。以美国为例，它通过联邦道德规范局实现联邦政府道德行为的专职化管理。联邦道德规范局是专门负责预防官员腐败的副部级单位，主要承担对联邦政府官员进行调查与协调、咨询与忠告、受理投诉、灌输道德意识等职责。各州设"道德委员会"，直接受联邦道德规范局指导。联邦道德规范局直接由总统授权，对总统负责，凡总统提名的政府官员在提交参议院批准任命之前，必须由政府道德规范局对其财产申报及个人品德进行论证考察。有效避免了权力的相互掣肘和体制束缚，充分发挥了联邦道德规范局的最大效能，充分实现了官员权力监督的独立性和权威性。

美国的联邦道德规范局为中国提供了很好的借鉴，但"橘逾淮为枳"，根据中国国情，现阶段要完全照搬像美国那样的专门机构不太现实，对此还需要一个长期的探索过程。权宜之计是立足中国现有领导体制和工作格局，积极探索现代社会新时期社会组织建设与管理工作方向，构建起具有中国特色的组织保障体制。

第一，对现有体制进行有效整合，形成一个既有足够权威又相对独立的对道德进行监督和执行的机构。打破纪检监察派驻机构实行纪委和部门双重领导体制，坚持监督主体和责任主体相分离原则，探索采取归口设置与重点派驻相结合的工作模式，或建立协作组等办法，积极推进基层纪检监察资源重组，实行单列管理，切实增强纪检监察机构的独立性和权威性。

第二，对现有管理职能进行有效规划，形成一支党性强、作风优的高素质纪检监察干部队伍。严把纪检监察干部"入口关",加强考核检查,完善考核指标,强化责任追究。执行机构不但要加强自身队伍建设,更要对干部的职业道德做好日常管理和预防,切实发挥对领导干部职业道德的教育指导和培训功能。

第三,对现有运作模式进行有效协调,形成一套执行机构负总责,相关部门各负其责,社会力量广泛参与的运行机制。建立健全执行机构协调方式灵活、工作程序简约、协调范围集中、责任义务明确的组织协调配合制度,综合运用人力资源、物力资源、财力资源、职能资源和信息资源等,变"单兵作战"为"协同合作"、变"突击管理"为"常态管理",切实形成对干部职业道德监管的整体合力。

第四节　监督方式

监督,察看并加以管理。即对现场或某一特定环节、过程进行监视、督促和管理,使其结果能达到预定的目标。监督既包括上级或者管理者对下级或者被管理者的监督,更应该包括下级或者民众对于上级或者领导者的监督。毛泽东在回答来延安访问的黄炎培先生提出的"历史周期律"问题时谈道,"我们已经找到了新路,我们能跳出这周期律。这条新路,就是民主。只有让人民来监督政府,政府才不敢懈怠;只有人人起来负责,才不会人亡政息"[1]。邓小平指出,"党要接受监督,党员要接受监督"[2]。

一　以德为先用人实现的重要保障

这里说的重要保障,实质上有两层含义,一是对干部德的监督具有理论依据;二是对干部德的监督具有体制机制保证。

（一）对干部德的监督的理论依据

一是人性假设理论。人是一个有局限性的存在物。人性的弱点是为政者滥用权力的重要原因。所以,应当以制度的形式来弥补人性的不足,

---

[1] 黄炎培:《八十年来》,文史资料出版社1982年版,第148—149页。
[2] 《邓小平文选》第一卷,人民出版社1994年版,第270页。

来规范、监督权力的运行。亚里士多德说:"不敢对人类的本性提出过奢的要求。"美国宪政学家詹姆斯·麦迪逊提出一个"非天使统治"的观点。他认为,假如人人都是天使,政府也就没有存在的必要了。但遗憾的是,人和由人组成的政府都不是天使。人的本性也是政府的本性,人和政府都必须有外在的控制。杰斐逊说:"在权力问题上,不要再奢谈对人的信任,而是要用宪法的锁链来约束他们不做坏事。"洛克认为,"如果同一批人同时拥有制定和执行法律的权力,这就会给人们的弱点以极大诱惑,使他们动辄要攫取权力,借以使他们自己免于服从他们所制定的法律,并且在制定和执行法律时,使法律符合自己的私人利益"。

二是"经济人"假设理论。一个人,无论他处于什么地位,其人的本性都是一样的,都以追求个人利益的满足极大化为最基本动机。一切人都有一个共同特征,那就是经济人的特征。人类存在着尽可能增加自身利益的意愿。亚当·斯密提出"经济人"概念,认为"每个人都不断地努力为他自己所支配的资本找到最有利的用途"。"经济人"是指那些理性的、自立的、寻求自身利益最大化的人。利益在斯密的时代被认为是"财富"。对干部作"经济人"的假设,则承认干部的自身利益,这种利益并不是否认和覆盖集体和国家的利益。干部的公共性决定了他们要以集体利益和国家利益为最高目标,要以实现社会公共利益和人民利益为根本宗旨,但这并不否认其个人利益。这是对人的动机和行为所做的一种客观描述。

三是权力与监督理论。权力是权力主体影响和支配他人的能力。公共权力内在的矛盾性加之人性的局限性,决定了权力具有二重性。一方面,权力具有规范性、指导性。同时权力也有扩张性、腐蚀性。孟德斯鸠说:"一切有权力的人都容易滥用权力,这是万古不易的一条经验。有权力的人们使用权力一直遇到有边界的地方才休止。""没有制约的权力,必须走向腐败。"英国阿克顿勋爵认为:"权力导致腐败,绝对的权力导致绝对的腐败。"这句广为流传的话道出了人类社会普遍规律。也正是因为如此,人类在漫长的成长史中从来不与权力商谈道德问题,总是用全部力量乃至于鲜血和生命与权力进行殊死斗争,其过程甚为惨烈——对人类思想史的了解使我们知道,无数思想家和志士仁人将生死置之度外,经过长期血雨腥风的斗争,才最终经由文艺复兴运动和启蒙运动,在自由民主的框架内给权力野兽戴上了镣铐，把它关在了笼子里。也只有在这个时候，人类才长呼一口气，对曾经以"神"自诩的权力说："现在你终于成为我们的服务者而非残害者了。"

(二) 对干部德的监督的体制机制保证

一是"竞争性政治"为反腐败提供了新出路。当代中国政治文明建设已经逐步与国际接轨，干部竞争性机制正在形成。当然，由于缺乏明确的竞争规则，目前干部之间竞争还没有规范性，甚至是缺乏理性。但从中国共产党的政策走向来看，缺失的规范正在被建立。通过世界各国的政治实践，可以得出这样的结论，官员之间的竞争关系能够凭借多种渠道来曝光官场中的腐败现象，互联网中网民对干部腐败现象的频繁揭露就是一个现实例子。以诸如此类被揭露的腐败现象，其中有相当比例并非产生于反腐败工作的直接作用力之下，而是基于官员之间的政治竞争。对于权力机关来说，顺应官员的政治竞争趋势，合理发挥政治竞争的反腐功能，可以有效提高反腐工作实绩。

二是营造一个清廉者可以立足的官场生态。现实状况是，当前中国官场环境中，腐败问题已经形成了一种风气，甚至是一种潜在规则。中国传统道德观念是认为"人之初，性本善"的，大部分干部初入官场之时也并不是腐败的，其本质是善良的，是具备抵制、远离腐败的主观意愿。但不能回避的问题是，人是具有群体性、社会性的，领导干部也是人，想要在官场中站稳脚跟、有更大发展，就不得不遵守官场规则。可以说当前中国大多数干部之所以走向腐败，是因为腐败的官场环境，这是一种恶性循环。可见，要实现彻底反腐败，如何扭转官场风气是关键问题。改变官场腐败环境必然是一个艰巨任务，会引起极大震动，但也不是不可实现的。谈到腐败问题，联想到最多的是贪污受贿，是经济问题，是物质层面的问题。但从扩大来看，玩忽职守、怠工渎职、男女关系问题同样是腐败，是道德问题，是经济层面问题。既然腐败问题可以从两个角度来认定，那么改变官场的腐败环境也可以从两个方面考虑解决。一方面，对于贪污贿赂等经济问题，要继续加大干部个人财产公开力度，创新公开机制，扩大公开范围，可以考虑将干部的直系亲属、重要社会关系纳入公开范围，这部分人的财产即使不便于公开，也应当尝试对这部分人建立申报制。随着反腐力度的加大，财产公开或申报范围也应逐步实现对整个公务员队伍的覆盖，任职前要核查个人财产，提职前要核查个人财产，离职前也要核查个人财产，将财产公开制度贯穿公务员整个职业生涯，让经济腐败问题难以遁形。另一方面，针对道德败坏问题，可以借鉴许多国家设置专门官员道德监督机构的成熟经验，在纪检系统中设立专门针对领导干部道德问题开展工作的部门，对干部的道德腐败问题进行检查、督促和惩戒。从古至今，中国历来都是一个对道德有执着追求的国度，道德在中国社会有巨大的精神力量，对干部施以道德重压不仅仅是一种需要，而且更重要的是它会在整治干部道德腐败问题上发挥巨大作用。

三是赋予纪律监察机构高度的独立性。在"自己人"监督"自己人"体制下，各级党委的一把手责任制就有可能成为阻碍纪检机构开展反腐败工作的结构性矛盾。现实状况也正是如此，当前发现的干部腐败现象，几乎都与各级部门机构的一把手有直接或间接关联，一些在社会产生极其恶劣影响的大"老虎"往往都来自这些一把手。中国共产党一党执政的政治体制是必须坚持的，这是历史无数次证明了的正确选择，反腐败工作的正常开展也必须得到保证，由此，赋予纪检机构高度的独立性便成了迫切需要。独立的纪检机构对于反腐败工作有两重重要意义。一是独立性可以使反腐权力的运行冲破腐败权力的束缚。独立的纪检机构应当从属于一个垂直管理的独立纪检系统，垂直领导下的纪检机构直接对上负责，在人事、财务、任务等方面都由上级纪检机构来审定，这就全面摆脱了对同级权力机构的依赖，使纪检机构得以从一个旁观者的角度审视所辖范围内干部的行为，保证反腐败工作客观公正，所谓旁观者清当局者迷，也不过如此。二是独立性可以保证纪检机构自身干部队伍的清廉。独立的纪检系统从设立之初就摆脱了中国官场整体腐败的困扰，只要把好入口关，选择品德高尚、为人清廉的干部进入纪检系统，就等于从根本上营造出了纪检系统清廉的官场风气。在这种大环境下，以贤养贤，就确保了纪检干部的忠诚可靠，为反腐败工作加上了一道保险。

四是提高对反腐败工作外部舆论监督的重视程度。当前中国公务员队伍数量庞大，纪检要对其实施全面监督难度很大，纪检机构面对干部的腐败现象往往是被动地去解决问题，工作的重点是查处干部已经暴露出来的腐败现象，在如何发现腐败问题上办法不多。同时，干部对纪检机构的刻意隐瞒，也增加了纪检机构发现腐败的难度。由于站位角度不同，人民群众、新闻媒体在发现干部腐败问题的视野上更为宽广，往往能够发现许多纪检机构难以察觉的腐败现象，这恰恰弥补了纪检机构在发现腐败上的不足。现实中，人民群众和新闻媒体也确实在揭露腐败现象上有很高的积极性，当前许多干部的腐败问题也正是被他们曝光。但目前人民群众和新闻媒体对腐败现象的揭露仍处于一种自发的、涣散的状态，更多的是因为自身利益受到了侵害，是为了发泄愤怒才对干部的腐败进行揭露。纪检机构应当看到这种外部舆论监督的积极因素和巨大力量，为其建立制度、树立规范、提供保障，鼓励、引导外部舆论监督在反腐工作中客观、理性地发挥作用，借此对干部的腐败行为形成全面而强大的震慑力量。

二　目前对干部德的监督中存在的问题

（一）制度监督随意性较大

当前，无论是中央机构还是各级地方政府都在党风廉政建设工作上下了很大功夫，出台了一系列政策法规，甚至各部门也都制定了相应的制度条例约束公务人员的行为。客观来看这些政策法规、制度条例确实在一定程度上起到了促使领导干部清正廉洁的作用，但仍然存在诸多不尽如人意之处，有着这样那样的弊端。具体体现在两个方面：一是缺乏长效性。在这些政策法规、制度条例中，大多都是看眼前不看长远，以一些临时性、只具有短期效益的规定为主，治标不治本，没有在效力上形成长效机制。二是缺乏可操作性。在这些政策法规、制度条例中，具体规定大多是笼统而且空泛的，避重就轻、难以量化的条款比比皆是，操作起来必然难以产生切实的效力。

（二）组织监督效果不佳

当前中国的组织监督从层次上来说主要有三种形式，即上级机构对下级机构的监督、同级机构对同级机构的监督、下级机构对上级机构的监督。从现行的组织形式来看，这三种形式都有着各自不同的局限性，在监督的效力上打了不少折扣。上级机构对下级机构的监督，受限于二者在空间、时间上存在的距离，上级机构无法完整、持续地掌握下级机构的现实情况，下级机构自然也不愿意让上级机构看到自身存在的问题，欺瞒自身行为在所难免，其监督效果可想而知。同级机构对同级机构的监督，基于内部监督权力运行结构性矛盾障碍的存在，监督机构的人员配置、经费划拨、设备采购大多需要同级政府来提供，监督者对被监督者的过分依赖，必然会导致监督效果脱离实际。下级机构对上级机构的监督则更好理解了。俗话说，官大一级压死人，在中国现行政治体制中，下级机构的人事任免权几乎完全掌握在上一级机构中，可见下级机构对上级机构的监督也是只能看、不能摸的，其监督效力更是无从谈起。

（三）相互监督流于形式

中国共产党以及人民政府各级机构的决策方式是采取民主集中制原则，任何决定都应该是领导班子集体决策的结果。以这种权力运行模式为基础，中国共产党制定了班子成员之间相互监督的制度。这种班子成员内部的监督制度是有其科学合理性的，因为同一个班子的成员无论学习、工作乃至生活都处于同一个社会圈子之内，从事着同样的工作、处理着同样的问题、面对着同样的诱惑，谁在哪方面存在问题相互之间最为清楚、也最难以隐瞒，这种监督方式是有理由切实发挥作用的。但实际上却并非如此，在中国共产党的组织制度中有一把手负责制的规定，一把手负责制讲的是主要领导要对全局性、关键性的工作负总责，体现的是责任而非权力，可在实际操作中一把手不仅担负了责任，也抓住了权力，导致民主服从于集中，权力集中到了一把手手中，班子成员之间的相互监督也就失去了产生效力的基础。

（四）民主监督难以到位

目前，对权力运行的民主监督主要是以各级人民代表大会和政治协商会议的形式存在，扩大一些来讲，也包括人民群众和新闻媒体的舆论监督。设立的初衷是好的，但其效果却并不理想，实际上人大和政协更多的是对权力运行结果进行了解，对权力决策的过程，特别是在细节上的参与度很低，人民群众和新闻媒体更是只能凭借自己的观察来进行判断。离开了参与监督必然只能是纸上谈兵，加之中国社会整体上民主意识的相对薄弱，部分领导干部直接刻意回避民主监督，人民群众的知情权、监督权被肆意剥夺，监督意愿自然也无处落实。

三 对干部的德实行有效监督的实现途径

对领导干部的道德立法制定了相应法律法规以后，一定要有相应的道德监督机构和执行机制，否则再完善的道德法律法规也将成为一纸空文、流于形式，不能发挥应有的效用。"目前我国政府领导干部道德监督机制即存在着多种道德监督机构并存、多头管理和责任缺失现象，监督主体独立性差，舆论媒体监督还没有充分发挥作用等弊端。"[①] 因此，有必要从以下几个方面着手，实现对干部的德实行有效监督。

（一）建立坚强有力的组织监督和培训体系

组织监督具有针对性、权威性、操作性优势。它是一种自上而下的单向度监督，没有自下而上的反向监督相回应，无法形成互动的监督机制。组织监督的有效实施，务必需要建立法制体系，以改变以往官僚政治主要依赖人治的局面。中国古代甚或近代的"官僚政治基本上没有多少法治可言，主要依靠人治和形形色色的宗法和思想统治来维持。人治是官僚政治固有的基本特征规律"[②]。中华人民共和国成立以来，尤其是近十几年来，党中央和国务院一向注重对领导干部在选拔任用等方面的监督和问责工作，颁布和实施了一系列法律法规。在干部监督方面主要有 2003 年 12 月 31 日公布实施的《中国共产党党内监督条例（试行）》，2009 年 6 月 30 日公布实施的《关于实行党政领导干部问责的暂行规定》，2015 年 8 月 3 日公布实施的《中国共产党巡视工作条例》等。在干部选拔任用方面主要有 2003 年 6 月 19 日公布实施的《党政领导干部选拔任用工作监督检查办法（试行）》（中办发〔2003〕17 号），2010 年 3 月 7 日颁布实施的《党政领导干部选拔任用工作责任追究办法（试行）》，2014 年 1 月 14 日公布实施的《党政领导干部选拔任用工作条例》和稍后公布实施的《关于加强干部选拔任用工作监督的意见》（2014 年 1 月 21 日）等。在此基础上，还要改进组织监督方法，加大对干部道德监督的力量，理顺权责关系，完善制度，创新机制，强化监督合力。

一是推进选拔监督机制建设。

[①] 蔡立：《美国公务员道德立法的启示》，《特区实践与理论》2008 年第 3 期，第 68—71 页。
[②] 王亚南：《中国官僚政治研究》，中国社会科学出版社 1981 年版，第 3 页。

建立健全干部动议制度，严把选人用人关。《党政领导干部选拔任用工作条例》（2014年1月14日，中发〔2014〕3号）对干部动议制度作了明确规定：党委（党组）或者组织（人事）部门按照干部管理权限，根据工作需要和领导班子建设实际情况，提出干部选拔任用工作意见；组织（人事）部门综合有关方面建议和平时了解掌握的情况，对领导班子进行分析研判，就选拔任用的职位、条件、范围、方式、程序等提出初步建议；把初步建议向党委（党组）主要领导成员报告后，在一定范围内进行酝酿，形成工作方案。对此，负责人要严格遵守、层层把关。要综合掌握干部潜能资源，摸清实情，严把干部推荐提名预审关，做到心中有数。要落实群众对干部选拔任用的知情权、参与权、选择权和监督权。凡未经群众民主推荐的，不能动议，推荐票达不到要求的，不能列为考察对象。

把好源头，建立健全领导干部署名等推荐制度。加强和改进干部推荐工作，积极探索建立健全领导干部署名推荐、干部群众推荐、党组织推荐等多种形式并行，建立定期和不定期相结合的经常性干部推荐制度。努力坚持做到"四个必须"，即重要干部必须由党委全委会全体成员进行推荐提出，其他干部必须根据一定范围内民主推荐结果提出，领导干部个人推荐干部必须以书面形式提出，所有提任干部必须按任用程序选任，不能临时动议。"明确初始提名主体，合理确定初始提名范围，规定参考人选产生的基本条件，进一步规范程序和办法，落实提名责任，形成操作性强、科学规范的提名工作制度等。"[1] 对考察中发现被推荐的人选有严重问题的，必须追究推荐人纪律和党纪政纪责任。

建立健全干部考察制度，严把干部考核考察关。完善干部考察制度和方法，实行领导班子、干部年度考核和工作量考核三者有机结合，综合评定领导班子和干部。实行干部考察责任制，本着谁考核谁负责的原则，分别明确干部考察部门、考察组和考察人员的责任，即规定考察部门（组织人事部门）主要负责考察方案的制订、考察人员的组成、考察结果的审核等工作；规定考察组和考察人员对考察材料的客观性、真实

---

[1] 中共中央组织部研究室（政策法规局）：《干部人事制度改革研究》，党建读物出版社2011年版，第258页。

性、公正性负责,并要求其明确提出使用建议意见,署名以示负责。"同时,赋予考察主体进行考察工作应有的权力,严格考察纪律,促进考察人员自觉、认真地搞好考察工作。"①

实行干部考察预告制,扩大群众参与范围,接受群众监督。所谓干部考察预告制,一般是指派出干部考察组的组织人事部门,在实施干部考察前,通过一定的方式,将考察人选及考察组有关情况向社会公告。考察预告主要包括预告内容、预告范围和预告方式等。"推行干部考察预告制,有利于扩大群众对干部选任工作的知情权、参与权、选择权和监督权,为群众特别是知情人反映情况创造条件。"②

二是推进任用监督机制建设。

严格落实领导干部选任工作责任追究制,强化用人失察失误责任追究机制,加强对选人用人失察失误的责任追究,尤其是要规范和强化"一把手"在领导干部选拔任用上的监督。为保证党的干部路线方针政策的贯彻执行,防止用人失察失误,严肃处理干部选拔任用工作中的违规违纪行为,中共中央根据《党政领导干部选拔任用工作条例》和《中国共产党纪律处分条例》等党内法规和《中华人民共和国公务员法》等国家法律法规,制定并颁布了《党政领导干部选拔任用工作责任追究办法》(2010年3月,中办发〔2010〕9号),进一步明确了在领导干部选任工作中各环节的责任主体、具体要求和责任追究情形,力图增强领导干部选任工作责任心与责任感,为完善干部选用工作监督制度提供了重要保证。该《办法》还重点强调了要严格实行"一把手"选人用人的追究制度,在规定的39种责任情形中,有11种是针对党委"一把手"的,而且在界定责任主体、划分责任情形以及责任调查处理上也作了具体而明确的规定。"重点强调实行党政领导干部选拔任用工作纪实制度,要求有关部门应当如实记录选拔任用干部过程中推荐提名、考察、酝酿、讨论决定等情况,为实施党政领导干部选拔任用工作责任追究提供依据。"③

---

① 中共中央组织部研究室(政策法规局):《干部人事制度改革研究》,党建读物出版社2011年版,第258页。
② 胡光伟:《党务工作》,红旗出版社2008年版,第306页。
③ 《廉洁从政行为规范》编写组:《廉洁从政行为规范》,中国言实出版社2015年版,第85—89页。

完善和实施好四项监督制度。建立健全和完善干部举报信访监督制度，对群众反映干部政治思想、工作和生活作风上出现的苗头性问题、廉洁自律问题、选人用人上的轻微违纪问题，实施有效监督，密切党和群众的联系。即如《关于创新群众工作方法解决信访突出问题的意见》所指出，要"推动信访工作制度改革，解决好人民群众最关心、最直接、最现实的利益问题，进一步密切党同人民群众的血肉联系，巩固和扩大党的群众路线教育实践活动成果，夯实党执政的群众基础，促进社会和谐稳定"①。"坚持好巡视监督制度、作风监督制度和查办案件监督制度，根据问题性质从不同的渠道来监督和处理，探索形成一套完整的监督制度体系。"②

健全和完善干部廉洁档案制度。把干部落实党风廉政建设责任制情况纳入个人档案，作为选人用人的重要依据。"更要把领导干部个人的廉洁自律情况纳入干部考核的重要内容，切实把干部廉洁自律的情况与干部的选任、考核、奖惩挂钩，不廉洁的干部坚决不予以重用和提拔，情节严重的还要给予降职或免职处理。"③

落实党委讨论任用干部之前征求同级纪委意见的制度。严肃查处选人用人上的违规违纪行为，决不姑息迁就。严格落实《党政领导干部选拔任用工作条例》，坚持和完善干部选拔任用前征求同级纪委意见的制度，坚持和完善强化预防、及时发现、严肃纠正的干部监督工作机制，把监督渗透到干部选拔任用全过程，有效防范考察失真和干部"带病提拔"等情况。"严肃查处跑官要官、买官卖官等问题，坚决整治用人上的不正之风。"④《关于加强干部选拔任用工作监督的意见》（2014年1月21日，中组发〔2014〕3号）对此问题又进行了强调，要求要严格考察人选对象的党风廉政情况，认真听取纪检监察机关意见，对有问题反映应当核查但尚未核查或正在核查的，不得提交党委（党组）讨论决定，对

---

① 《中国共产党党内法规选编》编写组：《中国共产党党内法规选编》，中国方正出版社2014年版，第91页。
② 任仲文：《问计2015党员干部关注的十大热点问题》，人民日报出版社2015年版，第45页。
③ 周寿光：《浅议高校领导干部廉洁自律》，武汉工业大学出版社1996年版，第155页。
④ 《党员干部反腐倡廉教育简明读本》编写组：《党员干部反腐倡廉教育简明读本》，中共中央党校出版社2013年版，第176页。

有反映但不构成违纪的要从严掌握。严格把好人选廉政关，坚决防止"带病提拔"①的情况发生。

贯彻和实施好干部交流、回避制度。根据《党政领导干部选拔任用工作条例》规定，实行党政干部交流制度。交流的对象主要是因工作需要交流的；需要通过交流锻炼提高领导能力的；在一个地方或者部门工作时间较长的；按照规定需要回避的；因其他原因需要交流的等。交流的重点是县级以上地方党委和政府的领导成员，纪委、人民法院、人民检察院、党委和政府部分工作部门的主要领导成员等。干部交流要由党委（党组）及其组织（人事）部门按照干部管理权限组织实施，严格把握人选的资格条件。干部个人不得自行联系交流事宜，领导干部不得指定交流人选，同一干部不宜频繁交流等。实行党政领导干部任职和选拔任用工作回避制度。有夫妻关系、直系血亲关系、三代以内旁系血亲以及近姻亲关系的，不得在同一机关担任双方直接隶属于同一领导人员的职务或者有直接上下级领导关系的职务，也不得在其中一方担任领导职务的机关从事组织（人事）、纪检监察、审计、财务工作。领导干部不得在本人成长地担任县（市）党委和政府以及纪检、组织、法院等部门正职领导成员，一般不得在本人成长地担任市（地、盟）党委和政府以及纪检、组织、人民法院等部门正职领导成员。党委（党组）及其组织（人事）部门讨论干部任免，涉及与会人员本人及其亲属的，本人必须回避。干部考察组成员在干部考察工作中涉及其亲属的，本人必须回避。

三是推进综合评价机制建设。

将组织工作满意度作为评价要素。主要是看公职人员、人民群众对组织部门的整体工作满不满意、认不认可，这是从外部视角来观察组织部门在职能定位、工作成绩等方面是否存在问题，为组织部门提供一个改进工作的依据。将组织部门在选人用人工作上的作风作为评价要素。主要看各级组织部门在各自所辖范围内，在干部的选用上是否做到了清正廉明、是否树立了较高的公众信誉、是否遵守了规章制度、是否自觉抵制了歪风邪气。将组织部门选人用人的具体过程作为评价要素。主要是看各级组织部门在具体的人事工作中，每一个工作环节是不是存在问

---

① 《党纪政纪处分规定学习手册》，中国法制出版社 2016 年版，第 367 页。

题，是不是严格按照《条例》的要求制定了基本的选拔原则，是不是严格按照《条例》要求执行了严密、规范的工作程序，是不是严格按照《条例》要求核实、处置了选用工作中发现的问题。将组织部门选人用人的成果作为评价要素。主要是看各级组织部门选用的干部是否具备了良好的综合素质，是否用在了最适合的岗位，是否做到了人岗相宜、人尽其才、才尽其用。还要看各级组织部门组建的领导班子是否能够和谐共事、形成合力，是否真正发挥了组织效力。将组织部门选用干部的公认度作为评价要素。主要看各级组织部门选用的干部是否能够获得干部群众的信任、是否能够被干部群众接受、是否能够在干部群众中夯实基础。

建立健全领导干部选拔任用监督机制，建立坚强有力的组织监督体系具有非常重要的现实意义。可以促进各种监督主体的多元化，达到相互合作、相互促进、相互制约的目的，构成主体监督网络，形成监督合力。"有利于明确界定监督客体内容，明晰监督体制和制度的关系，规范权力有序地运行等。"[1]

四是强化公务员职业道德教育培训。

更新理念，树立正确价值取向，提升行政人格。形成多样化的教育培训途径，加强对新录用公务员的道德考察与把关。录用考核过程中加入标准化心理测试、职业首先模拟测试，为对其适时开展职业道德教育提供依据。对新录用公务员的职业道德教育与培训，重点是做好职业道德定位与内化的准备，为其秉公履职与继续开展职业教育培训打下良好的基础。以全心全意为人民服务这一道德核心对新录用公务员加强思想道德教育，敦促其树立人民利益高于一切，提高他们坚持执行人民意志、做人民公仆、为人民服务的自觉性和主动性。与此同时，加强爱国主义、集体主义和党的优良传统教育。"通过党员领导干部的以身作则、率先垂范，通过职业道德先进人物的榜样示范作用，切实增强公务员职业道德的责任感、协作力和廉洁度。"[2]

---

[1] 刘建生:《关于健全领导干部选拔任用监督机制的思考》,《探索》2010 年第 4 期,第 47—49 页。

[2] 尤国珍:《国外公务员职业道德建设的经验及启示》,北京出版社 2013 年版,第 289 页。

（二）强化监督意识，积极探索和实践领导干部选拔任用全过程监督工作

"完善当前我国领导干部选拔任用制度，具有非常重要的意义和紧迫性。这既是抵御执政风险和完成改革发展使命的迫切需要，更是实现公平正义的社会价值目标乃至于实现中华民族伟大复兴中国梦的迫切需要。"① 但在领导干部选拔任用监督工作中，由于监督主体、监督客体对制度规定的监督工作存在着一些消极的认识乃至一些不必要、不应有的顾虑，致使在干部选任工作中好人主义盛行，出现了监督虚化、监督疲软、监督不到位的现象。习近平同志对此问题曾一针见血地指出："现在，一些干部中好人主义盛行，不敢批评、不愿批评，不敢负责、不愿负责的现象相当普遍。有的怕得罪人，怕丢选票，搞无原则的一团和气，信奉多栽花、少栽刺的庸俗哲学，各人自扫门前雪、不管他人瓦上霜，事不关己高高挂起，满足于做得过且过的太平官；有的身居其位不谋其政，遇到矛盾绕道走，遇到群众诉求躲着行，推诿扯皮、敷衍塞责，致使小事拖成大事、大事拖成大祸"②，给党和人民的事业造成了极大危害。为此，要强化监督意识，提高干部选拔任用工作全过程监督的自觉性，这是做好干部选拔任用工作全过程监督的基础和前提。这需要着力解决监督工作中的"三种不良心态"，努力营造自觉监督的良好氛围。"即克服'不能监督，怕权力受损'的心态，提高监督客体接受监督的自觉性；克服'不敢监督，不必监督'的心态，增强监督主体履行监督职责的主动性；克服'难以监督、监督不了'的心态，营造民主健康、扶正祛邪的良好社会氛围。"③

选贤任能不仅关系到党的事业成败，更关乎我们国家与民族的前途和命运。领导干部选拔任用工作是一个选人用人的工作流程，在源头上把好选人用人关，加强干部选拔任用全过程监督的制度化，是各级党委及组织部门一项重要工作。邓小平曾指出，"我们选干部，要注意德才兼

---

① 程波辉、彭向刚：《完善领导干部选拔任用制度的若干思考》，《中州学刊》2015 年第 12 期，第 20—23 页。
② 习近平：《习近平谈治国理政》，外文出版社 2014 年版，第 415—416 页。
③ 中共湖南省委组织部课题组：《加强对干部选拔任用工作全过程监督的思考》，《理论探讨》2003 年第 2 期，第 75—79 页。

备。所谓德，最主要的，就是坚持社会主义道路和党的领导。在这个前提下，干部队伍要年经化、知识化、专业化，并且要把对于这种干部的提拔使用制度化"①。在此思想指导下，中共河南省委组织部课题组对这一问题进行了有益探索，并取得了一定成果。主要是探索预防机制，强化事前监督，即坚持主动预防为先，从源头上防止和纠正选人用人上的不正之风。探索规避机制，强化事中监督，坚持以规范、避免为主，在过程上防止和纠正选人用人上的不正之风。探索查纠机制，强化事后监督，坚持从严治党方针，从警示中防止和纠正选人用人上的不正之风。探索协调机制，形成监督合力，坚持从提高整体效能出发，在外部互联、内部互动中形成监督合力。尽管在开展干部选拔任用中仍面临着全过程监督难以有效实施、全面覆盖、规范把握、纠偏查错等困难，但通过探索构建干部选任标准、选任程序、质量验证和纪律监督机制，在提高选用干部质量、推进干部选拔任用工作规范化、增强选人用人公信度以及整治选人用人上的不正之风等方面取得了一定成效，推进了全省干部选拔任用全过程监督工作的健康发展②，也给其他各省领导干部选拔任用工作提供了可资借鉴的做法和经验。

（三）建立相对独立客观的舆论监督制度

一般来说，"目前我国领导干部选拔任用的监督渠道主要还是组织人事部门的内部监督、党内民主监督、上级监督、群众监督、舆论监督和人大监督等。虽然领导干部选拔任用的监督中扩大了民主，然而由于党内民主的发展相对滞后，程序上的民主还没有完全转化为决策等实际行为的民主，还没有真正落实'群众公认'的选人用人原则"。因此"还需要进一步拓宽监督渠道，形成由人大代表、政协委员、人民群众、新闻媒体等多渠道、全方位的有效监督体系"③。尝试坚持党内监督和党外监督相结合，专门监督（这里指组织、纪检、监察、公安、检察、法院、审计等部门的监督）和群众监督相结合，上级监督、同级监督和下级监

---

① 《邓小平文选》第二卷，人民出版社1994年版，第326页。
② 中共河南省委组织部课题组：《创新干部选拔任用全过程监督工作》，《领导科学》2009年第6期，第4—7页。
③ 张红星：《完善领导干部选拔任用的有效监督机制》，《领导科学论坛》2014年第10期，第17—20页。

督相结合，制度监督和舆论监督相结合的原则。[①] 这里，重点谈谈如何强化舆论监督等制度。

舆论监督本质上是群众监督。具有广泛性、公开性、及时性。对于干部是否称职，群众的观察最细致、最有发言权。"群众监督是否能够得到充分和有效发挥，直接关系到党政干部选拔的质量，甚至关系到党和民族事业的兴衰成败。因此在着力畅通群众监督渠道，完善群众监督制度，确保群众监督权落到实处。"[②] 在信息时代，人民群众对权力的舆论监督主要是通过新闻媒体来实现，新闻监督在信息网络爆炸式发展的条件下，已成为抵制、揭露腐败的强大工具。

在欧美国家，新闻媒体对腐败现象的舆论监督成为立法权力、司法权力、行政权"三权"以外的"第四权力"。在西方社会新闻自由的大环境中，新闻媒体的舆论监督在约束公职人员腐败行为的问题上确实发挥了重要作用，其实质上也是一种权力对权力的制约，是对"三权"监督的有益补充。

当代中国，新闻媒体的舆论监督在反腐败问题上也凸显了一些作用，但要使新闻媒体的舆论监督形成一种力量、发展为一种权力，却面临着一些现实困难，说到底，是传统的新闻体制阻碍了新闻媒体舆论监督的发展。中国的新闻体制一贯是以机关党报的形式为主。各级机关党报作为中国共产党的机构组成部门，在人力、财力、物力上都依赖于各级党委和政府，接受各级党政机关的直接领导，其自身局限性不可能被自身打破。在这种体制下，新闻媒体的舆论监督只能是对下级机构、对人民群众、对社会问题产生效力，对上级、同级党政机构及其主要领导干部的舆论监督存在的不是难不难的问题，而是能不能的问题。

真正想要发挥出新闻媒体舆论监督效力，就必须寻求破除这一体制性障碍的方法，要赋予新闻媒体更高自由度。一方面，可以尝试对现行新闻体制进行调整，将机关党报从各级党政机构的管辖中剥离出来，设立在中共中央直接领导下的独立新闻体系，实行垂直管理，帮助其摆脱

---

① 中共湖南省委组织部课题组：《加强对干部选拔任用工作全过程监督的思考》，《理论探讨》2003年第2期，第75—79页。

② 姜保周：《对党政干部选拔任用的思考》，《人民论坛》2011年第2期，第78—79页。

对各级党政机构的人力、财力、物力依赖,并以法律形式赋予其对各级党政机构及其公职人员进行舆论监督的绝对权力。同时,应当顺应新闻自由的大趋势,引导、扶持一批具有正义感、责任感的社会媒体的健康发展,鼓励其参与对各级党政机关及其领导干部进行客观公正的舆论监督,以此来弥补内部舆论监督体制性不足。另一方面,重视新兴媒体的舆论监督作用,对其加以规范引导,使其发挥正能量。与以报纸、杂志等传统新闻媒体作为主要传播手段的方式相比较,新兴的网络媒体,特别是"微"网络的快速发展,实现了信息传播数字化,有着速度快、效率高、隐蔽性强等诸多传统纸质媒介所不具备的显著特点。网络媒体这些特点使对干部舆论监督的范围更加广泛也更加深入,许多以往容易被隐藏、难以察觉的问题都被揭露出来。网络信息传播速度也更迅速,往往问题刚刚暴露出来就被纷纷转载,让问题无处可逃。同时,网络身份的隐蔽性,也使许多以往碍于干部的身份让人民群众敢怒不敢言的问题被揭发出来,进一步扩大了舆论监督的全面性。当然,基于网络的特点,网络上的舆论监督也有着自身弊端。网络信息的随意性,使一些别有用心的人肆意散布谣言、蛊惑人心,部分群众对干部存在的问题过分夸大、以泄私愤,造成了网络世界谣言纷飞、难辨真伪的客观现实。对此,完成对网络言行立法工作,以制度来约束规范网络言行,引导其遵循客观、公正、理性的原则,正确发挥舆论监督效力,就成为完善舆论监督机制的必然要求。

(四) 建立以民主为核心的大众监督制度

人民群众的监督机制应当建立在中国当前运行的权力监督框架体系之内,以人民群众参政议政的主要形式,即人民代表大会制度为依托行使监督权力,前提是要接受中国共产党的统一领导,要在思想意志、工作思路上与中国共产党保持高度一致,既要接受统一的工作安排,完成好分工任务,同时也要保持相对的独立性。

政治体制特别是干部制度改革,对干部道德建设影响更为直接和明显。社会主义民主还未发展到可以"左右"人民公仆的干部命运的地步,即他们的任用和罢免、奖励和惩罚、升迁和降职等,还没有真正由他们的"主人"人民群众来掌握,完整的监督体系和机制还未很好地健全和完善起来,干部只对领导"负责"而不对群众负责。官僚主义现象以至各种以权谋私的腐败现象，就很难遏制并减少到最低限度。在这种情况下，对干部的道德教育，其作用就很难充分发挥，就会被许多人的不平衡心理在某种程度上所抵消，某些道德失范和违法犯罪的人的侥幸心理也就有了土壤。中国共产党执政的实质是人民群众当家做主。因此，人民掌握公仆的命运，同坚持党管干部的原则具有一致性，是不相矛盾的。

第五节　激励方式

激励是指激发人的行为的心理过程。主要包括正面激励和反面激励两种方式。美国管理学家贝雷尔森和斯坦尼尔认为，激励是"一切内心要争取的条件、希望、愿望、动力都构成了对人的激励。它是人类活动的一种内心状态"。

一　道德权利与道德义务统一

马克思说："人们奋斗所争取的一切，都同他们的利益有关。""思想一旦离开利益，就一定会使自己出丑。"恩格斯则认为："每一个社会的经济关系首先是作为利益表现出来。"列宁、毛泽东、邓小平等都强调激励保障的作用。邓小平强调："革命是物质利益的基础上产生的，如果只讲牺牲精神，不讲物质利益，那就是唯心论。"

义利关系实质上是道德与利益的关系。义指正义、应该，是高尚的道德原则。利则指利益或功利。在社会主义社会，义指社会正义、共产主义道德原则，是国家、民族、人民之大义。利则指利益，既指正当的个人利益，也指国家、民族、人民之大利。

在中国，"义利之辨"延续了几千年。先秦时代，儒家既重道义，也不否认利益，但有重义轻利的倾向。墨家主张义利并重，把义归结为利，在发展的后期墨家更强调义利合一。道家主张超越义利，否认道德作用，主张功利主义。汉代董仲舒把儒家重义轻利的倾向发展为"正其谊（义）不谋其利"，片面强调道义而不讲功利。宋明时期重视义利之辨，并把它发展、深化成理欲之辨，主张存天理、灭人欲，把封建道德原则视为至高无上的价值，把个人的欲望或利益要求看成必须革除的东西，把道德与利益对立起来。在西方,许多资产阶级思想把利益当作行为的出发点。强调追求个人利益是人的本性。但又不得不承认,在一定程度上,个人利益和幸福都离不开社会和他人,社会需要一种道德来协调彼此间的利益。无论是重利轻义,还是重义轻利,都割裂了义与利的辩证统一关系。

二 干部需要正当的利益回报

(一) 正确看待利益回报

谈干部利益的回报问题,需要明确的是道德义务与道德权利之间的逻辑关系问题。马克思主义认为,不存在脱离义务的权利,也没有无权力的义务,道德义务和道德权利不可分离。邓小平也曾论述说:"革命精神是珍贵的精神财富,是革命精神指引着革命事业,但革命从本质上讲是出于对利益的追求,只一味提倡革命精神,而不关注革命者的现实利益,是典型的唯心主义思想。"由此可见,应该从辩证唯物主义和历史唯物主义的哲学角度出发,客观看待道德权利与道德义务相辅相成、相互促进的辩证统一关系。在一个公平、公正的社会环境中,每个社会成员所能够享有的道德权利与所应履行的道德义务必然是均衡对等的,因为个体是存在于社会群体之中的,每个社会成员的社会行为必然是与其他社会成员之间的互动,只要社会成员的行为遵循了道德准则、履行了道德义务,就应该得到道德权利的回报。也就是说,当一个人表达了对别人的尊重时,被尊重的人也应当对这个人表达同样的尊重。进一步来说,当社会个体对整个社会做出了有益的贡献,就应当得到整个社会的尊重和回报。可见,道德权利与道德义务是二位一体的,履行道德义务就是在享受道德权利,行使道德权利也就是在履行道德义务。这是一种自然的平衡,如果打破了这种平衡,那么社会就失去了公正性。

在干部的利益回报问题上,必须为干部树立起明确的道德导向。在改革开放不断深化带来的巨大社会红利中,社会经济关系日益复杂、分配方式不断变化,催生了多种多样的利益群体。在市场经济的大环境中,这些利益群体之间的竞争日趋激烈,矛盾冲突更加直接。干部作为一个群体,也处于这种利益竞争之中,但干部毕竟是一个特殊群体,其手中握有人民赋予的权力,在利益竞争中具有无可比拟的优势。干部也是人,与普通人一样在本质上具有趋利性,如果干部越过底线,运用手中的权力去牟取私利，势必会破坏经济秩序，造成严重后果。

对干部德行回报的形式可以多样化，既可以是精神上的，也可以是物质上的。对领导干部德行的回报，实质上是给予其被尊重的满足感，或者是对其失德行为进行警告和惩处。这种回报的实施是以"善有善报、恶有恶报"作为推动力的，涉及精神和物质两个层面的利益问题。精神属于意识形态、上层建筑范畴，而物质则切实关系到领导干部的实际生活。

(二) 干部需要回报的伦理分析

人是道德的主体，人不仅是经济动物、社会动物，更是"道德动物"，人之所以本质上是"伦理人"，是"道德人"，是因为伦理具有激励作用，人有道德需要。伦理需要包括诚信需要、公平需要、民主需要等。所谓伦理激励，就是从满足人的伦理需要入手，以一定的奖惩措施激发和引导被激励者的行为，向提供激励者预期的方向发展的过程。人不仅是经济人，而且是社会人，那么干部同样也是经济人和社会人的统一。对于干部既要要求他们为人民服务、甘当人民公仆的一面，同时，也要富之，贵之，敬之，誉之。优秀干部应该得到应有的荣誉。为干部提供的待遇应在他应得之时给他。对干部作"经济人"的假设，则承认干部的自身利益，这种利益并不是否认和覆盖集体的利益和国家的利益。干部的公共性决定了他们要以集体利益和国家利益为最高目的，要以实现社会公共利益和人民利益为根本宗旨，但这并不否认他们的个人利益，这是对人的动机和行为做的一个客观描述。

新政治观突出强调确立与官员的角色和行政行为相吻合的道德，是有限道德而非无限道德，同时强调评价标准是合法的就是允许的，要求官员有更高的精神境界和价值标准，但可以不用做到道德高尚，只要合规则，不违法，即使先富起来也是允许的。简言之，在许多情况下道德让位于政治伦理规则。实际上，评价官员，不是以道德涵盖一切、替代一切，而是以忠于职守和尽职尽责为本。可以说，执政理论不能突破，有些重大制约就无法破解。中国现在缺少官员享有合法利益的更多"明规则"，这需要改革者们思考权衡，也需要一些有作为的官员在阳光下实践、创新。改革开放以来，道德面对复杂的利益关系，自身出现了多元、多样、多变的复杂情况。在道德视野内，最根本的利益关系的变革，是个人正当利益获得了重新评价和肯定。道德在调节利益关系方面取得历史性进步的根据也在这里。

（三）充分发挥激励与保障作用

马克思主义人才思想中一个非常重要的组成部分就是激励与保障。人的行为源于内部的需要和外部的刺激，人只有在既存在内部需要又有获得外部条件满足的可能的情况下，才能产生行动的欲望和冲动。大致有以下三点。

一是健全人才激励机制，是充分发挥人才主动性、创新性的必要措施。建立健全人才使用培养的激励机制，是一项系统工程。它包括创造民主、宽松的学术环境，保护知识产权，允许和鼓励技术等生产要素参与收益分配；包括改善物质生活条件，解决实际问题，关怀工作、学习、生活的方方面面；包括提高社会地位，给予广泛尊重，在精神上挖掘人才的积极性；等等。

二是完善分配制度，增强其对不同职务、职级人才的激励功能。马克思指出："对平等工资的要求是基于一种错误，是一种永远不能实现的妄想。"必须实行有差别的工资分配制度。在共产主义的第一阶段，实行"各尽所能，按劳分配"；到了共产主义第二阶段，当物质财富极大丰富，劳动成为自身需要的时候，才能实行"各尽所能，按需分配"。中国共产党继承和发展了马克思主义的分配理论，提出了以按劳分配为主体、多种分配方式并存的分配制度，坚持效率优先、兼顾公平，各种生产要素按贡献参与分配。

三是形成规范化的奖惩制度，是实现有效激励的重要保障。奖励必须坚持精神鼓励与物质鼓励相结合。列宁认为，实物奖励是法定的，精神奖励也不能例外。邓小平丰富和发展了奖励的内容，他指出："在学术上，只要有创造，有贡献，就应该评给相应的学术职称，不能论资排辈。"这对人才来说，是一种有效的、长远的激励。邓小平也认为，要坚持奖惩分明，这也是一种有效的激励。我们要进一步规范、完善人才的奖励体系和制度。

三　国外公务员的激励机制

激励机制是由"激励"和"机制"两个部分组成的。顾名思义，激励机制包括激励方式和制度保障两方面。公务员激励机制是指政府部门主管当局设计的，旨在调动公务员积极性并对其行为目标的选择起引导和制约作用，从而建立提高行政管理的效率和水平，提高公共服务质量的一系列制度性措施。它主要由考核制度、薪酬制度、晋升制度和奖惩制度四个部分构成。

西方公务员制度产生较早，相对完善，值得我们学习和借鉴。同样，作为公务员制度的重要组成部分——公务员激励机制对我国公务员制度建设与完善更是意义重大。在这里做出一些简单分析和系统归纳。

（一）国外公务员激励机制的发展过程

一是考核制度的发展。

第一，考核内容由泛化转向职业标准。西方公务员考核内容上大体都十分注重工作实绩和才能，同时也包括国家对公务人员所要求的方方面面，包括道德品质、工作能力、岗位知识要求和勤奋敬业精神等。不论考核项目多少，大体可以分为三部分：工作成绩、工作能力和工作态度。其中以工作成绩为主。

美国是最早实行公务员功绩考核制的国家之一。1887年，美国国会修改了《彭德尔顿法》，实行考绩制度。1912年设立"考绩司"，专门负责考绩制度的推行。1934年美国联邦政府规定考绩内容有16项，其中包括完成工作的精度、速度、数量，执行命令的可靠性，执行职务的知识，工作的创造能力、组织能力、合作能力和克服困难的能力，等等。1943年，又把考核内容增加到了31项之多。然而，大多数条目与公务员本人承担的工作、职务关系不大，而且考核结果又易流于形式和主观化。1950年美国废除了统一考绩制度，实行工作考绩制度，并颁布了《工作考绩法》，规定了考核的内容，主要包括工作数量、工作质量和工作适应能力。1978年美国国会通过了《文官制度改革法》，实行了新的考核制度。具体做法是，由联邦机构各单位的主管人员书面提出每项职务的关键内容以及工作表现的客观标准，要求用具体化、度量化的尺度去衡量公务员的工作。

法国公务员考核内容，不仅重视公务员的实际工作业绩，同时也看重公务员的工作能力。"二战"以前考核的具体内容主要有6项，即教育程度、性格特点、行为、工作完成的确定性、人际关系的处理能力和特别才能。"二战"之后考核内容拓展到14项，分别是：身体状况、专业知识、遵守时间与执勤情况、整洁条理性、工作适应能力、协调合作能力、服务精神、积极性、工作速度、工作方法、洞察能力、组织能力、指挥监督能力、领导统治能力。

德国考核主要是对业绩和综合能力的评估，业绩考核主要包括工作态度、责任心、工作效果和质量、工作方法、专业知识、合作能力等，主要评估其能否胜任工作。而综合能力评估主要包括理解能力、思维判断能力、决策实施能力、谈判技巧、创造性工作能力、沟通交流能力、对工作压力的承受能力、学习能力等，主要评估其发展的潜力和方向。

第二，考核标准由主观随意走向标准规范，从个性特征内容走向职业规范要求。美国公务员早期的考核标准，大多是像"严守时刻""勤奋""准确性""才智""品行""能力"等这样抽象的考核标准，但后期则是通过工作分析与评价来建立公务员的考核标准；早期考核标准的制定基本上是从经验出发的主观规定，后期则是从调查研究出发，将定量定性相结合，通过收集工作信息，分析工作任务的执行要素，确定并表述每个指标的内涵外延，最后规定每个标准的有效权重。

第三，考核方法从定性到定量再到定量定性相结合。在绩效考评的过程中，定性考评是一种总括的考评，是一种模糊的印象判断，如果仅定性考评，则只能反映公务员的性质特点；定量考评往往存在一些指标难以量化的问题，如果仅进行定量考评，则可能会忽视公务员的质量特征，使得考评不完全。这就需要将定性与定量结合起来，实现有效的互补，对员工的绩效做出全面、有效的评判。

西方公务员考核评价的方法，主要是以法定的考核要素和设计标准作为评价的手段。目前，许多发达国家已放弃了传统的考核方法，即监督人员定期为公务员写出评语，年终进行总结的方法，改为量质考核，在因素分析上做文章，如在考核中分等记分。英国、美国、法国和日本对公务员考核都采用因素分析法，如美国采取了图表测度法、浦洛士考绩法，法国颁布了《评分平衡制度》，英国实行了因素三级法等，日本实行了公务员工作评定的根本标准。①

第四，在年度考核的基础上注重平时考核。以往西方各国公务员考核主要是进行年终考核，现在加强了平时考核。如英国、德国等国家，平时每个公务员都有个人工作记录，各部门对公务员的上下班时间及休息、休假时间都有明确的规定并做出详细的工作记录，以备年终考核参考之用。

二是薪酬制度的发展。

第一，内部公平与外部公平兼顾。

薪酬是吸引、留住和激励人才的重要因素，而薪酬能否发挥吸引、留住、激励人才的作用，很大程度上取决于薪酬的公平性。但长期以来美国联邦政府公务员的薪酬制度，既存在薪酬水平偏低难以吸引和留住人才，造成公务员的低满意度和人员流失的外部公平性问题，也存在薪酬与绩效相关度低的内部公平性问题，难以实现薪酬应有的激励功能。1978年颁布的《文官制度改革法》中有这样的规定：人事管理局、行政管理与预算局和劳动部每年对美国各地私营企业的工资水平进行深入的调查，然后后勤工作部门把调查的结果拿来同公务员的工资水平进行对比，并据此向国会及总统提出调整公务员工资的建议。② 1990年联邦政府颁布了《联邦雇员工资持平法》，要求对政府官员的工资进行调整。

第二，打破等级工资制度，实行绩效工资。

1978年美国《文官制度改革法》规定开始实行绩效工资制，打破了年限年功自动加薪的旧制度，公务员工资由"基本工资"和"可比性工资"构成，其中"可比性工资"与考绩挂钩。1990年，美国政府以绩效工作制取代传统工资发放模式。

英国也改革传统的等级工资制，实行以绩效工资为主的灵活付酬制度。于1989年建立绩效工资制，根据公务员业绩表现，来确定其工资多少，各个部门和执行机构对所属公务员进行绩效评估，评估结果不同，工资额自然就有差别。

澳大利亚取消等级工资制，根据市场机制和谈判确定工资额度。

---

① 姜海如：《中外公务员制度比较》，商务印书馆2003年版，第313页。
② 宋世明：《美国行政改革研究》，国家行政学院出版社1999年版，第197—198页。

北欧七国也都改等级工资制为与绩效挂钩的灵活工资制度。

第三，灵活性增强。

根据公务员职务、级别分别制定工资表，针对性强。工资结构中有固定部分，也有浮动部分，使工资与公务员的表现和经济发展状况密切结合起来，方便灵活，激励性强，提高了行政效率。

工资调查是美国行政机构、联邦人事管理机构"就工资结构向立法机构提出建议并获得批准的基础"。通过调查，了解和掌握劳动力市场信息，明确不同社会组织的薪酬差距，据此确立公务员工资标准、层级。同时，根据经济发展、财政预算、物价指数、通货膨胀等因素，可以灵活调整公务员的工资。

20世纪80年代以来，各国开始注意把公务员功绩与工资挂钩的重要性，并依据功绩调节工资和增减奖金，增强了工资支付的灵活性，有利于调动中低级公务员工作积极性。法国改进了额外奖励制度，额外奖金将以完成任务的数量和质量、每个人的工作效率为依据进行综合考虑，作出考虑的出发点应当是部门之间的总体水平及每个机构的内部情况。

三是晋升制度的发展。

第一，由重资历向重功绩转变。以往西方许多国家对公务员的晋升主要偏重于学历、资历。现阶段，为适应形势发展的需要，各国都实行了功绩晋升制度。

英国在公务员制度创立初期，在人才选拔中，注重选拔对象的教育程度、文学素养、掌握知识的多少，以及综合、推理和判断能力。1870年以前，英国的文官主要依资历晋升，只要按部就班、例行公事，熬到了年头便一律予以晋升职务并加薪。这种晋升制度毫无激励作用，使政府部门没有朝气、效率低下。针对此种晋升制度的弊端，1870年，英国政府进行了改革，开始采用重表现、看才能的功绩晋升制。1968年的文官制度改革取消了晋升所需要的最低年龄的限制，只注重所获得工作成绩的大小。为了破除政府行政人员晋升中所存在的政党分赃制弊端，1938年，美国文官委员会制定了统一的晋升制度——功绩晋升制，即以公职人员的工作能力与工作业绩作为职务晋升依据的晋升制度。

第二，由封闭结构向开放结构转变。早期各国公务员晋升，除美国等少数国家外，大多是部内晋升，而且英国和法国规定不能进行跨类晋升，这显然限制了公务员的发展空间。实行开放或半开放晋升，就是指部内部外人员均可参加晋升竞争，这有效地促进了人员交流。现在除日本以外的很多国家都实行开放和半开放晋升。"英国和法国现已鼓励公务员跨类别进行晋升竞争，打破了分类定终身的晋升制度，极大地提升了公务员的晋升意识。"[①] 1968 年，英国建立了"开放结构"的晋升模式，打破了行政人员和专业技术人员以及外交人员之间、公务员团体和其他社会团体之间传统上的壁垒界限，拓宽了次官以上高级官员的晋升渠道，强化了中高级公务员在晋升中的竞争意识；创立了"机会职位"，实行中级职位的开放式晋升；创立"行政见习官制度"，给优秀年轻人提供"越级晋升"的机会。

第三，行政长官对公务员晋升的权力受到限制。1870 年后，英国实行功绩晋升制，建立这样的晋升制度所遵循的原则为：首先，要挑选最优秀的人员担任政府高级职务；其次，实现公平与公正；最后，任职人对整个文官结构应具有创造性的影响。要实现这三项原则，英国政府规定：文官本人每年要做出个人工作总结，经部门负责人考核后，向文官事务委员会提出晋升申请，用这样的办法来督促公务员努力上进。但这种办法也强化了部门人员对部门首长的依赖，使晋升工作具有一定的主观随意性。为了消除这一弊端，1968 年，英国政府对行政类文官的晋升进行了重大改革，开始建立一种相对开放的晋升模式。目前西方多数国家公务员晋升都是在公开条件下进行，晋升人员考试考核结果公开，而且有许多组织对晋升过程进行公开监督，行政长官只能在非常有限的范围内进行挑选。

四是奖惩制度的发展。

第一，奖励以功绩和工作成绩为标准。首先，各国对公务员的奖励种类，归纳起来主要有物质奖励、精神奖励和晋升奖励三种，同时根据被奖励公务员的具体情况决定给予何种奖励，并选择适当的方式进行。其次，从各国公务员奖励的条件来看，定期对公务员实行考核、评估，以此为依据对成绩优秀者进行奖励是一种可取的办法。执行此种方法的关键，在于如何使考核制度、程序标准化，使其能科学、全面地反映公

[①] 祥瑞：《英国行政机构和文官制度》，人民出版社 1983 年版，第 76 页。

务员的工作数量、工作质量、工作能力和才干。西方国家一般都把公务员的考核和工作评定制度列入本国公务员法之中，并着力进一步完善考核制度。但是德国例外，他们强调长官的观察比考核更准确。

第二，惩戒制度日趋合理化。首先，各国对公务员的惩戒条件做出明确规定：被惩戒者具有国家公务员身份；公务员有违法或违纪行为；该违法或违纪行为所产生的后果破坏了国家公务运行秩序；公务员主观上有过错，即公务员的违法或违纪行为是出于公务员的故意或过失的心理状态。该制度规定了惩戒的形式，在法定的形式之内采用哪种惩戒形式，由惩戒机关酌情决定。其次，做到惩戒的程序化、法制化、制度化。

（二）国外公务员激励机制对我国的启示

一是实行科学的考核机制。考核制度是公务员激励机制的基础。国外对于公务员的考核也不再是以季度或年考核为节点，而是平时也相当注重考核，并逐步引入了定量的考核。考核的结果要及时反馈给被考核者，以达到改进的目的。"把考核结果与公务员实际的、切身的利益紧密挂钩，是公务员考核制度激励功能的具体体现。"[1] 科学的考核制度是合理薪酬、晋升和奖惩的前提。因此，必须加大公务员考核结果的兑现力度，使公务员切实感受到考核的激励作用。

二是实行合理的薪酬制度。薪酬制度是公务员激励机制的重要内容。现代公务员激励机制中都非常重视人的因素，所以在制定相应的公务员激励机制时考虑到了人性的需求。在薪酬制度制定方面西方政府逐步放弃了传统的以等级划分的公务员工资制，通过保持薪酬内外平衡，以吸引、留住人才，且薪酬与绩效挂钩，充分发挥薪酬的激励作用，调动人的积极性、主动性和创造性。

三是建立完善的晋升制度。晋升制度是公务员激励机制的核心。首先，公务员晋升应该坚持公开、公正、公平的原则。公务员所在的行政部门，要将晋升相关事宜全部公开，让每个公务员都有晋升的机会。同时建立科学、合理的执行程序，并使晋升工作受到严格监督。其次，晋升中把功绩制和考核制相结合。美国和日本有效结合运用功绩制和考核

---

[1] 少君：《中国公务员考核制度的激励机制研究》，《内蒙古大学学报》1998年第1期，第67—71页。

制，打破了传统的公务员系统内部各岗位之间的界限。将功绩制与考核制进行有机的结合可以最大限度地拓宽官员的晋升渠道，强化了中高级公务员在其公务员体制内的晋升竞争意识，有利于其自身能力的不断完善。通过功绩晋升制度的实施可以有效削弱行政长官的绝对地位，体现出任人唯才的作风。最后，加强对晋升的监督。

四是完善公务员奖惩制度。奖惩制度是激励机制的重要保障。英、法、美三国的奖惩制度在理论上已经发展成熟，达到了奖优罚劣的高效能目的。有与之相适应的配套机构设施，从纪律要求到奖惩规范、权限划分、程序遵循、申诉上诉都有相应机关来实施，使奖惩法制化、制度化，并且一些细则规定和实施中的具体做法十分值得借鉴。

四　当前干部激励工作中存在的问题

（一）物质激励缺乏吸引力

干部是来自人民群众中的精英分子，绝大多数干部都接受过更好的教育，经历过丰富的实践锻炼。这就使干部群体有很强的优越感，渴望在各个方面获得全社会的认同。新的历史条件下，中国社会主义制度下的市场经济得到了长足发展，改革开放不断深化并取得了巨大成果，人民群众物质生活水平得到了大幅度提高。随之而来的是多元文化思想的强烈冲击，不仅对广大人民群众，对领导干部这一关键群体也产生了巨大影响。传统模式上以精神奖励为主的激励方式作用日趋衰弱。新的经济发展模式，造就了社会上数量众多的富裕群体，与这些富裕群体相比较，在中国公务人员薪资制度缺乏合理性的情况下，干部的薪酬待遇明显处于落后位置，其优越感正在消失、心理平衡正在被打破，干部群体对物质激励的渴望也就越发强烈。当干部的物质要求难以在正常途径中得到满足时，一部分缺乏自律者便蠢蠢欲动，开始以非法途径获取物质利益，最终走向腐败歧途。

（二）动力强化效应微弱

强化理论是一个从属于心理学范畴的概念，认为人的任何行为都是出于对结果的追求。当行为结果符合人的利益需求时，这种行为就会被不断地重复使用。当行为结果背离了人的利益需求时，这种行为就会被减少使用频率，甚至不再被使用。把强化理论应用于对干部实行的激励机制中，可以阐释为对干部的正面强化和负面强化两个部分。正面强化就是对干部好的行为进行奖励，促使其重复正确行为。负面强化则是对干部的不良行为进行惩罚，以此来杜绝错误行为。然而这一科学理论在当前的干部激励机制中却并未产生预期效果，其原因主要有两点。一方面是正面强化与实际相脱离，各级党政领导干部的奖惩权力都掌握在上一级机构的手中，二者之间的相对距离，加之干部对奖励的刻意追求，对惩戒的刻意回避，造成激励措施往往不到位、不及时、不真实，弱化了正面强化应有的效果。另一方面，同样基于上述原因，是上级机构对下级干部存在的问题看不清、抓不实、吃不准，惩戒措施无处发力，导致负面强化形同虚设。

（三）激励缺乏持续性

激励效果的固化，不可能凭借某一次激励行为的影响而实现，必须通过持续不断的激励行为来实施，让被激励者的行为一直处于正面强化的作用力之下，才能使其保持正确的行为模式，使激励效果实实在在地固定下来。而当前激励机制的现状是缺少持续性的，对干部的激励基本是通过主题教育、实践活动、表彰奖励等一次次的运动形式来实现。运动开展时声势浩大、轰轰烈烈，确实发挥了激励作用，但这种效果是短期的，运动风潮一过，便风平浪静，我行我素，导致了干部的实际表现随着运动的开展和停止在波峰波谷间徘徊，工作成绩难以以一种线性的状态稳定下来。面对这种情况，如何探索出将激励行为融合到干部学习、工作、生活方方面面的有效措施，保持对领导干部不间断地正面强化激励，成为完善激励机制需要考虑的重要问题。

（四）动力机制缺乏针对性

在马斯洛看来，人的需求是有层次的，从人性角度出发，他将人的需求划分为生理上的需求、安全上的需求、社交中的需求、获得尊重的需求、实现自我及超越自我的需求五个大的层次。人处于不同的时间区间内、不同的环境条件下、不同的思想意识中时，需要获得的满足也不尽相同。譬如饥饿的人需要食品，孤独的人需要关爱，贫穷的人需要财富等，当这些需要获得了满足时，人们又会根据自身情况寻求其他的需要，可见人的需要总是处于不断地发展变化之中的。当前干部激励机制并未能完全体现人的需求层次，其激励行为存在着太大的随意性，缺乏对客观实际的尊重，致使激励措施与领导干部的现实需要频频出现错位，需要物质满足的给予了精神鼓励，需要精神褒扬的却给予了物质奖励，降低了激励效果。

（五）激励手段过于简单

当前，对干部的激励手段比较贫乏，缺乏对工作氛围、工作内容、行政文化、个人难题方面的综合运用，基本上只有职务奖励、物质奖励、精神奖励三种形式，很难满足干部不断变化、日益丰富的现实需要，难以形成全面、连续的激励效应。任何国家的官员配置结构都一定是以一种金字塔的形态存在，中国也是一样，职务能够达到很高级别的干部只是其中极少的一部分，在这种情况下，大多数干部在年龄和职务到达一定程度之后，职务上的晋升便不再是其首要的追求了，职务奖励也就失去了大部分的激励意义。当物质生活水平达到一定的高度，同时由于政策及财力的限制，物质奖励的吸引力就会下降，其激励作用也会大打折扣。精神奖励最大的特点在于它表达的是社会大众对被奖励者的精神认同，需要与社会主流思想价值相一致，但当今中国社会思想文化的多元化，使精神奖励所蕴含的价值理念很难得到广泛的认同，精神奖励因而也失去了激励作用。

五 完善干部激励方式

正确处理道德驱动与利益驱动的关系。市场经济使人的个人利益和个人价值得到尊重，但也使一些人误认为个人利益是绝对的。干部的付出、对社会的贡献与实际所得的物质利益和个人待遇应当相符，不能因为制度的约束和道德先进性的要求，而得不到正当、正常的应得利益，不然就会造成心理上的不平衡，一些官员会走向腐败，就是源于心理上的失衡。

（一）健全精神激励机制

当代人力资源管理理论的核心已经从"工作"本身转移到了"人"上，彰显着人本主义的精神色彩，遵循着以人为本的基本理念，对待人性的态度更加积极主动，认为管理行为的出发点不再是对立与控制，而是演化为协调与合作。从这一理论视角出发，对干部实行精神激励，要关注干部多元化的需求，才能使其积极性被充分调动起来。实践表明，当前形势下干部的基本需求虽然仍停留在物质与安全的层面，但其对精神层面的更高需求却有增加趋势。精神层面的更高需求不同于基本需求，具有复杂性、层次性、多元性、多变性的特点。因此，对干部的精神激励，必须符合这些特点带来的客观要求。此外，实施精神激励不能只关注干部本身，还应当重视对良好精神环境的营造。具体来说，就是要在行政文化和组织建设方面下功夫，以良好的精神文化环境感染干部，取得其对组织目标的认同感，进而强化责任意识，以此来保证组织目标的顺利实现。

对干部实施精神激励具有现实必要性。胡锦涛在庆祝中国共产党成立九十周年大会上的讲话中明确提出，"精神懈怠的危险，能力不足的危险，脱离群众的危险，消极腐败的危险，更加尖锐地摆在全党面前"。精神懈怠被放在了所有危险中的首要位置，有着鲜明的针对性和深刻的现实意义，值得我们进行深入的思考。古人说："天下稍安，尤须兢慎，若便骄逸，必致丧败。"[1] 当前中国的改革开放事业已经进入深水区，社会矛盾更加复杂激烈，处于一个问题集中且敏感的时期，领导干部必须打起精神，保持高昂的斗志，防止精神懈怠，否则稍有不慎就会给社会主义建设事业造成严重后果。一是精神懈怠对人民群众的生命财产安全形成了巨大威胁。领导干部如果长期处于精神懈怠的状态之中，思想麻痹、胡作非为，在其位不谋其政，就会造成工作局面的混乱，特别是一些如公共安全之类的部门，如果其领导干部精神懈怠，最直接的后果就是损害了人民群众的生命财产安全。二是精神懈怠削弱了中国特色社会主义建设事业的推动力。各级领导干部是中国特色社会主义建设事业的主要推动者、执行者，如果精神懈怠在领导干部群体中肆意蔓延，就会形成骄傲自满、贪图享乐、安于现状的守成思想，改革开放就失去了勇气和魄力，社会主义建设事业就会停滞。三是精神懈怠撼动了中国共产党的群众基础。中国共产党作为马克思主义政党，群众路线是其基本路线，群众基础是其立党之本、执政之基。干部代表着中国共产党的形象，如果他们精神懈怠，就不能全心全意为人民服务，就会造成人民群众的不满，就直接破坏了人民群众对中国共产党的印象，动摇了群众基础。

---

[1] （唐）吴兢：《贞观政要·论政体》，中州古籍出版社2008年版，第32页。

解决干部的精神懈怠问题，需要建立起完善的精神激励机制。精神激励是对人内在因素的激励，是一种精神品质、思想风貌的塑造过程，要从被激励者的理想信念、思想作风、精神需求等方面入手。一是要加强领导干部的理想信念教育。精神懈怠实质上就是失去了信仰、失去了目标、失去了斗志，根本原因是精神追求的缺失。因此必须将对理想信念的坚定要求贯穿于领导干部的整个职业生涯，不能流于形式，要确保干部能够做到真学、真懂、真信、真做，以此来激发干部高昂的工作热情。二是要加强干部的工作作风建设。领导干部精神懈怠的最直接体现就是在工作作风上表现出的"四风"，也就是形式主义、官僚主义、享乐主义和奢靡之风。对此应该以艰苦奋斗的革命精神加强领导干部的思想教育，以严格的规章制度规范干部的工作纪律，以优良的工作作风培养干部良好的工作习惯，帮助干部增强抵御精神懈怠的能力，转变干部在人民群众中的不良印象。三是要加强对干部的精神关爱。一般来说，干部在物质和安全方面的基本需求都得到了充分的满足，获得满足的需求主要是集中在精神层面的高级需求，比如，希望被理解、被尊重、被认可、被需要，等等。当这些高级的精神需求得到满足的时候，干部就有了成就感和幸福感，也认同了自身的工作价值和生命意义，并以更好的精神状态投入新的工作当中去，创造更大的价值。与此同时，对干部的精神关爱，解决了在情感问题、心理问题等方面的诸多困扰，为愉快工作排解了后顾之忧。

(二) 健全物质激励机制

物质激励是提高干部工作主动性的一个重要方式。通过多种渠道，对品德优秀的干部进行适当的物质奖励和困难帮助，使好人有好报，是科学的、合理的、人性化的。但当前中国现行的公务员薪资体系还存在诸多不尽完善之处，还需要结合实际情况进行合理调整，特别是要在如何对待业绩与薪酬关系的问题上多下功夫。

一是对现行公务员工资制度进行全面改革。公务员工资制度改革，并不是对薪资标准、调整时限、组成结构进行简单的重新设定，重点是要建立起平衡机制、随动机制和进行结构调整。平衡机制就是要将各级公务人员的薪资水平与相应的企事业单位、社会经济组织工作人员的薪资水平加以比较，使二者保持在一个相对均衡的水平线上。随动机制就是指要将公务员薪资水平的确定与物价水平、财政状况、经济形势、货币政策紧密联系起来，随着这些要素的改变，不断调整公务员的具体薪资。结构改革就是要打破现行公务员薪资制度中薪酬高低与职务高低、年限长短成正比的按资排辈的薪资制度，通过大力推行绩效工资、设立专业性岗位的技术性工资等方式，让薪资水平更加符合劳动的实际付出，保证基层公务人员的薪资利益。平衡机制和随动机制保证了公务人员的薪资水平始终处于合理范围之内，跟得上物价水平，也不逊色于其他阶层，既满足了实际需要，也达到了心理平衡。结构调整突出对劳动付出的认可，使劳有所得成为现实，对激发公务人员的工作积极性有着促进作用。

二是改进和健全公务人员的奖金分配方式。按照《中华人民共和国公务员法》的规定，在定期考核中被确认为称职及以上的公务员，可以按照国家规定发放年终奖金。可以看出，公务员奖金的发放是有限定条件的，即达到称职及以上标准。这一标准明显有些过于泛泛，作为一名公务人员称职是其起码的本分，在这种标准下的奖金分配必然是见者有份、大锅饭式的平均主义，也必然失去了激励作用。因此，这种现行的奖金分配方式必须被打破，奖金重点是在"奖"字，是对职责之外额外贡献的奖励，称职只是完成好了职责之内的工作，严格来说是不应该被奖励的。即使称职也要奖励，那也要拉开档次、论功行赏，对成绩显著、贡献突出的人要重奖，对碌碌无为、毫无建树的人要少奖甚至不奖，以此才能逐步建立起奖金分配的激励机制并体现激励效应。

三是调整和完善干部的福利保障制度。一方面要实现干部福利保障的货币化，也就是要将干部在出行、居住、生活、学习等方面享有的福利待遇以工资的形式，根据职务级别、工作实际的不同，划定不同的等级，直接发放给干部。这种做法既实现了干部福利的透明化、定量化，也避免了所提供的福利待遇与领导干部实际需求错位而造成的浪费，干部可以根据需要自行支配福利资金，更好地满足了需求，实质上也就是间接地提升了福利待遇水平。另一方面是要通过设置特别津贴和建立相应保障制度的方式，平衡不同地区之间，或同一地区、不同部门之间干部的福利待遇差别。整体来看，当前中国经济发达地区的干部福利待遇要明显高于经济欠发达地区，即使在同一地区内，由于部门不同，相应级别的领导干部福利待遇也存在较大差距。面对这种情况，可以考虑效仿社会低保制度，在公务员体系内建立起领导干部最低福利保障制度，同时根据不同地区、不同部门的实际情况，合理发放特别津贴，进一步平衡干部福利待遇上的差距，激发这部分干部的工作积极性。

四是推行廉政基金制度。简单来说，廉政基金与住房公积金类似，都是按照个人职务级别、工资收入等限定条件计算出具体金额后存入指定账户中，不同的是，住房公积金是有购房需要时即可使用，而廉政基金则是要在退休或离职时，在确保任职期间没有腐败行为的前提下才可以领取。廉政基金根据各地经济水平、财政能力、职业风险的不同会有所区别，但与当地的收入水平相比较来说都是一笔不菲的收入，也只有数目巨大才能够对干部形成足够的吸引力，才能激励干部保证任职期间的清正廉洁。

（三）健全职务激励机制

就干部个人来说，其年龄在不断增长、阅历在不断丰富，思想观念也随之发生变化，在职业生涯的不同阶段对职务问题有着不同的看法，表现出不同的需要。因此，对干部实行职务激励机制，必须在解决好普遍矛盾的前提下，解决好特殊矛盾，要体现出强烈的针对性。此外还要着重解决好以下三个方面的问题。

一是为干部提供多元化的职业发展方向。研究表明，干部的职务发展变化主要存在三个向度，即纵向、横向、内向。纵向发展，是指干部在同一组织机构中获得提升，从一个层级垂直上升到另一个层级。横向发展，是指干部在从一个组织机构调动到另一个级别相同的组织机构中，是一种水平运动。内向发展，是指干部从组织外延逐渐向组织核心靠近，是一种逻辑关系上的改变。这三个向度并不是相互对立的，而是紧密结合在一起的，纵向发展体现的是职务级别、权力范围的变化，横向发展体现的是工作领域、知识需要的变化，内向发展则体现了组织地位、话语权的变化。干部任何一次职务变动都体现了三种向度排列组合中的某一种可能，比如，某位干部从教育系统的正科级岗位调整到了科技系统的副处级岗位，就同时实现了三个向度的变化。由此可见，领导干部职业发展的方向是多元的，职务调整有很大选择空间，需要做的就是根据领导干部个人能力水平、特长优势、兴趣爱好，将其调整到最适合他的工作岗位上去，即使这一职务没有体现出纵向上的发展，只要达到了干部个人满意，激发了工作兴趣，也就实现了职务激励。

二是改变干部待遇的确定机制。当前干部待遇标准，就是以职务高低这一简单原则来确定，导致了干部群体中严重的职务本位思想。与此同时，当干部所能取得的待遇只能依靠职务晋升来实现时，那么职务激励机制也就只能依靠提拔职务这一唯一手段了。然而，能晋升到较高职务的毕竟只是少数，越向上越难走，当干部的职务晋升到一定程度后，职务激励也就失去了作用。因此，必须建立起职务与职级相结合的领导干部晋升制度，将职务晋升与职级晋升并行并举，使二者都成为干部待遇水平的衡量标准，以就高不就低的原则，确保干部可以通过另一种渠道获得合理的待遇回报，以此来调动干部工作热情，实现职务激励。

三是改变干部能上不能下的现状。中国现行公务员体制下的公务员职务是一种铁饭碗，只要获得了提拔晋升就是一劳永逸，除非严重违犯了党纪国法，在社会上造成了恶劣影响，不然的话基本上很少有失去职位的危险。这种情况导致领导干部容易在工作中缺少热情、敷衍了事，造成行政权力运转不畅、工作效率过低等现象的产生。此时，负面激励就有了存在的价值。具体来说，就是要建立健全干部淘汰机制，强化风险意识、忧患意识、敬畏意识，以压力来实现激励。

结　　论

　　以德为先用人思想，即用人要以德为先，用人者要以德为先，对选上用上者的培育管理监督要以德为先。强调用人把德放在首要位置，就是突出德在用人标准中具有优先地位和主导作用。以德为前提、以德为基础、以德为先决条件。与才相比，德是第一位的，德是首要的、德是统帅、德是灵魂。失去"德"，就失去了被选用的基本资格。德才兼备是干部选用的基础条件，以德为先是在德才兼备基础上的更高要求。

　　以德为先是中华民族的传统。中国文化是德文化。德的观念发展历经四个演化过程，这就是政治层面的德治、个人层面的道德品质、超越具体层面的纯粹美好之德、人的个人修养和品格。德包括道德，德具有世界观、价值观、方法论意义。德是具体的、历史的，没有永恒不变的形态，随着时间、地点、条件的变化而变化。不同时代，同一时代的不同发展阶段，不同的社会经济关系都会产生不同的德的规范。德具有隐蔽性、多样性、多变性、主观性、内敛性等特征。

　　以德为先是中国传统德治思想的重要组成部分。以德选人用人是中国古代用人思想的精华。古今以德为先用人思想有着本质的不同，以德为先用人思想具有民族特色、时代特色、理论特色、实践特色。

　　坚持全面、联系和发展的德才观，德与才是辩证统一的，德主才从，缺一不可。德与才相互依存，相辅相成，相互渗透，相得益彰，互相转化。

　　在社会主义道德的规范体系中，干部的德是权力道德，属于特殊行为领域的道德要求。干部德的内涵包括忠诚、公正、为民、务实、清廉五个方面；外延包括政治品德、职业道德、社会公德、家庭美德和个人品德。干部德的内涵与外延，共同构成了干部德的标准。

干部德的考核评价是一个难题。应扩大民主、客观公正、注重实绩、区分层次、突出重点，完善考评体系，健全考评机制，创新考核方式，从时间维度、空间维度和价值维度等多维度视角，用系统思维综合考量，考准考实干部的德。

制度和法制是以德为先用人思想实现的根本保证。选拔方式、教育方式、干部德的立法、监督方式和激励方式必须形成合力。选拔是前提，教育是基础，干部德的立法是根本，监督是保证，激励是促进。要做到选贤任能、用当其时，知人善任、人尽其才；要把理论与实践相结合、知与行相统一，培育良好干部道德；要把干部德中基本的、重要的道德规范上升为法律规范，实现干部道德法律化；要建立坚强有力的组织监督体系、独立客观的舆论监督制度和以民主为核心的大众监督制度；要对干部的道德实践进行正确的利益导向，使品德好的干部在精神、物质、职务上都不吃亏。

参考文献

一 马克思主义文献类

《马克思恩格斯选集》第1—4卷，人民出版社1995年版。

《列宁选集》第一、二、三、四卷，人民出版社1995年版。

《毛泽东选集》第一、二、三、四卷，人民出版社1991年版。

《邓小平文选》第一、二卷，人民出版社1994年版。

《邓小平文选》第三卷，人民出版社1993年版。

《邓小平文选》第一、二、三卷，人民出版社1989年版。

《刘少奇选集》上、下卷，人民出版社1981年版、1985年版。

《毛泽东邓小平江泽民论党的建设》，中央文献出版社、中央党校出版社1998年版。

《毛泽东邓小平江泽民论干部工作与干部人事制度改革》，党建读物出版社2001年版。

《三中全会以来重要文献选编》上、下，人民出版社1982年版。

《十二大以来重要文献选编》上、中、下，人民出版社1986年版、1986年版、1988年版。

《十三大以来重要文献选编》上、中、下，人民出版社1991年版、1991年版、1993年版。

《十四大以来重要文献选编》上、中、下，人民出版社1996年版、1997年版、1999年版。

《十五大以来重要文献选编》上、中、下，人民出版社2000年版、2001年版、2003年版。

《中国共产党第十六次全国代表大会文件汇编》，人民出版社2002

年版。

《中国共产党第十七次全国代表大会文件汇编》，人民出版社 2007 年版。

中共中央组织部研究室：《十四大以来干部制度改革经验选编》，党建读物出版社 1999 年版。

中共中央组织部研究室：《1997 组织工作研究文选》一、二、三、四，党建读物出版社 1998 年版。

中共中央组织部研究室：《1998 组织工作研究文选》上、下，党建读物出版社 1999 年版。

中共中央组织部研究室：《1999 组织工作研究文选》，党建读物出版社 2000 年版。

中共中央组织部研究室：《2000 组织工作研究文选》上、下，党建读物出版社 2001 年版。

中共中央组织部研究室：《2001 组织工作研究文选》上、下，党建读物出版社 2002 年版。

中共中央组织部研究室：《2003 组织工作研究文选》上、下，党建读物出版社 2004 年版。

中共中央组织部研究室（政策法规局）：《干部人事制度改革法规文件选编》，党建读物出版社 2004 年版。

陈凤楼：《中国共产党干部工作史纲（1921—2002）》，党建读物出版社 2003 年版。

中共中央组织部干部一局：《党政领导干部选拔任用工作条例学习辅导》，党建读物出版社 2002 年版。

中共中央党校党章研究课题组：《中国共产党章程编介》，党建读物出版社 2004 年版。

《十六大报告辅导读本》，人民出版社 2002 年版。

中共中央宣传部：《邓小平建设有中国特色社会主义理论学习纲要》，学习出版社 1995 年版。

二 汉译著作类

[美] 康芒斯：《制度经济学》上、下册，于树生译，商务印书馆

1988 年版。

[美] 罗尔斯:《正义论》,何怀宏、何包钢、廖申白译,中国社会科学出版社 1988 年版。

[古希腊] 亚里士多德著:《政治学》,吴寿彭译,商务印书馆 1997 年版。

[美] A. 麦金太尔:《德性之后》,龚群译,中国社会科学出版社 1995 年版。

[德] 恩斯特·卡西尔:《人论》,甘阳译,上海译文出版社 1985 年版。

[美] 托马斯·内格尔:《人的问题》,万以译,上海译文出版社 2000 年版。

[法] 帕斯卡尔:《思想录》,商务印书馆 1997 年版。

[法] 卢梭:《爱弥儿》,商务印书馆 1978 年版。

[德] 雅斯贝斯:《现时代的人》,社会科学文献出版社 1992 年版。

[美] 马斯洛:《动机与人格》,马良诚译,华夏出版社 1987 年版。

[美] 马斯洛:《人的潜能和价值》,林方译,华夏出版社 1987 年版。

[德] 马尔库塞:《单向度的人》,上海译文出版社 1988 年版。

[捷克] 夸美纽斯:《大教学论》,教育科学出版社 1999 年版。

[英] 亚当·斯密:《道德情操论》,商务印书馆 1997 年版。

[英] 边沁:《道德与立法原理导论》,商务印书馆 2000 年版。

[古希腊] 亚里士多德:《政治学》,商务印书馆 1983 年版。

[古希腊] 亚里士多德:《尼各马可伦理学》,商务印书馆 2003 年版。

[美] 约翰·罗尔斯:《政治自由主义》,万俊人译,译林出版社 2000 年版。

[美] 特里·库珀:《行政伦理学:实现行政责任的途径》,张秀琴译,中国人民大学出版社 2010 年版。

[德] 威廉姆斯、德姆塞茨:《制度经济学》,柯武刚、史漫飞译,商务印书馆 2000 年版。

[美] 罗纳德·德沃金:《认真对待权利》,信春鹰、吴玉章译,中国大百科全书出版社 1998 年版。

[美] 阿拉斯戴尔·麦金太尔:《追寻美德:道德理论研究》,宋继杰

译，译林出版社 2003 年版。

［美］加里布埃尔·A. 阿尔蒙德：《比较政治学：体系、过程和政策》，上海译文出版社 1987 年版。

［美］詹姆斯·W. 费斯勒：《行政过程的政治》，中国人民大学出版社 2002 年版。

［法］卢梭：《社会契约论》，李平沤译，商务印书馆 2003 年版。

［意］尼科洛·马基雅维里：《君主论》，商务印书馆 1985 年版。

［德］奥斯瓦尔德·斯宾格勒：《西方的没落》，张兰平译，上海三联书店 2006 年版。

三 其他著作类

张澍军：《德育哲学引论》，中国社会科学出版社 2008 年版。

张澍军：《马克思主义研究论稿》，吉林人民出版社 2004 年版。

皮钧、高波：《治政论》，新华出版社 2004 年版。

吴宗国：《中国古代官僚政治制度研究》，北京大学出版社 2004 年版。

俞敏声：《中国法制化的历史进程》，安徽人民出版社 1997 年版。

周淑真：《政党和政党制度比较研究》，人民出版社 2001 年版。

钱穆：《中国历代政治得失》，北京生活·读书·新知三联书店 2001 年版。

邱泽奇：《社会学是什么》，北京大学出版社 2002 年版。

曾波、胡新范：《权力不自由》，中国社会出版社 2005 年版。

凌文权、方俐洛：《心理与行为测量》，机械工业出版社 2003 年版。

楼劲等：《中国古代文官制度》，甘肃人民出版社 1992 年版。

赵文禄等：《中国古代求贤用能研究》，光明日报出版社 1991 年版。

李盛平等：《各国公务员制度》，光明日报出版社 1989 年版。

孙立樵等：《优秀领导干部成长规律研究》，中共中央党校出版社 2001 年版。

中共福建省委组织部：《建立选人用人公正机制》，党建读物出版社 2004 年版。

滕明杰等：《历代名家用人方略》，山东人民出版社 2002 年版。

苏灿：《邓小平用人理论与实践研究》，四川大学出版社 2001 年版。

叶皓等：《用人启示录》，武汉出版社 1988 年版。

山东社会科学院课题组：《马克思主义人才理论与实践》，山东人民出版社 2005 年版。

求是杂志社政治编辑部：《依法治国和以德治国方略教育读本》，红旗出版社 2001 年版。

上海炎黄文化研究会：《法治与德治——法治与德治研讨会》，中国检察出版社 2001 年版。

焦国成：《德治中国——中国以德治国史鉴》，中共中央党校出版社 2002 年版。

李建华：《中国官德》，四川人民出版社 2000 年版。

王亚兰、杨旭东：《道德的困惑与困惑的道德：中国社会转型时期的道德状况及控制问题研究》，宁夏人民出版社 1999 年版。

温克勤、晏德贤、李中正等：《干部道德教程》，天津人民出版社 1988 年版。

杨长青：《领导干部权力监督研究》，中央文献出版社 2003 年版。

辞海编辑委员会：《辞海（缩印本）》，上海辞书出版社 2000 年版。

高兰：《干部制度改革与创新》，中共中央党校出版社 2001 年版。

李超纲、宋小海、李江：《中国古代官吏制度浅论》，劳动人事出版社 1989 年版。

李建华：《党政领导人才开发战略研究》，中共中央党校出版社 2002 年版。

李烈满：《健全干部选拔任用机制问题研究》，中国社会科学出版社 2004 年版。

王亚南：《中国官僚政治研究》，中国社会科学出版社 1981 年版。

林新奇：《中国人事管理史》，中国社会科学出版社 2004 年版。

罗国杰：《道德建设论》，湖南人民出版社 1997 年版。

罗国杰：《伦理学》，人民出版社 1989 年版。

罗国杰：《中国传统道德》，中国人民大学出版社 1995 年版。

《"依法治国"与"以德治国"学习问答》，中共中央党校出版社 2001 年版。

《"以德治国"学习读本》，中央文献出版社 2001 年版。

［法］孟德斯鸠：《论法的精神》，申林译，陕西人民出版社 2001 年版。

徐育苗：《当代中国政治制度研究》，湖北人民出版社 1993 年版。

邱永明：《中国监督制度史》，华东师范大学出版社 1992 年版。

海格特：《监督管理》，东北财经大学出版社 1998 年版。

王宗文：《权力制约与监督研究》，辽宁人民出版社 2005 年版。

尤光付：《中外监督制度比较》，商务印书馆 2003 年版。

刘广志：《两汉的荐举制》，河南大学出版社 1990 年版。

田文清：《科举考试的过与弊》，南开大学出版社 1992 年版。

杨开志：《中国古代的选官制度》，河南科技学院出版社 1989 年版。

杨伯峻：《春秋左传注》，中华书局 2000 年版。

杨伯峻：《论语译注》，中华书局 2006 年版。

杨伯峻：《孟子译注》，中华书局 2005 年版。

薛安勤、王连生：《国语译注》，吉林文史出版社 1991 年版。

李民、王健：《尚书译注》，上海古籍出版社 2000 年版。

程俊英：《诗经译注》，上海古籍出版社 1985 年版。

傅斯年：《性命古训辩证》，广西师范大学出版社 2006 年版。

廖名春：《出土简帛丛考》，湖北教育出版社 2004 年版。

程颐、程颢：《二程遗书》，上海古籍出版社 2000 年版。

任继愈：《老子新译》，上海古籍出版社 1985 年版。

董仲舒：《春秋繁露》，上海古籍出版社 1986 年版。

李铁映：《论民主》，中国人民大学出版社 2007 年版。

张岱年等：《中国文化概论》，清华大学出版社 2002 年版。

邵汉明：《中国文化研究二十年》，人民出版社 2003 年版。

梁漱溟：《东西文化及其哲学》，商务印书馆 2000 年版。

冯友兰：《中国哲学史（上、下册）》，华东师范大学出版社 2003 年版。

韩庆祥：《人学》，云南人民出版社 2002 年版。

欧阳谦：《20 世纪西方人学思想》，中国人民大学出版社 2002 年版。

陈谷嘉、朱汉民：《中国德育思想史》，浙江教育出版社 1998 年版。

鲁洁、王逢贤：《德育新论》，江苏教育出版社 2000 年版。

鲁洁：《德育社会学》，福建教育出版社1998年版。

班华：《现代德育论》，安徽人民出版社1996年版。

［法］涂尔干：《道德教育》，上海人民出版社2001年版。

［法］涂尔干：《职业伦理与公民道德》，上海人民出版社2001年版。

刘智慧：《道德中国》，中国社会科学出版社2001年版。

张锡生：《中国德育思想史》，江苏教育出版社1993年版。

李秀林、王于、李淮春：《辩证唯物主义与历史唯物主义原理（第四版）》，中国人民大学出版社1995年版。

《荀子》，辽宁教育出版社1997年版。

《管子》，北京燕山出版社1995年版。

《老子》，北京燕山出版社1995年版。

《中庸》，甘肃民族出版社1997年版。

《大学》，中国广播电视出版社2008年版。

《尚书》，中国文史出版社2003年版。

《辞海》，光明日报出版社2002年版。

（明）吕坤：《呻吟语》，华夏出版社2014年版。

《资治通鉴》，中华书局2009年版。

（明）洪应明：《菜根谭》，学林出版社2002年版。

（汉）王充：《论衡》，时代文艺出版社2008年版。

（汉）应劭：《汉官仪》，商务印书馆1939年版。

（清）曾国藩：《曾国藩全集（第14卷）》，岳麓书社1986年版。

（清）金缨：《格言联璧》，中国友谊出版公司2010年版。

（汉）桓宽：《盐铁论》，上海人民出版社1974年版。

（明）张居正：《张太岳集》，上海古籍出版社1984年版。

（汉）许慎：《说文解字》，中华书局1963年版。

（宋）朱熹：《四书章句集注》，中华书局1983年版。

（清）戴震：《孟子字义疏证·诚》，中华书局1982年版。

（汉）班固：《汉书》，中华书局1962年版。

《韩非子》，辽宁教育出版社1997年版。

《淮南子》，中州古籍出版社2010年版。

《周易》，山西古籍出版社2003年版。

（明）张居正：《答福建巡抚耿楚侗》，《张太岳集》，上海古籍出版社1984年版。

《国语·晋语》，辽宁教育出版社1997年版。

《诗经·小雅·谷风之什》，花城出版社2002年版。

《史记·太史公自序》，延边人民出版社1995年版。

（明）王达：《笔畴（卷上）》，中华书局1985年版。

（宋）黎靖德：《朱子语类（卷十三）》，中华书局1986年版。

（汉）刘向：《说苑·政理》，贵州人民出版社1992年版。

（清）石成金：《传家宝·联瑾》，北京师范大学出版社1992年版。

（汉）杨雄：《法言·修身》，时代文艺出版社2008年版。

（汉）徐干：《中论·赏罚》，辽宁教育出版社2001年版。

（明·清）黄宗羲：《明夷待访录》，岳麓书社2008年版。

李敏生、贺茂之、范永胜：《以德为先选干部——治官之道的理论与实践》，中共中央党校出版社2010年版。

朱贻庭：《伦理学大辞典（修订本）》，上海辞书出版社2011年版。

朱仁宝：《德育心理学》，浙江大学出版社2005年版。

梁启超：《新民说》，云南人民出版社2013年版。

吴其昌：《梁启超传》，团结出版社2004年版。

周辅成：《西方伦理学名著选辑（下卷）》，商务印书馆1964年版。

《公民道德建设实施纲要》，人民出版社2001年版。

［德］黑格尔：《哲学全书》，纽约出版社1995年版。

中共中央宣传部理论局：《马克思主义哲学十讲（党员干部读本）》，党建读物出版社、学习出版社2013年版。

徐梓：《官箴》，中央民族大学出版社1996年版。

焦竑：《玉堂丛语（卷一）》，中华书局1981年版。

《杨献珍文集（第1卷）》，河北人民出版社2002年版。

黄炎培：《八十年来》，文史资料出版社1982年版。

（唐）吴兢：《贞观政要（卷一）》，中州古籍出版社2008年版。

姜海如：《中外公务员制度比较》，商务印书馆2003年版。

宋世明：《美国行政改革研究》，国家行政学院出版社1999年版。

祥瑞：《英国行政机构和文官制度》，人民出版社1983年版。

帕特南：《使民主运转起来》，江西人民出版社2001年版。

高兆明：《制度伦理研究》，商务印书馆2011年版。

张燕婴：《论语译注》，中华书局2006年版。

茅海建：《天朝的崩溃：鸦片战争再研究》，北京生活·读书·新知三联书店2005年版。

宋光周：《行政管理学》，东华大学出版社2015年版。

《公务员行为规范培训教材》编写组：《公务员行为规范培训教材》，中国言实出版社2015年版。

罗结珍译：《法国新刑法典》，中国法制出版社2003年版。

王书江：《日本民法典》，中国法制出版社2000年版。

郭永运：《国家反腐败法律文献大典》上卷，中国检察出版社2006年版。

中央纪律法规室、监察部法规司：《国外防治腐败与公职人员财产申报法律选编》，中国方正出版社2012年版。

王伟：《中国韩国行政伦理与廉政建设研究》，国家行政学院出版社1998年版。

《国外公务员惩戒规定精编》编写组：《国外公务员惩戒规定精编》，中国方正出版社2006年版。

郭永运：《国家反腐败法律文献大典》上卷，中国检察出版社2006年版。

廖晓明、邱安民：《我国官员财产申报制度影响因素及实现路径探索》，社会科学文献出版社2014年版。

刘金国：《论法与自由》，中国政法大学出版社1991年版。

中共中央组织部研究室（政策法规局）：《干部人事制度改革研究》，党建读物出版社2011年版。

胡光伟：《党务工作》，红旗出版社2008年版。

《廉洁从政行为规范》编写组：《廉洁从政行为规范》，中国言实出版社2015年版。

《中国共产党党内法规选编》编写组：《中国共产党党内法规选编》，中国方正出版社2014年版。

任仲文：《问计 2015 党员干部关注的十大热点问题》，人民日报出版社 2015 年版。

周寿光：《浅议高校领导干部廉洁自律》，武汉工业大学出版社 1996 年版。

《党员干部反腐倡廉教育简明读本》编写组：《党员干部反腐倡廉教育简明读本》，中共中央党校出版社 2013 年版。

《党纪政纪处分规定学习手册》，中国法制出版社 2016 年版。

尤国珍：《国外公务员职业道德建设的经验及启示》，北京出版社 2013 年版。

习近平：《习近平谈治国理政》，外文出版社 2014 年版。

四 论文类

鲁鹏：《制度建设与制度创新》，《前线》2003 年第 3 期。

宋涛：《论干部公开选拔制度与党管干部原则》，《中国共产党（人大复印资料）》2003 年第 1 期。

黄成惠：《论先秦时期的以德治国思想》，《学海》2001 年第 4 期。

刘伯光：《中国传统儒家官德中哪些应当发扬光大》，《领导工作研究》2001 年第 6 期。

陈云：《论干部政策》，《红旗》1984 年第 4 期。

梁凤荣：《陕甘宁边区的干部考核奖惩制度及其当代启示》，《郑州大学学报》（哲学社会版）2003 年第 6 期。

林学启：《党政领导干部选拔任用原则研究》，博士学位论文，中共中央党校，2006 年。

王波：《浅析传统选官制度对当前干部制度改革的影响》，硕士学位论文，苏州大学，2007 年。

徐治彬：《干部选拔任用监督中的问题及其对策研究》，《党政干部论坛》2005 年第 10 期。

张志军：《当代中国领导干部管理机制研究》，博士学位论文，吉林大学，2005 年。

庄国波：《领导干部政绩考核的"四个维度"分析》，《中国行政管理》2004 年第 11 期。

邹健：《社会主义政治文明中的党政领导干部问责制研究》，博士学位论文，中共中央党校，2007年。

刘雪庚：《论官德修养》，《伦理学（人大复印资料）》2001年第1期。

孟昭武：《论权力道德原则》，《伦理学（人大复印资料）》2001年第1期。

陈炳水：《道德立法：社会转型期道德建设的法律保障》，《伦理学（人大复印资料）》2001年第8期。

黄世虎、胡浩飞：《道德建设法律化：当前道德建设的重要途径》，《伦理学（人大复印资料）》2001年第8期。

张亚勇：《干部制度改革三十年的成功实践和主要经验》，《理论探讨》2009年第2期。

张美琴：《党政领导干部选拔任用问题探讨》，硕士学位论文，厦门大学，2005年。

汪安佑：《"理性经济人"假设的适应性研究》，《经济问题探索》2007年第3期。

何增科：《从源头上预防和防治用人腐败》，《国家行政学院学报》2005年（增刊）。

许成安、杨青：《买（卖）官现象的经济学分析》，《重庆社会科学》2001年第2期。

龙毅鹏：《防治用人腐败问题研究》，硕士学位论文，湖南大学，2006年。

徐亚平：《论科学的选人用人观》，硕士学位论文，华中师范大学，2002年。

黄伟民：《提高选人用人公信度的四个着力点》，《领导科学》2009年第3期。

兰喜阳：《党政领导干部选拔任用制度改革与完善研究》，博士学位论文，中共中央党校，2004年。

姜启霞：《学习贯彻〈干部任用条例〉，坚持德才兼备以德为先的用人标准》，《益阳职业技术学院学报》2009年第3期。

戚万学：《20世纪西方道德教育主题的嬗变》，《教育研究》2003年第5期。

张澍军：《论德育的前提性承诺》，《教育研究》2003年第2期。

詹万生：《社会转型时期学校德育的反思与建构》，《教育研究》2002年第9期。

石中英：《论教育学的文化性格》，《教育研究》2002年第3期。

萧鸣政：《试论品德测量量化问题》，《东北师范大学学报》（哲学社会科学版）1994年第1期。

何琪：《党政领导干部思想道德素质测评内容与方法》，《湖北大学学报》（哲学社会科学版）2003年第5期。

赵玉霞：《中国古代官吏考核制度述评》，《理论学习》2004年第6期。

陈力祥：《中国古代社会道德践行机制及其当代价值探析》，《道德与文明》2010年第1期。

杨波：《西方国家公务员监督的改革动向》，《天津行政学院学报》2004年第2期。

李源潮：《坚持德才兼备以德为先的用人标准》，《求是》2008年第20期。

孔令泉：《官员道德考评的宁波样本》，《民主与法制日报》2010年7月31日。

任雪：《多地频出考核干部德行新招被指"花架子"》，《法制日报》2010年9月10月。

彭波：《河北新乐市规定干部家庭美德不达标可免职》，《人民日报》2010年4月28日。

梁铮：《江苏沭阳将"忠于配偶"等个人品德纳入干部考核》，《人民日报》2010年7月20日。

颜珂：《湖南邵阳提拔干部需要家庭出具道德鉴定书》，《人民日报》2010年9月8日。

邵珍珍：《银川发布干部德考核办法明确31种"不德行为"》，宁夏新闻网，2010年9月21日。

袁忠：《领导干部道德考评的困境及其制度创新》，《理论月刊》2011年第5期。

秋石：《正确认识中国社会现阶段道德状况》，《求是》2012 年第 1 期。

秋石：《认清道德主流　坚定道德信心》，《求是》2012 年第 4 期。

秋石：《正视道德问题　加强道德建设——三论正确认识中国社会现阶段道德状况》，《求是》2012 年第 6 期。

王伟：《中国道德建设三十年》，中国伦理学三十年——中国伦理学会第七次全国会员代表大会暨学术讨论会，杭州，2009 年 4 月。

郁风：《习近平的用人观》，《人才资源开发》2012 年第 1 期。

石振峰：《浅析司马光的人才思想和用人智慧》，《宜春学院学报》2011 年第 9 期。

张书林：《论陈云"以德为先"选用干部思想》，《江苏省社会主义学院学报》2010 年第 1 期。

张书林：《把德之表现作为干部选用首要依据的基本原则》，《理论与当代》2011 年第 9 期。

张书林：《论"以德为先"选用干部思想的发展沿革》，《陕西行政学院学报》2010 年第 1 期。

张书林：《论选用干部"以德为先"思想的演变》，《中共四川省委党校学报》2010 年第 1 期。

张书林：《论坚持"以德为先"选用干部》，《延边大学学报》（社会科学版）2010 年第 3 期。

沈小平：《领导干部官德缺失的六大现实表现》，《上海党史与党建》2006 年第 12 期。

周伟、李兴文：《透视官德缺失 7 种现状：部分官员将命运寄托鬼神》，《决策探索（上半月）》2010 年第 9 期。

郁芬：《坚持德才兼备、以德为先用人标准　把"德"放在干部选用的首位》，《新华日报》2009 年 11 月 3 月。

于学强：《中国古代德才兼备的用人标准的实现制度及其启示》，《理论与改革》2011 年第 4 期。

罗忠胜：《党的干部选拔任用标准的历史流变》，《理论界》2010 年第 11 期。

袁忠：《论以德为先的内在要求及其制度化建设》，《广东行政学院学报》2010 年第 1 期。

戴木才、田海舰：《建国 60 年来中国共产党对"以德治国"方略的探索历程》，《北京交通大学学报》（社会科学版）2009 年第 4 期。

郭奔胜等：《"考全考真考准"干部，树好导向——部分省市创新干部考核评价机制综述》，《新华每日电讯》2011 年 10 月 18 日。

李清：《官德考核与做家务何干》，《长江日报》2012 年 2 月 20 日。

王政淇：《抓住"关键少数"抓实基层支部》，《人民日报》2017 年 4 月 17 日。

刘金峰、郑永进：《关于完善干部品德评价标准和考察方法的思考》，《理论与当代》2011 年第 2 期。

李和中、钱道赓：《以德为先：中国共产党选人用人的光荣传统及其历史演进》，《学习与实践》2011 年第 4 期。

张莉：《以人为本与人道主义、人本主义和民本主义的区别》，《实事求是》2006 年第 3 期。

边婧：《新时期德才问题研究》，硕士学位论文，东南大学，2006 年。

纪宝成：《关于哲学社会科学与时俱进的几点思考》，《中国人民大学学报》2002 年第 6 期。

陈先达：《论与时俱进与哲学繁荣》，《理论学刊》2003 年第 1 期。

林学启：《试论群众公认原则确立的理论依据》，《桂海论丛》2008 年第 3 期。

罗平烺：《把握德的内涵，加强政德建设》，《中国组织人事报》2012 年 5 月 14 日。

李彬：《忠诚是党员干部立身之本》，《湖南日报》2012 年 11 月 11 日。

柯卫、马作武：《孟子"民贵君轻"说的非民主性》，《山东大学学报》2009 年第 6 期。

王晋普：《如何加强为民务实清廉教育》，《求是》2013 年第 8 期。

马奇柯：《社会公德、职业道德、家庭美德、个人品德关系论析》，《学术交流》2008 年第 2 期。

蒋勇、邱国栋：《论个人品德与社会公德、职业道德、家庭美德及其关系》，《思想教育研究》2010 年第 9 期。

谭福轩：《新形势下加强干部德的考核评价问题研究》，《现代人才》2010 年第 6 期。

夏广泰：《创新机制扩大民主》，《党建研究》2011 年第 2 期。

王建鸣：《注重实绩考核和凭实绩用干部》，《湖北日报》2002 年 10 月 16 日。

欧阳安民：《新时期干部考核工作必须坚持五项原则》，《西安社会科学》2011 年第 2 期。

罗中枢：《党政领导干部的分类选用、考核和管理探析》，《四川大学学报》（哲学社会科学版）2012 年第 1 期。

申绍杰：《空间体验的几何、物质和时间维度》，《福州大学学报》（自然科学版）2004 年第 6 期。

董中锋：《从价值维度看先进文化的前进方向》，《理论月刊》2005 年第 3 期。

兰喜阳：《党政领导干部选拔任用制度改革与完善研究》，博士学位论文，中共中央党校，2004 年。

刘再春：《党政领导干部选拔任用制度改革研究》，博士学位论文，华东师范大学，2012 年。

夏美武：《政治生态建设的困境与出路》，《苏州大学学报》（哲学社会科学版）2012 年 1 月。

陈仕平、肖焱：《论社会主义核心价值观建设与政治文明建设互动关系》，《理论探讨》2014 年第 1 期。

黄海霞：《干部制度改革再显亮点》，《瞭望新闻周刊》2006 年第 33 期。

中共中央组织部：《对买官卖官者一律先停职或免职》，环球网 2014 年 1 月 26 日。

廖楠：《中央严查 12 起买官卖官大案》，环球网 2010 年 11 月 18 日。

盛若蔚：《关注干部制度改革新情况：选人用人不可唯票取人》，《人民日报》2013 年 7 月 30 日。

刘云山：《在全国组织部长会议上的讲话》，2014 年 1 月 21 日。

孙雪梅：《湖南成违规用人重灾区火箭提拔多为官员子女》，新华网 2014 年 1 月 26 日。

胡锦涛：《在庆祝建党90周年大会上的讲话》，2011年7月1日。

习近平：《在中央党校2008年春季学期第二批进修班暨师资班开学典礼上的讲话》，2008年5月29日。

胡锦涛：《坚定不移沿着中国特色社会主义道路前进　为全面建成小康社会而奋斗》，新华网2012年11月8日。

杨曙光：《从政道德立法：美国治腐的杀手锏》，《中国改革》2007年第6期。

王忻：《反腐败——世界性的课题》，《文史月刊》2010年第6期。

中央纪委驻中国社科院纪检组：《新加坡财产申报制度威慑力强》，《人民网》2010年10月26日。

王忻：《美国官员财产公开：按月报本人配偶子女各种收益》，《环球时报》2004年12月31日。

刘宏宇：《论法律移植与本土资源》，《江苏警官学院学报》2001年第6期。

周升普：《建立分层次的道德评价体系和有重点的道德教育原则——"见义勇为"稀缺的道德因探微》，《中国德育》2001年第1期。

李克强：《在十二届全国人大一次会议胜利后与中外记者见面回答记者提问》，2013年3月17日。

梁发芾：《预算制度是关住权力的好笼子》，《甘肃日报》2013年12月4日。

王姝：《新提任官员试点财产公开反腐立法成熟一个出台一个》，《新京报》2013年11月30日。

王彦钊：《"两高"〈通告〉：敦促三万多人投案自首》，《检查日报》2012年1月4日。

《财产申报制度的历史轨迹和发展》，2011年9月24日，http：//blog.sina.com.cn/zhypxl0916。

申少君：《中国公务员考核制度的激励机制研究》，《内蒙古大学学报》1998年第1期。

袁忠：《领导干部道德考评的难点探析》，《南京社会科学》2011年第7期。

习近平：《领导干部必须严格自律》，《人民日报》2017年2月

17 日。

习近平在十八届中共中央政治局第一次集体学习时讲话, 2012 年 11 月 19 日, http://www.gov.cn/ldhd/2012-11/19/content_ 2269332.htm。

李小园:《着力提高领导干部守纪律讲规矩的政治觉悟》,《行政与法》2015 年第 6 期。

刘国枢:《党员领导干部应做社会公德建设的表率》,《新长征》1997 年第 1 期。

纪光欣、刘小利:《政党建设与道德要求》,《马克思主义与现实》2015 年第 3 期。

尹杰钦:《领导干部道德素质与党的执政能力建设三题》,《当代世界与社会主义》2007 年第 6 期。

邢凯旋、步星辉:《我国领导干部道德建设问题刍议》,《陕西行政学院学报》2012 年第 2 期。

杨根乔:《当前地方政治生态建设的状况、成因与对策》,《当代世界与社会主义》2012 年第 2 期。

桑玉成:《政治发展中的政治生态问题》,《学术月刊》2012 年第 8 期。

杜玉奎:《新时期加强干部道德建设的对策思考》,《科学社会主义》2008 年第 2 期。

许道敏:《英国:伴随"道德回归"的反腐行动》,《中国监察》2002 年第 20 期。

彭昕、刘正妙:《西方国家公务员职业道德立法及其对我国的启示》,《内蒙古财经学院学报》2011 年第 4 期。

吕廷君:《对公务员职业道德进行专门立法》,《中国社会科学学报》2013 年 5 月 22 日。

薛木铎、崔扬:《国外从政道德立法的趋势和内容》,《外国法译评》1996 年第 4 期。

中央纪委驻中国社科院纪检组;《新加坡财产申报制度威慑力强》,人民网 2010 年 10 月 26 日。

左秋明:《20 世纪美国公务员道德立法研究:经验与启示》,《甘肃行政学院学报》2016 年第 6 期。

蔡立:《美国公务员道德立法的启示》,《特区实践与理论》2008 年第 3 期。

刘建生:《关于健全领导干部选拔任用监督机制的思考》,《探索》2010 年第 4 期。

程波辉、彭向刚:《完善领导干部选拔任用制度的若干思考》,《中州学刊》2015 年第 12 期。

中共湖南省委组织部课题组:《加强对干部选拔任用工作全过程监督的思考》,《理论探讨》2003 年第 2 期。

张红星:《完善领导干部选拔任用的有效监督机制》,《领导科学论坛》2014 年第 10 期。

中共河南省委组织部课题组:《创新干部选拔任用全过程监督工作》,《领导科学》2009 年第 6 期。

姜保周:《对党政干部选拔任用的思考》,《人民论坛》2011 年第 2 期。

后　　记

　　撰写出版一本理论性、政策性、通俗性都兼具的研究书稿，以阐释坚持"以德为先"选人思想，是我多年来的强烈愿望。

　　明确提出坚持"德才兼备、以德为先"的用人标准，是以胡锦涛为总书记的党中央对党的建设的重大贡献。党的十八大以来，以习近平同志为核心的党中央对坚持以德为先用人标准有多方面的思想论述，这就为在实践中坚持以德为先用人标准构筑了权威的理论支撑，也为本书的写作提供最基本的理论指导。当前，立足于建设高素质干部队伍的总体要求，着眼于从历史的、理论的、实践的、前瞻的多维视角，对坚持以德为先用人标准进行考察与论证，不仅是十分必要的而且是极为迫切的。有鉴于此，我撰写了这部书稿。

　　本书从收集资料、社会考察、建构框架到形成文字，经历整整10个年头。在这漫长的研究过程中，我得到了导师张澍军、王立仁、郭凤志等教授的鼓励和指导，还有我的亲人、同志对我日常生活、部分资料收集、文本校对等方面所给予的无私支持。他们的鼓励、指导、帮助和关怀，为我集中精力撰写本书提供了精神支柱和不竭动力。同时，本书在写作过程中，吸收借鉴了理论界、学术界诸多学者的最新研究成果，在此一并向他们表示感谢。

　　尽管，对"以德为先"理论与实践的研究倾注了我这几年的热诚、精力和心力，但对于学者而言，我还是无力承受为解决现实的治理问题提供实施方案之责，仍然只是希望能用其来提供一个解决中国现代化发展进程中与依法治国相结合的"以德治国"战略思想中"用人"方面的一种理想框架。理论是兴趣与职业，我们努力使它科学与专业；政治是热忱与使命，我们将努力承担起作为一个知识分子必须且应该履行的社会责任。

  由于著者学识和研究方法的限制，以及现有研究资料的局限，本书难免存在着不足、疏漏、错误之处。再次肯请广大读者批评指正！

刘万民

2017 年 8 月